粉煤灰表面改性
及高附加值利用

王彩丽　著

北　京

冶 金 工 业 出 版 社

2025

内 容 提 要

本书共 5 章，主要内容包括粉煤灰的分类、物理化学性质及应用现状，粉煤灰基重金属吸附剂的制备及应用，ATO@ 粉煤灰抗静电粉体的制备及其应用，SnO_2@ 粉煤灰抗静电复合粉体的制备及其应用，以及 $Mg(OH)$@ 粉煤灰复合粉体的制备及其应用。

本书可供矿物材料、粉体工程、电厂等领域的技术人员、科研人员和管理人员参考，也可供高等学校矿物加工工程专业及相关专业师生阅读。

图书在版编目（CIP）数据

粉煤灰表面改性及高附加值利用／王彩丽著.
北京：冶金工业出版社，2025.5. -- ISBN 978-7-5240-0199-7

Ⅰ. TV42；X773

中国国家版本馆 CIP 数据核字第 2025EJ9774 号

粉煤灰表面改性及高附加值利用

出版发行	冶金工业出版社	电　　话	(010)64027926
地　　址	北京市东城区嵩祝院北巷 39 号	邮　　编	100009
网　　址	www.mip1953.com	电子信箱	service@ mip1953.com

责任编辑　王梦梦　美术编辑　彭子赫　版式设计　郑小利
责任校对　梁江凤　责任印制　禹　蕊
三河市双峰印刷装订有限公司印刷
2025 年 5 月第 1 版，2025 年 5 月第 1 次印刷
710mm×1000mm　1/16；12.75 印张；250 千字；196 页
定价 80.00 元

投稿电话　(010)64027932　投稿信箱　tougao@cnmip.com.cn
营销中心电话　(010)64044283
冶金工业出版社天猫旗舰店　yjgycbs.tmall.com
（本书如有印装质量问题，本社营销中心负责退换）

前　言

当前，我国能源需求量巨大，能源来源以燃煤发电为主。燃煤电厂煤粉炉烟道气体中收集的粉末，即粉煤灰，其主要化学成分为 SiO_2、Al_2O_3、Fe_2O_3、CaO、Na_2O、K_2O 和 SO_3，年获取 6 亿吨以上，综合利用率约为 80%。未被利用的粉煤灰大多采取堆存的处理方式，不仅侵占土地，更带来了一系列环境问题。推进粉煤灰的综合利用对减少环境污染、提高经济效益具有重要意义。

粉煤灰主要由未燃尽的碳粒、漂珠、磁珠、沉珠及尾灰组成，各组分间性质有所差异，整体资源化利用存在产品质量不高、应用范围较局限、难以实现高值化利用等问题。本书是笔者对多年来在粉煤灰表面改性和应用方面的研究成果的整理和提炼，并结合国内外相关领域的新成果，提出了一些新的观点。

本书共 5 章，第 1 章主要介绍粉煤灰的分类、物理化学性质及应用现状；第 2 章介绍了粉煤灰基重金属吸附剂的制备及应用；第 3 章介绍了 ATO@粉煤灰抗静电粉体的制备及其应用；第 4 章介绍了 SnO_2@粉煤灰抗静电复合粉体的制备及其应用；第 5 章介绍了 $Mg(OH)$@粉煤灰复合粉体的制备及其应用。

本书具有较强的技术性、针对性和参考价值，可供矿物材料、粉体工程、电厂等领域的技术人员、科研人员和管理人员参考，也可供高等学校矿物加工工程专业及相关专业师生阅读。

本书内容相关的研究工作是在国家自然科学基金项目（No.51804214）、山西省省筹资助回国留学人员项目（No.2021-043）和山西省自然科学基金面上项目（No.202303021221039）的资助下完成的。笔者诚挚地感谢姚国鑫、秋颖、王志学、赵春雪等学生所做的本书内容相关的研究工作，还要感谢李秀雪、舒畅、李海婷、邹高飞等对本书的校正。

　　由于作者水平和时间所限，书中疏漏和不足之处，敬请有关专家和广大读者批评指正。

作　者

2025 年 1 月

目　　录

1 粉煤灰的分类、物理化学性质及应用现状

我国能源以煤炭为主，电力的70%左右由煤炭产生，煤的燃烧会产生大量的燃煤副产物，包括煤燃烧后从烟道中收集的粉煤灰，目前国内外大多数燃煤电厂粉煤灰产生过程示意图如图1-1所示[1]。不同的粉煤灰应用标准和政策对粉煤灰的定义不尽相同，这给粉煤灰的研究、应用和管理带来困难，因此有必要规范粉煤灰的定义，并探讨其物理化学性质和应用现状。

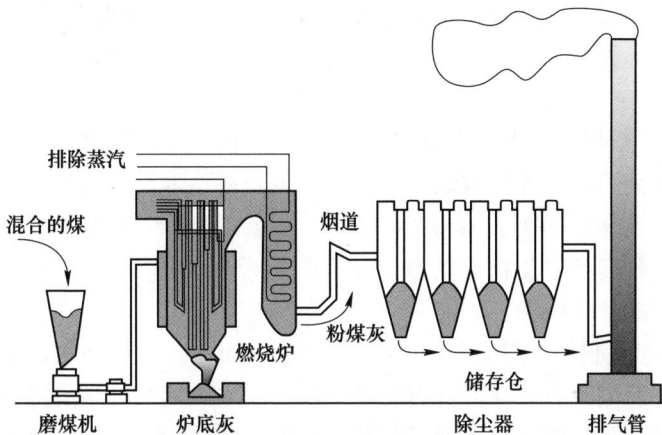

图1-1 粉煤灰产生过程示意图

1.1 粉煤灰定义

1.1.1 国内粉煤灰定义

《粉煤灰特性与粉煤灰混凝土》[2]一书中对粉煤灰的定义为：粉煤灰是指燃煤电厂中磨细煤粉在锅炉中燃烧后从烟道排出，被收尘器收集的物质。简单地说，粉煤灰是一种粉末，颜色为灰褐色，比表面积为250~700 m^2/kg，尺寸从几微米到几百微米，通常为球状的颗粒，主要成分为 SiO_2、Al_2O_3 和 Fe_2O_3 等，有些时候还含有比较高的 CaO。该定义不仅规定了粉煤灰的燃料种类为磨细煤粉，还规定了收集部位、物质状态与成分，但没有规定燃烧炉的类型。

《用于水泥和混凝土中的粉煤灰》（GB/T 1596—2017）[3]中对粉煤灰的定义为：在电厂煤粉炉烟道气体中收集的粉末。该标准从燃烧炉类型、燃料种类、收集部位与物质状态定义了粉煤灰。

《高强高性能混凝土用矿物外加剂》（GB/T 18736—2017）[4]中对粉煤灰的定义为：用燃煤炉发电的电厂排放出的烟道灰或对其风选、粉磨后得到的具有一定细度的产品。该标准规定了其燃料种类、收集部位及物质状态，定义将煤粉锅炉和循环流化床锅炉从烟道收集的粉末状固体废弃物统称为粉煤灰，且明确把加工灰，特别是磨细粉煤灰包含在粉煤灰范围内。

《粉煤灰混凝土应用技术规范》（GB/T 50146—2014）[5]中对粉煤灰的定义为：从煤粉炉烟道气体中收集的粉末。粉煤灰按煤种和氧化钙含量分为 F 类和 C 类：F 类粉煤灰是由无烟煤或烟煤燃烧收集的粉煤灰；C 类粉煤灰氧化钙含量一般大于 10%，由褐煤或次烟煤燃烧收集的粉煤灰。该标准规定了其燃烧炉类型、燃料种类、收集部位与物质状态，并且通过煤的种类与氧化钙的含量对粉煤灰进行了分级。

《燃煤电厂粉煤灰资源化利用分类规范》（DL/T 2297—2021）[6]对粉煤灰的定义为：煤在锅炉中燃烧后被烟气携带出炉膛并被除尘设备收集下来的固态颗粒物，且固体颗粒物的 SiO_2、Al_2O_3 和 Fe_3O_4 含量之和不小于 50%。该标准规定了其燃料种类、收集部位和物质状态，没有限定燃烧炉的类型，但额外规定了硅、铝、铁氧化物总量的限额。

《硅酸盐建筑制品用粉煤灰》（JC/T 409—2016）[7]对粉煤灰的定义为：粉煤灰是燃煤电厂及煤矸石、煤泥资源综合利用电厂锅炉烟气经除尘器收集后获得的细小飞灰和炉底渣。该标准规定了其燃料种类与物质状态，但将燃料种类增加了煤矸石与煤泥，还将炉底渣也归入了粉煤灰中，炉底渣的物质状态为颗粒较大的渣而非灰，不能随气体一同流动，收集部位为炉膛底部，这与其他标准定义的粉煤灰有较大的差异。

《水工混凝土掺用粉煤灰技术规范》（DL/T 5055—2007）[8]对粉煤灰的定义为：粉煤灰是燃煤电厂煤粉炉烟道气体中收集的粉末。该标准也将粉煤灰分为 F 类粉煤灰与 C 类粉煤灰：F 类粉煤灰是由无烟煤或烟煤燃烧收集的粉煤灰；C 类粉煤灰是由褐煤或次烟煤燃烧收集的粉煤灰，其氧化钙含量一般大于 10%。此标准与《粉煤灰混凝土应用技术规范》（GB/T 50146—2014）基本一致。

1.1.2　国外粉煤灰定义

英国标准协会在标准《混凝土用粉煤灰》（BS EN 450-1：2012）[9]中对粉煤灰的定义为：由煤粉或与其他物质混合燃烧而成的，主要为球形玻璃状颗粒细粉，具有火山灰性质，主要由 SiO_2 和 Al_2O_3 组成。该标准定义了收集部位与物质状态，燃烧种类可以不限于煤，也可以是煤粉与其他物质的混合物，但不包含生活垃圾与工业垃圾，对粉煤灰的物质状态描述得更为具体：球形玻璃状颗粒细粉，并且把各类加工灰也归到粉煤灰中。

英国商业能源与产业战略部在研究报告《水泥生产用粉煤灰和高炉矿渣》中对粉煤灰的定义为：粉煤灰是燃煤发电产生的残留物之一，在烟气排放之前被静电除尘器或袋式除尘器收集。粉煤灰根据煤的类型可分为硅质与钙质，主要由玻璃球、一些结晶物质和未燃尽的碳组成[10]。该定义规定了燃料种类、收集部位与物质组成，并对粉煤灰进行了分类，但没有描述粉煤灰的物质状态与燃烧炉的类型。

美国材料与试验协会在标准《与混凝土和混凝土集料有关的标准术语》（ASTM C125-16）和《混凝土用粉煤灰和燃烧或未燃烧天然火山灰的标准规范》（ASTM C618-17a）对粉煤灰的定义均为：磨碎的煤或煤粉在燃烧过程中产生并由烟气转移的细粉[11]。ASTM C125 与 ASTM C618 与我国标准《用于水泥和混凝土中的粉煤灰》（GB/T 1596—2017）非常相似，对于燃料种类的限制基本相同，且都由烟气中收集而来，物质状态均为粉状，但 GB/T 1596—2017 定义了燃烧炉的类型为电厂煤粉炉，明确说明燃烧炉的类型，不包括流化床锅炉，与 ASTM C125、ASTM C618 一致。

印度在标准《粉状燃料灰-规范》（IS 3812-1：2013）中对粉煤灰的定义为：粉煤灰是磨碎、粉状或压碎的烟煤或次烟煤（褐煤）燃烧后产生的残留物，大约 80% 的灰分与烟气一起从锅炉中排出，并通过合适的技术收集。该标准还对粉煤灰做了更进一步的划分：符合本标准规定的钙质粉煤灰其活性氧化钙质量分数不低于 10%，这种粉煤灰通常是从燃烧褐煤或亚烟煤中产生的，既具有火山灰性质，又具有水化特性；符合本标准中的硅质粉煤灰活性氧化钙质量分数小于 10%的规定，这种粉煤灰通常是燃烧无烟煤或烟煤产生的，具有火山灰性质[12]。该规范定义了其燃料种类、收集部位与物质状态，但没有限定锅炉燃烧类型，此外与我国的《用于水泥和混凝土中的粉煤灰》《粉煤灰混凝土应用技术规范》和《水工混凝土掺用粉煤灰技术规范》相同，对粉煤灰也进行了分级，同样以 10%的 CaO 为限，分为钙质粉煤灰与硅质粉煤灰。

1.1.3　文献、百科与词典对粉煤灰的定义

《粉煤灰的来源、应用及潜在环境影响》[13]中对粉煤灰的定义为：粉煤灰是热电厂燃煤产生的副产物。该描述对粉煤灰的定义较为笼统，只定义了其燃料为煤。

维基百科对粉煤灰的定义为：一种由颗粒物组成的燃煤产物（燃料燃烧的细小颗粒），它们和烟气一同从燃煤锅炉中排出。除此之外，还描述了粉煤灰通常

在烟气到达烟囱之前被除尘设备收集，并且包含由锅炉底部移走的底灰，含有大量的二氧化硅、氧化铝与氧化钙。对粉煤灰也分为了 F 类（无烟煤或烟煤燃烧生成的粉煤灰）与 C 类（烟煤与次烟煤燃烧生成的粉煤灰，CaO 含量（质量分数，后同）大于 20%），但与其他定义不同的是，C 类粉煤灰氧化钙的含量要求大于20%，而不是 10%。维基百科定义了粉煤灰是由煤燃烧而来，收集部位为烟气，物质状态为细小颗粒，且包含锅炉底灰。

1.2　粉煤灰分类

粉煤灰的分类方式主要有三种：一种是按电厂锅炉排渣形式不同分类；一种是根据粉煤灰中 Ca、Si、Al、Fe 的含量来分类；还有一种是根据粉煤灰的细度和其他性能指标来分级。

按电厂锅炉排渣形式不同可以将粉煤灰分类为固态排渣普通煤粉锅炉粉煤灰、液态排渣锅炉粉煤灰和循环流化床锅炉粉煤灰[14]。

根据 Ca、Si、Al、Fe 的含量，美国试验与材料学会（ASTM）将粉煤灰划分为 C 类（SiO_2、Al_2O_3、Fe_2O_3 的含量之和大于 50%）或 F 类（SiO_2、Al_2O_3、Fe_2O_3 的含量之和大于 70%）[15]。C 类粉煤灰以钙、石灰含量高为特征，而 F 类粉煤灰的特点是低钙、低石灰[16]。粉煤灰的矿物学研究揭示了石英、莫来石、赤铁矿、磁铁矿和方解石相，其中石英和莫来石为主要相[17]。

根据细度和其他性能指标分级：粉煤灰可以通过细度、需水量比、烧失量、含水量及三氧化硫含量等五项指标来分级。具体来说，细度（0.045 mm 方孔筛的筛余量）小于或者等于 12% 时为一级粉煤灰，小于或者等于 20% 时为二级粉煤灰，小于或者等于 45% 时为三级粉煤灰。

此外，粉煤灰还可以根据其来源的不同进行分类，例如，烟煤粉煤灰、褐煤粉煤灰、无烟煤粉煤灰等，不同类型的粉煤灰因其成分和性质的差异，在应用上也会有所不同。

1.3　粉煤灰的物理化学性质及表征

粉煤灰的物理化学性质决定其应用领域，因此有必要深入了解和探讨粉煤灰的物理化学性质，粉煤灰的物理化学性质主要包括其化学成分、表面形貌、晶体结构、表面官能团、粒度及粒度分布、比表面积和孔结构。

1.3.1　化学成分

粉煤灰的主要化学成分为 SiO_2、Al_2O_3、Fe_2O_3、CaO、Na_2O、K_2O 和 SO_3。

其中，SiO_2 和 Al_2O_3 是粉煤灰最主要的成分，占总量的大部分，其含量的高低直接影响到粉煤灰的活性。粉煤灰的化学成分通常采用 X 射线荧光衍射（XRF）来表征。我国粉煤灰的化学成分及其变化具有如下特点：

（1）SiO_2 的含量变化范围较大（19.11%~66.72%），平均值为 48.80%，其中，有 72.8% 样品的 SiO_2 含量变化在 40%~58%，而含量高于 64% 和低于 37% 样品相对较少。

（2）Al_2O_3 含量变化的总体特点与 SiO_2 类似，其中有 89.5% 样品的 Al_2O_3 含量变化在 15%~40%，含量高于 40% 和低于 15% 样品相对较少。尽管 Al_2O_3 含量不小于 40% 的高铝粉煤灰[18-19] 样品所占比例不高，但其作为高铝固体废弃物的高附加值综合开发利用取得了突破进展[20-21]，已经成为变废为宝的典范。我国高铝粉煤灰主要产自准格尔煤田，这里年产高铝煤炭约 $1×10^8$ t，约产生 $3×10^7$ t 高铝粉煤灰。高铝煤炭中不可燃矿物主要为高岭石（含量为 27.2%），煤灰中 Al_2O_3 含量高于 40%，高铝粉煤灰蕴藏总量达 $7×10^9$ t[18,22]，开发前景广阔。

（3）Fe_2O_3 的最高含量达到 22.4%，但有 92.9% 样品的 Fe_2O_3 含量都低于 14%，高于 14% 者仅占样品总数的 7.1%。有 52.2% 样品的 Fe_2O_3 含量低于 6%，有 69.7% 样品的 Fe_2O_3 含量低于 8%。研究发现，我国西南地区粉煤灰铁含量大都较高，属富铁粉煤灰[23]。磁铁矿和赤铁矿是粉煤灰中铁的主要赋存矿物，但它们大多与其他物相黏结成集合体，采用磁选法提取磁性铁矿物时需进行磨矿处理[24]。同时，富铁粉煤灰作为聚硅酸铝铁复合絮凝剂的原料具有优势[25]。

（4）CaO 含量变化范围较大，83.2% 的粉煤灰中 CaO 含量低于 6%，44.1% 的粉煤灰中 CaO 含量集中在 2%~4%。CaO 含量较大的变化范围及高钙粉煤灰的出现，与流化床锅炉燃料中添加碳酸钙脱硫剂及燃煤电厂干法（半干法）烟气脱硫过程中亚硫酸钙混入粉煤灰有关[26]。对于没有外来钙混入的粉煤灰，其钙物质主要源自原煤中的方解石和白云石等碳酸盐矿物[18,22]，大多属于低钙粉煤灰。MgO 含量明显低于 CaO，但其变化特点及其影响因素与 CaO 高度相似，89.8% 的粉煤灰中 MgO 含量低于 2.1%，71.9% 的粉煤灰中 MgO 含量集中在 0.6%~1.5%。高镁粉煤灰的出现也与发电过程中白云石脱硫剂的混入有关。

（5）Na_2O 和 K_2O 的含量相对较低。Na_2O 和 K_2O 的最高含量分别为 2.61% 和 3.9%，平均含量分别为 0.42% 和 1.1%。95.1% 的粉煤灰中 Na_2O 含量低于 1.2%，而 K_2O 含量低于 2.2% 的样品占粉煤灰总量的 93%。多数粉煤灰以富 K_2O 贫 Na_2O 为特征（$m(K_2O)/m(Na_2O) > 1$），只有 6.2% 的粉煤灰 $m(K_2O)/m(Na_2O)$ 小于 1；$m(K_2O)/m(Na_2O)$ 最大值接近 10，但大多数样品的 $m(K_2O)/m(Na_2O)$ 在 1~5。粉煤灰中的钾可能主要来源于煤炭中的伊利石，而部分钠较高者可能受钠长石影响[27-28]。迄今，尚未见有粉煤灰中有富钾和/或钠的结晶相存在的报道，推测它们主要呈硅酸盐玻璃态形式存在。

（6）SO_3 的含量变化在 0.03%~8.44%，但其平均值只有 0.92%，且有 92% 的粉煤灰中 SO_3 含量低于 3%。SO_3 主要源于煤炭中的无机硫（如黄铁矿、白铁矿、磁黄铁矿，石膏、硬石膏[27-29]和有机硫（二硫化物、硫化物、硫醚)[30]。研究发现[29]，内蒙古东北部地区煤炭中硫含量大多低于 1%；华北地区煤炭硫含量大多在 1.5% 左右；山东、安徽、浙江、湖南、湖北、广东等地煤炭的硫含量大多高于 2%；广西等地硫含量大多高于 4%；云贵川地区硫含量在 3%~5%[30]。总体看，粉煤灰中 SO_3 含量主要受煤炭本身硫含量制约，同时也受燃烧与脱硫技术影响[31]，具体表现在：未经洗选的原煤燃烧产生的粉煤灰及采用循环流化床、型煤和水煤浆燃烧等工艺产生的粉煤灰，硫含量大多继承了原煤的特征，硫含量变化较大；脱硫后煤炭燃烧产生的粉煤灰的 SO_3 含量一般较低；采用干法或半干法脱硫技术产生的粉煤灰，往往有脱硫石膏的混入，硫含量较高。

（7）烧失量变化范围较大，从接近 0 至 34.85%。分析发现，燃煤锅炉类型与燃烧状态是影响烧失量的主要因素[30-32]。一般而言，煤的燃烧越充分，残留碳越少，粉煤灰的烧失量越低；采用循环流化床燃烧技术，特别是以煤矸石为燃料产生的粉煤灰大多具有较高的烧失量[33-34]。

1.3.2　表面形貌

粉煤灰的形貌多种多样，通常可以采用扫描电镜、透射电镜来观察。根据形状可以分为球形和非球形（块状、颗粒状）等（见图 1-2），非球形粉煤灰通常是由煤的性质、燃烧温度、冷却方式等因素造成的。从图 1-2 可以看出球形粉煤灰表面比较光滑，少数表面黏附少量不规则颗粒，微珠粒度大小不均一，这些表面黏附的小颗粒和掺杂的块状物均为未燃尽的碳颗粒。

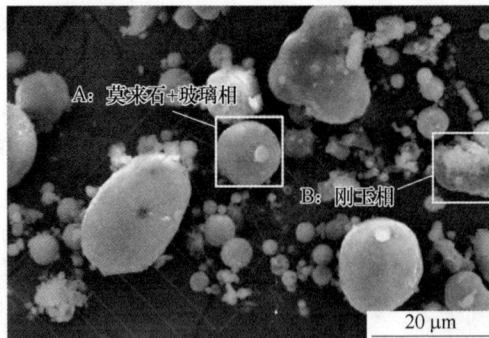

A: 莫来石+玻璃相
B: 刚玉相
20 μm

图 1-2　粉煤灰的 SEM 图

1.3.3　晶体结构

粉煤灰是由玻璃体（一般为氧化硅和氧化铝）、晶体（一般为莫来石和石英）及少量未燃炭构成的复杂混合物。粉煤灰的晶体结构一般采用 X 射线衍射（XRD）来表征。图 1-3 为粉煤灰的 XRD 图。由图 1-3 可以看出，粉煤灰含有大量非晶态物质和晶相物质，主要的晶体物质为莫来石（$Al_6Si_2O_{13}$）（No. 150776），4 个最强峰为 0.3390 μm、0.3428 μm、0.2206 μm、0.5390 μm；石英（SiO_2）（No. 461045），3 个最强峰为 0.3346 μm、0.4255 μm、0.1818 μm。石英和莫来石晶相的特征峰十分显著，这说明这两者的结晶度非常好，而且莫来石由 SiO_2 和 Al_2O_3 在发电厂的高温锅炉里产生，晶体结构非常稳定，耐火性能优良。钱觉时等人[35]认为所有粉煤灰的 XRD 图谱在 22°~35°的区域出现比较宽大的衍射特征峰，表明有玻璃体存在，颗粒密集的玻璃化表面层具有很强的化学稳定性，而海绵状和非晶态物质具有很强的活性。图谱中还出现了少量 Fe、Ca 的弱衍射峰，说明粉煤灰中含有微量的赤铁矿和钙硅石，其中赤铁矿（Fe_2O_3）（No. 521449），3 个最强峰为 0.2718 μm、0.1518 μm、0.2451 μm；钙硅石（$CaSiO_3$）（No. 420550），3 个最强峰为 0.2972 μm、0.3088 μm、0.7110 μm。

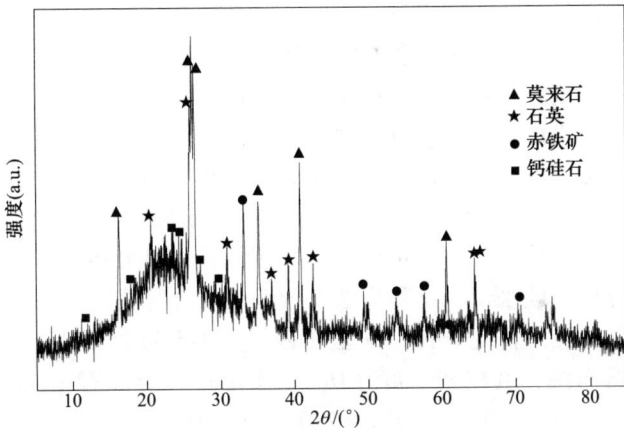

图 1-3　粉煤灰的 XRD 图

1.3.4　表面官能团

粉煤灰的表面官能团通常采用红外光谱（FTIR）来表征。图 1-4 为粉煤灰的红外吸收光谱曲线。可以看出，波数 3444.70 cm^{-1} 处为自由羟基 O—H 伸缩振动的特征吸收峰[36]；波数 1631.70 cm^{-1} 为 O—H 弯曲振动的特征吸收峰，这两处说明粉煤灰中含有大量羟基；波数 1091.65 cm^{-1} 处是 Si—O—Si 非对称伸缩振动的特征吸收峰[37]，波数 555.47 cm^{-1} 处是 O—Si—O 弯曲振动的特征吸收峰。

1.3.5　粒度及粒度分布

粉煤灰的粒度分布对其性能和应用效果有着重要影响。粉煤灰的粒度分布通

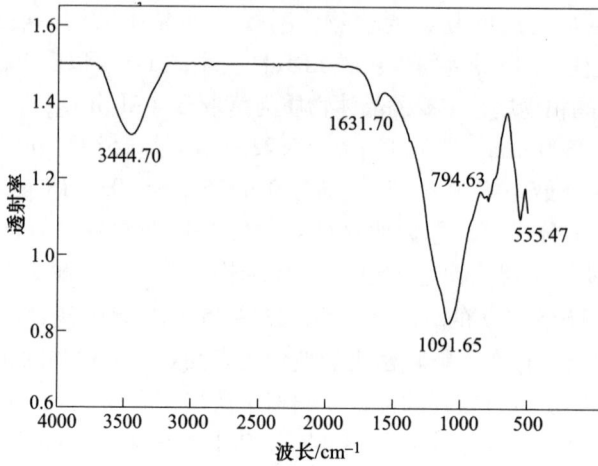

图 1-4　粉煤灰的 FTIR 图

常采用筛分法和激光粒度仪来表征。

　　筛分是最常用、最古老的一种粒度分析方法，它适用于非常广的、而且是最有工业意义的粒度范围。做法是使已知质量的试样相继通过逐个变细的筛网，并称量每个筛网上收集的试料量，计算出每个粒级的质量分数即可。筛分可以用湿筛，也可以用干筛，筛子要振动，以便所有颗粒都能与筛孔接触。

　　采用激光作光源的光散射粒度分析方法有许多独特的优点。从分析对象来说，它既可以分析固体颗粒，也可以分析喷雾颗粒；可分析干粉样品，也可分析湿泥样品。从分析速度来说，这种方法与微型电子计算机配合可使分析过程异常迅速，分析一个样品只需几分钟，甚至几秒。图 1-5 为 2500 目（5 μm）粉煤灰 SEM 图和粒度分布图，其粒度分布为 $D_3 = 1.4$ μm，$D_6 = 1.82$ μm，$D_{16} = 2.7$ μm，$D_{25} = 3.13$ μm，$D_{50} = 4.80$ μm，$D_{75} = 7.04$ μm，$D_{84} = 7.09$ μm，$D_{90} = 8.5$ μm，$D_{97} = 11.75$ μm。

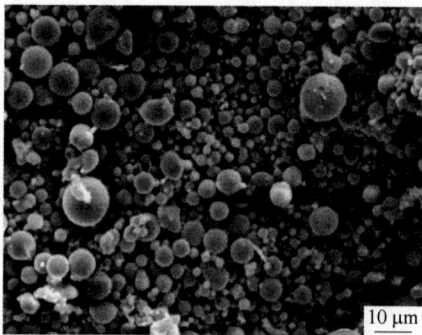

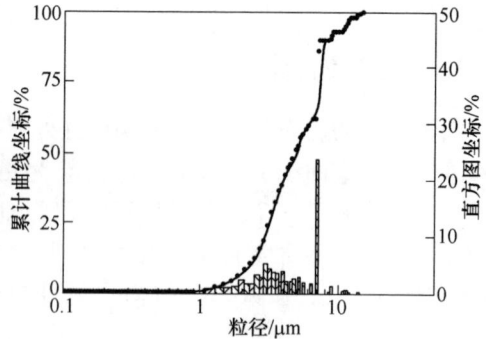

(a)　　　　　　　　　　　　　　　　(b)

图 1-5　2500 目（5 μm）粉煤灰 SEM 图（a）和粒度分布图（b）

1.3.6 比表面积和孔结构

比表面积的测量方法有渗透法、吸附法和压汞法，其中气体吸附法也称 BET 法，是经典测定方法，它是根据 BET 方程式，在一定条件下测定被固体颗粒吸附的气体质量，然后通过吸附的气体质量和气体分子的截面积即可计算颗粒的比表面积。

不同粉煤灰中孔的大小和形状有很大差别。表征孔的尺寸一般为孔的宽度。按孔的宽度可分为微孔（<2 nm）、中孔（2~50 nm）、大孔（>50 nm）等。测定微孔大小的方法有显微镜法、压汞法及气体吸附法。气体吸附法适合测微孔和中孔，压汞法适合测大孔。大孔测定用光学显微镜，中孔测定用电子显微镜。图 1-6 为粉煤灰氮气吸附-脱附曲线图和孔径分布图。表 1-1 为粉煤灰的比表面积、孔分布和孔径。

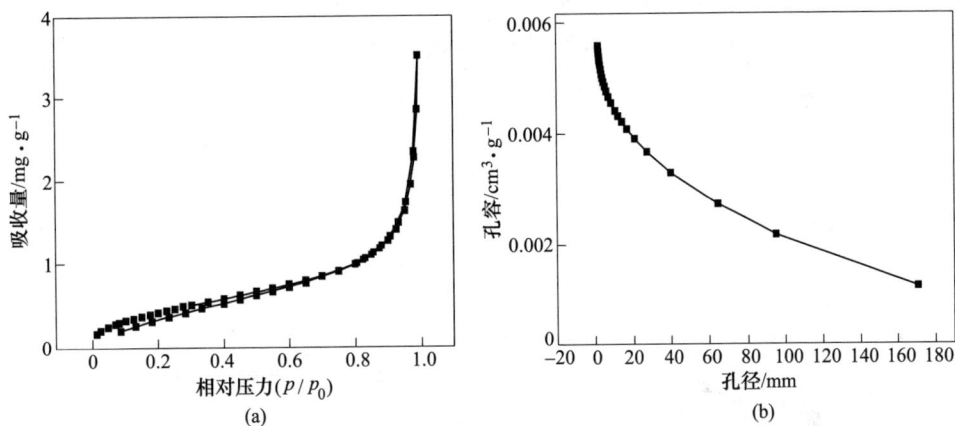

图 1-6 粉煤灰氮气吸附-脱附曲线图（a）和孔径分布图（b）

表 1-1 粉煤灰的比表面积、孔分布和孔径

物理量及单位	粉煤灰
BET 比表面积/$m^2 \cdot g^{-1}$	1.79
BJH 吸附孔的累积表面积/$m^2 \cdot g^{-1}$	1.69
BJH 脱附孔的累积表面积/$m^2 \cdot g^{-1}$	1.68
p/p_0 = 0.99 时的总孔体积/$cm^3 \cdot g^{-1}$	0
t-Plot 微孔体积/$cm^3 \cdot g^{-1}$	0
BJH 吸附孔累积体积/$cm^3 \cdot g^{-1}$	0.01
BJH 脱附孔累积体积/$cm^3 \cdot g^{-1}$	0.01
BET 吸附平均孔径/nm	11.0
BET 脱附平均孔径/nm	6.1
BJH 吸附平均孔隙宽度/nm	12.8

1.4　粉煤灰表面改性及应用现状

　　目前粉煤灰表面改性方法主要有物理方法、化学方法和物理+化学法。物理法包括球磨、超声等手段，普遍存在能耗高、耗时长等缺点；化学法包括偶联剂改性、表面活性剂和低分子聚合物包覆改性、无机包覆改性等。物理+化学复配方法是指在采取球磨的同时采用偶联剂对其表面进行改性处理。

　　当前粉煤灰的资源化利用主要集中在制备水泥、混凝土、道路填料、建筑制品、建筑用灰等低附加值领域，对粉煤灰进行高附加值领域的应用很少（5%左右），因此应该加强对粉煤灰高附加值利用领域的研究。目前对粉煤灰的高附加值利用主要集中在：提取其中的氧化铝，制备铝硅合金，作为光催化剂的主要原料，但其在塑料、吸附重金属离子、涂料中的应用研究还很少。基于此，本书主要总结了笔者近几年来关于粉煤灰基重金属吸附剂的制备及应用，粉煤灰基抗静电复合粉体的制备及应用和粉煤灰表面改性在塑料、钢结构防火涂料中的应用。

参 考 文 献

[1] 姚志通. 固体废弃物粉煤灰的资源化利用 [D]. 杭州：浙江大学，2010.

[2] 钱觉时. 粉煤灰特性与粉煤灰混凝土 [M]. 北京：科学出版社，2002.

[3] 中国建筑材料科学研究总院. 用于水泥和混凝土中的粉煤灰：GB/T 1596—2017 [S]. 北京：中国标准出版社，2017.

[4] 中国建筑材料科学研究总院. 高强高性能混凝土用矿物外加剂：GB/T 18736—2017 [S]. 北京：中国标准出版社，2017.

[5] 中国水利水电科学研究院. 粉煤灰混凝土应用技术规范：GB/T 50146—2014 [S]. 北京：中国标准出版社，2014.

[6] 北京低碳清洁能源研究所. 燃煤电厂粉煤灰资源化利用分类规范：DL/T 2297—2021 [S]. 北京：中国电力出版社，2021.

[7] 河南建筑材料研究设计院有限公司. 硅酸盐建筑制品用粉煤灰：JC/T 409—2016 [S]. 北京：中国建筑工业出版社，2016.

[8] 长江水利委员会长江科学院. 水工混凝土掺用粉煤灰技术规范：DL/T 5055—2007 [S]. 北京：中国电力出版社，2007.

[9] The British Standards Institution. Fly ash for concrete：BS EN 450-1：2012 [S]. British：BSI Standards，2012.

[10] Department for Business, Industrial Strategy. Fly ash and blast furnace slag for cement manufacturing：BEIS research paper No. 19 [S]. British：BEIS，2017.

[11] American Society of Testing Materials. Standard ter minology relating to concrete and concrete

aggregates：ASTM C125-20 ［S］. West Conshohocken, PA：ASTM International, 2020.

［12］ Bureau of Indian Stanards. Pulverized fuel ash-specification：IS 3812 （Part 1）：2013 ［S］. Manak Bhavan：BIS, 2013.

［13］ SARKER P K. Fly ash sources, applications and environmental impacts ［M］. New York：Nova Science Publishers, Inc （US）, 2014.

［14］ 陈旭红，苏慕珍，殷大众，等. 粉煤灰分类与结构及活性特点 ［J］. 水泥, 2007 （6）：8-12.

［15］ ASTM. Standard specification for coal fly ash and raw or calcined natural pozzolan for use in concrete Standard C618 ［S］. ASTM International, West Conshohocken, PA, USA, 2005.

［16］ WANG S, MA Q, ZHU Z. Characteristics of coal fly ash and adsorption application ［J］. Fuel, 2008, 87 （15/16）：3469-3473.

［17］ FRANUS W, WIATROS-MOTYKA M M, WDOWIN M. Coal fly ash as a resource for rare earth elements ［J］. Environ. Sci. Pollut. Res. Int. , 2015, 22：9464-9474.

［18］ 张战军. 从高铝粉煤灰中提取氧化铝等有用资源的研究 ［D］. 西安：西北大学, 2007.

［19］ 孙俊民，王秉军，张占军. 高铝粉煤灰资源化利用与循环经济 ［J］. 轻金属, 2012 （10）：1-5.

［20］ 王爱爱. 高铝粉煤灰提取氧化铝技术的研究现状 ［J］. 当代化工研究, 2019 （2）：131-133.

［21］ 李阳，郭盼，刘正宁. 高铝粉煤灰提取氧化铝技术方法及工业化研究进展 ［J］. 东方电气评论, 2019, 33 （132）：11-15.

［22］ 伍泽广，孙俊民，张战军，等. 准格尔煤田高铝煤炭资源特征初探 ［J］. 煤炭工程, 2013 （10）：115-118.

［23］ 宋说讲，孔德顺，李松，等. 富铁粉煤灰除铁的工艺研究 ［J］. 硅酸盐通报, 2020, 39 （4）：1230-1235.

［24］ 陈铁军，庄骏，展礼仁，等. 粉煤灰干湿联合磁选提铁试验研究 ［J］. 矿冶工程, 2017, 37 （2）：60-63.

［25］ 胡军周，高红莉，张硌，等. 粉煤灰改性制聚硅酸铝铁复合絮凝剂的工业化试生产 ［J］. 煤炭加工与综合利用, 2017 （9）：79-84.

［26］ 孙俊民，姚强，曹慧芳，等. 燃煤固体产物的资源特性与应用前景 ［J］. 粉煤灰, 2004 （4）：34-38.

［27］ 邵徇，张凝凝，麻栋，等. 煤中典型矿物在高温下演变规律 ［J］. 洁净煤技术, 2019, 25 （6）：111-117.

［28］ 陈萍，姜冬冬. 淮南煤中矿物特征与成因分析 ［J］. 安徽理工大学学报（自然科学版）, 2012, 32 （3）：1-6, 49.

［29］ 张平安，袁静，温昶，等. 6 种中国典型动力煤矿物特性的 CCSEM 分析 ［J］. 煤炭学报, 2016, 41 （9）：2326-2331.

［30］ 戴和武，陈文敏. 中国高硫煤的特征和利用 ［J］. 煤炭科学技术, 1989 （5）：30-35, 62.

［31］ 沈迪新，杨晓葵. 中、日、美三国烟气脱硫技术的发展和现状 ［J］. 环境科学进展, 1993, 1 （3）：12-24.

［32］黄涛，朱哲，吴海林，等．矸石电厂粉煤灰与聚羧酸外加剂的适应性研究［J］．江苏建筑，2018（4）：108-110.

［33］尹锦锋，张新．平顶山矸石电厂粉煤灰特征及其综合利用［J］．山东煤炭科技，2010（6）：47-48.

［34］高志娟．煤粉炉粉煤灰与循环流化床粉煤灰理化性质比较［J］．环境保护与循环经济，2018，38（9）：68-73.

［35］钱觉时，王智，吴传明．粉煤灰的矿物组成（中）［J］．粉煤灰综合利用，2001，15（2）：37-41.

［36］柯昌君，江盼，吴维舟．粉煤灰蒸压活性的红外光谱研究［J］．武汉理工大学学报，2009，31（7）：35-39.

［37］闻辂，梁婉雪．矿物红外光谱学［M］．重庆：重庆大学出版社，1989.

2 粉煤灰基重金属吸附剂的制备及应用

随着经济和工业的快速发展，重金属污染问题越来越严重，常见的有毒重金属离子有 As(Ⅱ)、Pb(Ⅱ)、Hg(Ⅱ)、Cd(Ⅱ)、Cu(Ⅱ)、Zn(Ⅱ) 和 Ni(Ⅱ)[1]。由于人类对矿物的开采、冶炼和加工等活动日益加重，使得大量的重金属离子流入湖泊、河流中，造成了严重的水质污染[2]。而重金属污染物又不可生物降解，对人类和其他物种构成了严重的风险[3]。例如，对人类会造成肾损伤、胃痉挛、呼吸紊乱、贫血和精神发热、流产、肝病综合征和脑病等[4]。因此，从污染的水源中去除重金属离子具有重要的意义。

目前处理重金属废水的方法有离子交换法[5]、化学沉淀法[6]、超滤法[7]、膜分离法[8]、生物法[5]、电解法[9]和吸附法[10]等。其中，吸附法由于成本低、效果好、可操作性强等优点而被广泛应用[11]，常用的吸附剂有活性炭[12]、纳米材料[13]、离子涂层材料[14]、介孔材料[15]、碳纳米管[16]和磁性纳米颗粒[17]等。

近年来，粉煤灰由于原料易得、价格低廉、环境友好等优点在吸附领域引起了人们的广泛关注[18-19]。研究表明，粉煤灰表面带有负电荷等优点，在废水处理、重金属离子去除、染料脱色等方面被广泛应用[19-20]。但是，未经改性的粉煤灰在水处理方面效率比较低[21-22]，用其处理废水后会产生大量污泥，这表明粉煤灰的吸附容量十分有限，限制了传统粉煤灰在废水中的大规模应用[23-24]。因此，以粉煤灰为原料，利用其吸附性能，合成廉价高效吸附剂是粉煤灰吸附剂资源化利用的重要方向[25]。

针对粉煤灰吸附重金属离子吸附能力低的问题，国内外学者采用酸改性、碱改性、盐改性、表面活性剂改性等方法对其进行处理以增加表面反应活性和吸附性能[26]，这些实验证明改性粉煤灰可以提高其对重金属离子的吸附效果[27]。

纳米氢氧化镁因其比表面积大、缓冲性能强、还原能力高、吸附性强而在环境领域备受关注[28]。但是纳米氢氧化镁由于密度低，加入废水后沉降慢，容易出现胶溶现象及高表面能和结构不稳定性等缺陷而限制了其在废水处理方面的应用[29]。

针对此问题，本书根据 20 世纪 80 年代初日本学者 Okubo 提出的"粒子设计"的思想[30]，即通过粉体改性和粒子重组后克服原粉体本身的缺陷，进而提高其各项性能的新理念，将纳米氢氧化镁负载在微米级粉煤灰表面制备核壳结构复合材料，即可同时解决粉煤灰吸附能力差和纳米氢氧化镁易团聚、难回收的问题。而国内外对氢氧化物与粉煤灰重组的方法一般有煅烧法、熔融法、盐热法等技术。如胡雄飞等人[31]将粉煤灰与氢氧化钠按照一定的比例进行混合均匀后放入镍制坩埚中高温煅烧后进行吸附使用。但实验表明其吸附效果并不理想，原因可能是煅烧法对粉煤灰的活性激发具有局限性。Parvaiz 等人[32]采用熔融共混技术制备了聚醚醚酮（PEEK）/粉煤灰（FA）复合材料。但粉煤灰与 PEEK 基体的界面相互作用较差，采用氢氧化钙对其进行二次化学改性虽然对重金属离子的吸附具有一定的作用，但其操作步骤复杂。

　　基于此，笔者采用非均匀形核法[33]，将纳米氢氧化镁负载在微米级粉煤灰表面制备出一种新型核壳结构复合材料，这不仅可以增大粉煤灰的比表面积，改善粉煤灰吸附重金属离子效率低和纳米氢氧化镁吸附重金属离子难回收的问题，而且氢氧化镁与粉煤灰之间通过化学键避免了煅烧改性存在的缺点，同时其操作步骤简单，改性次数少、经济成本比较低。此外对复合粉体进行了表征，并研究了 pH 值、吸附剂用量、离子初始浓度和温度等对复合材料吸附废水中 Cu(Ⅱ)、Pb(Ⅱ) 和 Ni(Ⅱ) 的影响规律及吸附机理。

2.1　实　　验

2.1.1　实验试剂和设备

　　粉煤灰来自上海格润亚纳米材料科技有限公司，其化学组成见表 2-1。其中，SiO_2 占 51.85%、Al_2O_3 占 37.06%、CaO 占 3.04%、Fe_2O_3 占 2.37%、K_2O 占 1.36%、TiO_2 占 1.32%、MgO 占 1.13%、其他占 1.87%。图 2-1 为粉煤灰的 XRD 谱图，从物相上讲，粉煤灰是晶体矿物和非晶体矿物的混合物。其矿物组成的波动范围较大，一般晶体矿物为石英、莫来石、赤铁矿、硅灰石和氧化钙等，非晶体矿物为玻璃体、无定形碳和次生褐铁矿。

表 2-1　粉煤灰化学成分含量

化学成分	SiO_2	Al_2O_3	CaO	Fe_2O_3	K_2O	TiO_2	MgO	其他
含量/%	51.85	37.06	3.04	2.37	1.36	1.32	1.13	1.87

　　五水硫酸铜、硝酸铅、六水硫酸镍、氯化镁、二乙基二硫代氨基甲酸钠三水合物、氢氧化钠、二甲酚橙、过硫酸铵、丁二酮肟、氨水等均为分析级，浓度38.46% 的盐酸溶液、乙酸-乙酸钠缓冲液，其规格和来源见表 2-2。实验过程中所需主要仪器设备见表 2-3。

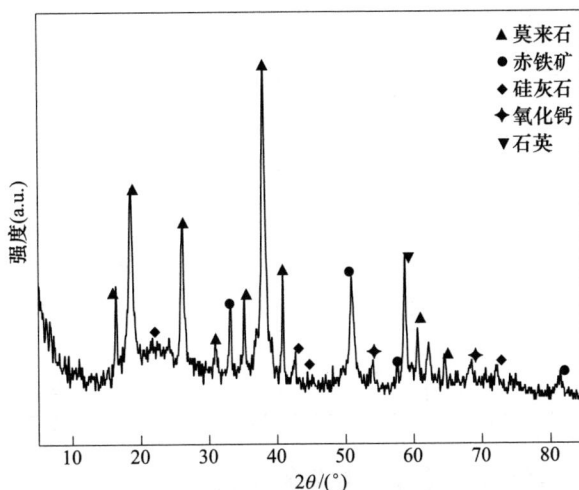

图 2-1　粉煤灰的 XRD 谱图

表 2-2　实验试剂、规格及来源

药品名称	级别	生产厂家
五水硫酸铜	分析纯	上海阿拉丁生化科技有限公司
二乙基二硫代氨基甲酸钠三水合物	分析纯	上海阿拉丁生化科技有限公司
硝酸铅	分析纯	苏州旭凡生物科技有限公司
二甲酚橙	分析纯	西陇科学股份有限公司
盐酸	38.46%	拜尔化工有限公司
氢氧化钠	分析纯	上海阿拉丁生化科技有限公司
氯化镁	98.0%	天津市光复精细化工研究所
六水硫酸镍	分析纯	上海麦克林生化科技有限公司
过硫酸铵	分析纯	上海阿拉丁生化科技有限公司
丁二酮肟	分析纯	上海笛柏生物科技有限公司
乙酸-乙酸钠缓冲液	pH=5.5	上海笛柏生物科技有限公司
氨水	分析纯	天津欧博凯化工有限公司

表 2-3　实验所用仪器

仪器名称	型号	生产厂家
静态氮吸附仪	JW-BK	北京精微高博技术有限公司
扫描电子显微镜	Gemini 300	德国卡尔蔡司公司
X 射线衍射仪	MiniFlex 600	日本 Rigaku 公司

仪器名称	型号	生产厂家
傅里叶变换红外光谱仪	TENSOR 27	德国布鲁克公司
X射线荧光光谱仪	ICE 3600	赛默飞世尔科技有限公司
XPS光电子能谱仪	ESCALAB 250Xi	赛默飞世尔科技有限公司
激光粒度分析仪	Mastersizer 3000	英国马尔文仪器有限公司
恒温磁力搅拌器	T09-1s	上海司乐仪器有限公司
可见分光光度计	721G	上海仪电分析仪器有限公司
台式离心机	TG16-WS	湘仪离心机仪器有限公司
Zeta电位仪	JS94H	上海中晨数字技术有限公司

2.1.2　纳米氢氧化镁@粉煤灰复合粉体的制备

将粉煤灰置于815 ℃的马弗炉中高温煅烧2 h后，取一定量粉煤灰与去离子水按固液比1∶5进行混合搅拌并加热，当温度达到90 ℃时，取0.3 mol/L NaOH溶液和0.15 mol/L MgCl$_2$溶液各250 mL，采用恒流泵以5 mL/min的速度进行滴加，滴加完后再反应90 min，然后将其过滤、洗涤、干燥后即得到复合粉体。图2-2为复合粉体制备流程图。

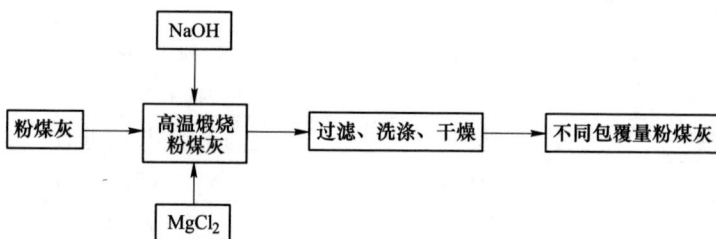

图2-2　复合粉体制备流程图

2.1.3　吸附前后复合粉体表征方法

使用日本电子JSM-7001F扫描电镜对粉煤灰和吸附前后的复合粉体形态进行表征；使用日本JEM 2800透射电子显微镜观察复合粉体显微结构；使用扫描电镜自带EDS能谱对吸附后复合粉体表面的元素进行分析；使用JW-BK氮吸附等温线测定粉煤灰和复合粉体的比表面积、孔体积和孔径；使用X射线衍射仪在8°~85°的2θ范围内测定粉煤灰及吸附前后复合粉体物相；采用FTIR在500~4000 cm^{-1}范围内对粉煤灰及吸附前后复合粉体表面官能团进行分析。

2.1.4 吸附实验

2.1.4.1 含 Cu(Ⅱ) 模拟废水的测定

A 模拟废水溶液的配制

Cu(Ⅱ) 标准储备溶液 （100 mg/L）：将五水合硫酸铜放置电热鼓风干燥箱中烘干 2 h，温度设定为 150 ℃，称取 2.5 g 硫酸铜溶于 1000 mL 的去离子水中，制备出 1000 mg/L 的备用溶液。量筒量取 50 mL 的备用溶液，再量取 450 mL 的去离子水，两者混入容量瓶中，摇匀后遮光密闭储存，配得 100 mg/L 标准溶液。

B 显色剂的配制

二乙基二硫代氨基甲酸钠溶液 （DDTC） 的配制：称量 100 mL 去离子水溶液，加入 0.2 g 二乙基二硫代氨基甲酸钠，将其置于磁力搅拌器中充分搅拌后密封遮光备用。

C 标准曲线的绘制

将 Cu(Ⅱ) 标准液稀释，分别制得 0.3 mg/L、0.5 mg/L、1 mg/L、2 mg/L、3 mg/L、4 mg/L、5 mg/L、6 mg/L 标准液 100 mL，向溶液中滴加 2 mL 的 DDTC 溶液后充分摇匀至比色皿中，在波长 440 nm 下以去离子水作为调零点使用 721G 可见分光光度计测定吸光度。拟合后得到标准曲线及方程，如图 2-3 所示。

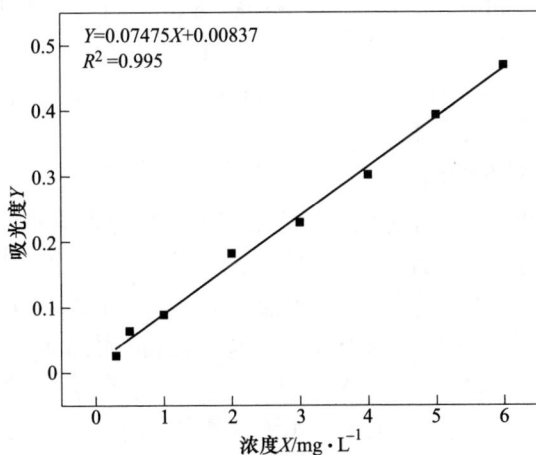

$$Y = 0.07475X + 0.00837$$
$$R^2 = 0.995$$

图 2-3 Cu(Ⅱ) 标准曲线图

D Cu(Ⅱ) 离子的吸附实验

量取 100 mL 含 Cu(Ⅱ) 溶液于 250 mL 烧杯中，加入不同负载量的复合粉体放于磁力搅拌器中搅拌，在不同的温度、不同的初始 pH 值、不同的初始 Cu(Ⅱ) 浓度下震荡一定时间。取 5 mL 吸附后的重金属溶液以 5200 r/min 的转速在离心机中离心处理 5 min，将离心处理后的上清液采用 0.22 μm 的有机滤膜进行过滤，然后加去离子水稀释 Cu(Ⅱ) 浓度到 n 倍，再向其滴加 0.5 mL 的显色溶液 DDTC 静置 5 min 中后将其移入比色皿中，以去离子水为参考在 440 nm 波长处使用 721G 型分光光度计测量吸光度。根据图 2-3 换算出 Cu(Ⅱ) 浓度后乘以相应的稀释倍数即为最终 Cu(Ⅱ) 浓度。

2.1.4.2　含 Ni(Ⅱ) 模拟废水的测定

A　模拟废水溶液的配制

Ni(Ⅱ) 标准储备液（100 mg/L）：称取 4.479 g $NiSO_4 \cdot 6H_2O$ 溶解于去离子水中，将其放置于磁力搅拌器上搅拌 5 min，然后定容于 1000 mL 的容量瓶中，即可得到 1000 mg/L 的储备液。将储存液稀释 10 倍，即可制得 100 mg/L 的标准液。

B　显色剂的配制

（1）配制 100 mL 0.1% 丁二酮肟试剂：称取 0.1 g 丁二酮肟溶于 50 mL 氨水中，将其放置于磁力搅拌器中搅拌均匀，然后滴加去离子水至容量瓶 100 mL 的刻度线处定容。

（2）配制 100 mL 3% 的过硫酸铵试剂：称取 3 g 过硫酸铵溶解于 100 mL 的去离子水中，溶解完全后移入试剂瓶中。

（3）配制 500 mL 0.1 mol/L 的 NaOH 溶液：用天平称取氢氧化钠粉末 2 g（放于烧杯中称量，因为氢氧化钠在空气中易潮解），用少量去离子水溶解，待冷却至室温用玻璃棒引流到 500 mL 容量瓶中，用去离子水洗涤烧杯和玻璃棒 2~3 次直至凹液面与刻度线相切。

C　标准曲线的绘制

取 100 mg/L 的镍离子标准液 20 mL 于 100 mL 的容量瓶中，再向其中滴加 80 mL 的去离子水，定容、摇匀得到 20 mg/L 的镍离子溶液，取 7 个 250 mL 的烧杯，分别加入 20 mg/L 的镍离子溶液 0 mL、2 mL、5 mL、8 mL、12 mL、16 mL、20 mL，再将其分别稀释至 100 mL。然后依次加入 6 mL 0.1 mol/L 的 NaOH、3 mL 3% 的过硫酸铵、15 mL 0.1% 丁二酮肟溶液，定容摇匀后静置 15 min。在波长 460 nm 处以去离子水作为调零点使用 721G 可见分光光度计测定吸光度。其标准曲线如图 2-4 所示。

D　Ni(Ⅱ) 离子的吸附实验

量取 100 mL 含 Ni(Ⅱ) 溶液于 250 mL 的烧杯中，将不同负载量的复合粉体投加到待测液中，并将其置于恒温磁力搅拌器上，在不同温度、不同 pH 值、不同浓度、不同搅拌速度、不同投加量下进行实验。待吸附结束后取 5 mL 吸附后的重金属溶液以 5200 r/min 的转速在离心机中离心处理 5 min，将离心处理后的上清液采用 0.22 μm 的有机滤膜进行过滤，然后加去离子水稀释 Ni(Ⅱ) 浓度到

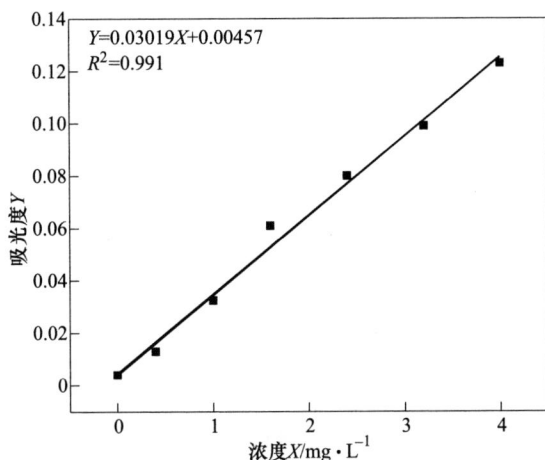

$Y=0.03019X+0.00457$
$R^2=0.991$

图 2-4 Ni(Ⅱ) 标准曲线图

n 倍，在向其滴加显色剂以去离子水为参考在 460 nm 波长处使用 721G 型分光光度计测量吸光度。根据图 2-4 换算出 Ni(Ⅱ) 浓度后乘以相应的稀释倍数即为最终 Ni(Ⅱ) 浓度。

2.1.4.3 含 Pb(Ⅱ) 模拟废水的测定

A 模拟 Pb(Ⅱ) 重金属废液的配制

Pb(Ⅱ) 标准溶液 （100 mg/L）：取 0.1 mol/L 的硝酸铅溶液 48.3 mL 于 1000 mL 的容量瓶中，再向其加入去离子水至刻度线后进行定容、摇匀，即得到 1000 mg/L 的储备液。将储备液稀释 10 倍后得到标准液。

B 显色剂的配制

（1）二甲酚橙：称取 0.5 g 二甲酚橙溶解于 250 mL 的去离子水中，使用磁力搅拌器充分搅拌后装瓶密封遮光处理。

（2）缓冲液：0.1 mol/L 乙酸-乙酸钠缓冲液，pH=5.5。

C 标准曲线的绘制

将 Pb(Ⅱ) 的标准溶液分别制成 0.5 mg/L、1 mg/L、2 mg/L、3 mg/L、4 mg/L、5 mg/L 的标准液 100 mL，依次滴加 10 mL 乙酸-乙酸钠缓冲液、5 mL 二甲酚橙，定容摇匀后静置 15 min。在波长 572 nm 处以去离子水作为调零点使用 721G 可见分光光度计测定吸光度。其标准曲线如图 2-5 所示。

D Pb(Ⅱ) 离子的吸附实验

量取 100 mL 含 Pb(Ⅱ) 溶液于 250 mL 的烧杯中，将不同负载量的复合粉体投加到待测液中，并将其置于恒温磁力搅拌器上，在不同温度、不同 pH 值、不同浓度、不同搅拌速度、不同投加量下进行实验。待吸附结束后取 5 mL 吸附后

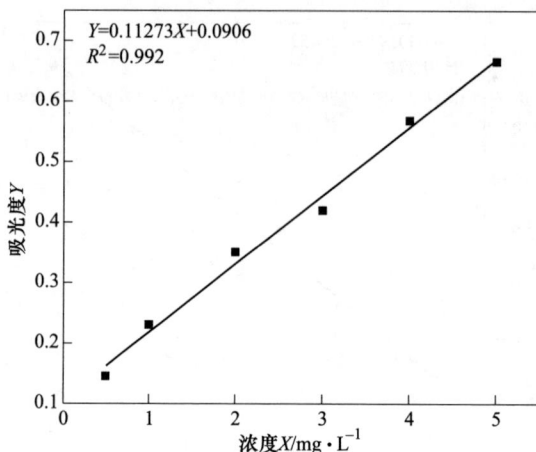

图 2-5　Pb(Ⅱ) 标准曲线图

的重金属溶液以 5200 r/ min 的转速在离心机中离心处理 5 min，将离心处理后的上清液采用 0.22 μm 的有机滤膜进行过滤，然后加去离子水稀释 Pb(Ⅱ) 浓度到 n 倍，在向其滴加显色剂以去离子水为参考在 572 nm 波长处使用 721G 型分光光度计测量吸光度。根据图 2-5 换算出 Pb(Ⅱ) 浓度后乘以相应的稀释倍数即为最终 Pb(Ⅱ) 浓度。

2.1.4.4　重金属离子的吸附量与吸附率的计算

吸附剂对各重金属离子的吸附量和去除率由公式（2-1）和公式（2-2）计算得出[34]：

$$q_e = \frac{(c_0 - c_e)v}{m} \tag{2-1}$$

$$E_R = \frac{c_0 - c_t}{c_0} \times 100\% \tag{2-2}$$

式中，q_e 表示吸附达到平衡时单位质量吸附剂对重金属离子的吸附量，mg/g；c_0 表示溶液的初始浓度，mg/L；c_e 表示达到平衡时溶液中重金属离子浓度，mg/L；c_t 表示吸附 t 时刻的溶液中重金属离子浓度，mg/L；v 表示重金属离子溶液的体积，L；m 表示吸附剂的质量，g；E_R 表示重金属离子的去除率，%。

2.1.5　吸附热力学与动力学

从宏观角度对重金属离子的吸附与解析研究是从热力学和动力学两个方面进行描述的。通常是把重金属离子在固体表面的吸附密度或吸附量作为状态函数，把体系的 pH 值、离子强度、温度等环境因素及重金属离子浓度作为自变量，用数学解析式来描述吸附量与自变量之间的关系。

2.1.5.1　吸附等温线

常用描述吸附过程的吸附等温线有 Langmuir 和 Freundlich。Langmuir 等温线用来表示重金属离子在均匀表面的吸附剂上的单层吸附，Freundlich 等温线用于表示重金属离子在非均匀表面上的多层吸附[35]。其可用以下方程（2-3）和方程（2-4）来表示：

Langmuir 等温线方程：

$$q_e = \frac{q_m b c_e}{1 + b c_e} \tag{2-3}$$

式中，q_e 表示吸附剂平衡吸附量，mg/g；q_m 为吸附剂单位饱和吸附量，mg/g；c_e 为平衡时的重金属溶液离子浓度，mg/L；b 为常数。

Freundlich 等温线方程：

$$q_e = k c_e^{\frac{1}{n}} \tag{2-4}$$

式中，q_e 表示平衡吸附量，mg/g；c_e 表示平衡溶液的浓度，mg/L；k 为常数；$\frac{1}{n}$ 是与吸附过程优先级相关的数，n 的数值越大则表示吸附强度越强。

2.1.5.2　吸附动力学

吸附机理不仅和吸附剂本身的物化性质相关，而且与重金属离子向吸附剂的扩散有关。通过采用拟一阶动力学模型（见式（2-5））、拟二阶动力学模型（见式（2-6））和颗粒内扩散动力学模型（见式（2-7））拟合吸附剂吸附重金属离子的全过程，进而更好地了解重金属离子向吸附剂扩散的动态过程[36]。

拟一阶动力学模型方程：

$$q_t = q_e(1 - e^{-k_1 t}) \tag{2-5}$$

拟二阶动力学模型方程：

$$\frac{t}{q_t} = \frac{1}{k_2 q_e^2} + \frac{t}{q_e} \tag{2-6}$$

颗粒内扩散动力学模型方程：

$$q_t = k_d t^{\frac{1}{2}} + d \tag{2-7}$$

式中，q_e 表示平衡吸附量，mg/g；q_t 表示在吸附 $t(\min)$ 时刻的吸附量；k_1 是拟一级动力学常数；k_2 是拟二级动力学常数；k_d 和 d 是扩散动力学参数。

2.1.5.3　吸附热力学

在不同的温度下研究吸附剂对重金属离子的吸附，可通过吸附热力学分析吸附剂对重金属离子的吸附过程是吸热或放热反应及是否自发进行。由式（2-8）~式（2-10）可得到热力学平衡常数 K_d、吉布斯自由能 ΔG、吸附反应焓变 ΔH 和熵变 ΔS，其中 ΔG 的正负表示该反应是否自发进行，ΔH 的正负表示该反应为吸热或放热反应，ΔS 的正负表示界面中离子的运动状态[37]。

$$K_d = \frac{q_e}{c_e} \tag{2-8}$$

$$\ln K_d = -\frac{\Delta H}{RT} + \frac{\Delta S}{R} \tag{2-9}$$

$$\Delta G = \Delta H - T\Delta S \tag{2-10}$$

式中，K_d 为热力学平衡常数；T 为绝对温度，K；R 为理想气体常数，8.3145 J/(mol·K)。

2.2　复合粉体表征分析

2.2.1　XRD 分析

图 2-6 为粉煤灰、氢氧化镁及包覆量为 40%、50%、60%、70% 的复合粉体 XRD 图。从图 2-6 中可知，粉煤灰和复合粉体主要由非晶态物质和晶态物质构成。

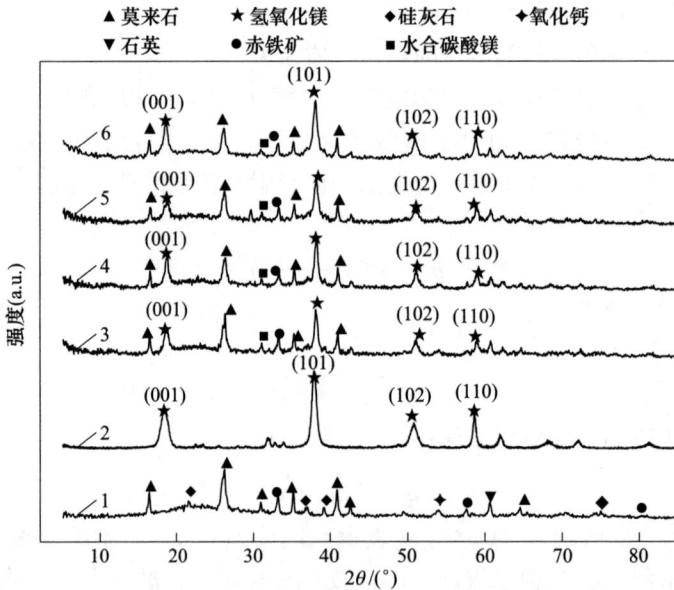

图 2-6　粉煤灰、氢氧化镁及不同包覆量复合粉体 XRD 图
1—粉煤灰；2—氢氧化镁；3—包覆量为 40% 的复合粉体；4—包覆量为 50% 的复合粉体；
5—包覆量为 60% 的复合粉体；6—包覆量为 70% 的复合粉体

粉煤灰中主要的晶态物质是莫来石、硅灰石，此外还有少量的石英、氧化钙、赤铁矿等物质。曲线 2 主要晶面从左至右依次是（001）、（101）、（102）、（110），其中（101）面峰最尖锐，表明此方向的晶面最完整。曲线 3~曲线 6 与曲线 1 和曲线 2 相比，在 18.51°、38.04°、50.97°、58.77°处出现了大量尖锐的 $Mg(OH)_2$ 新衍射峰（No.760667），说明在粉煤灰表面成功包覆了氢氧化镁。同时曲线 3~曲线 6 在 30.98°处出现新的水合碳酸镁衍射峰（No.990072），这是因为高温下粉煤灰中的碳燃烧生成 CO_2，煅烧粉煤灰表面孔隙吸附煅烧生成的 CO_2，当加入镁盐和氢氧化钠过程中 CO_2 会和水反应生成碳酸根，碳酸根与镁离子和水反应生成水合碳酸镁。此外，出现少许突出并非明显的峰，经分析是在包覆过程中氢氧化钠、反应刚开始形成的氢氧化镁和粉煤灰中的晶态物质发生反应形成硅铝酸盐所造成的。对比曲线 1、曲线 3~曲线 6 可以看出，包覆后粉煤灰的主要特征峰并未消失或者发生偏移，说明在包覆过程中主要的晶相成分并未参与反应。此外，对包覆后的复合粉体进行对比分析发现，曲线 6 在晶面（001）和（101）比曲线 3~曲线 5 峰面尖锐，说明包覆量为 70%的复合粉体包覆氢氧化镁的量最多，则其表面活性位点最多，这将有利于复合粉体对重金属离子的吸附。

2.2.2 FTIR 分析

图 2-7 为粉煤灰、氢氧化镁和包覆量为 40%、50%、60%、70%的复合粉体 FTIR 图。

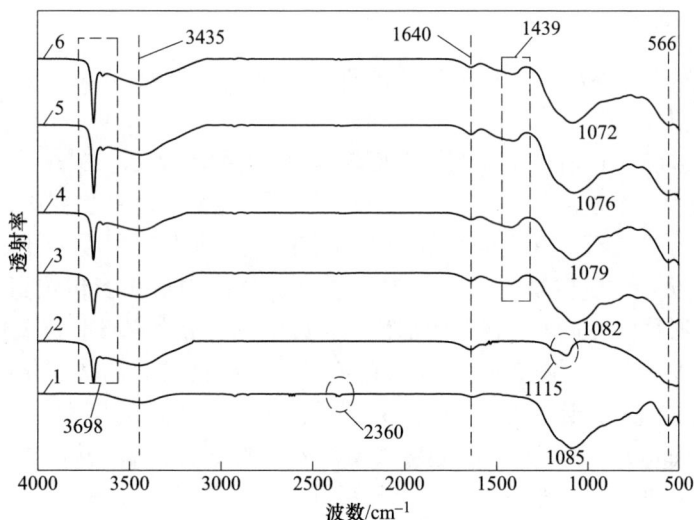

图 2-7 粉煤灰、氢氧化镁及不同包覆量复合粉体 FTIR 图

1—粉煤灰；2—氢氧化镁；3—包覆量为 40%的复合粉体；4—包覆量为 50%的复合粉体；

5—包覆量为 60%的复合粉体；6—包覆量为 70%的复合粉体

曲线 1 在波数 2360 cm^{-1} 处是 CO_2 的特征吸收峰[38]，原因是煅烧过程中未燃尽的碳燃烧形成 CO_2 及煅烧后粉煤灰孔径增大，吸附空气中 CO_2 所致；曲线 2 在波数 3698 cm^{-1} 处出现了新的 O—H 反对称伸缩振动的特征吸收峰，峰形窄而尖锐，是典型的氢氢键，说明 $Mg(OH)_2$ 中含有大量的自由羟基[39]；在波数 3435 cm^{-1} 和 1640 cm^{-1} 处为 $Mg(OH)_2$ 中 O—H 弯曲振动峰[40]，此外，在其他曲线中也发现了相同的羟基弯曲振动峰，这说明粉煤灰本身也含有一部分羟基；在波数 1115 cm^{-1} 处为 $Mg(OH)_2$ 中的 Mg—O 键[41]。曲线 3~曲线 6 与曲线 1 相比，在波数 1439 cm^{-1} 处出现新的特征吸收峰，经分析为 $[CO_3]^{2-}$ 的反对称伸缩振动特征吸收峰[42]；曲线 3~曲线 6 与曲线 1 和曲线 2 相比，在波数 3698 cm^{-1} 处出现了新的 O—H 反对称伸缩振动的特征吸收峰，证明粉煤灰上成功包覆了氢氧化镁。波数 1085 cm^{-1} 处为 Si—O—Si 非对称伸缩振动的特征吸收峰[34]，曲线 3~曲线 6 与曲线 1 相比，明显发生了红移，说明 Si—O—Si、Si—O—C 键发生断裂与曲线 2 中的 Mg—O 键发生反应，形成 Si—O—C—O—Mg 和 Si—O—Mg—OH。波数 566 cm^{-1} 处为 O—Si—O 弯曲振动的特征吸收峰[43]，曲线 3~曲线 6 与曲线 1 对比 O—Si—O 特征峰明显减弱，说明 O—Si—O 键发生了断裂与氢氧化镁中 Mg^{2+} 和 OH^- 进行了键合重构，消耗了 O—Si—O 键。此外，曲线 3~曲线 6 相比发现，在波数 3698 cm^{-1} 处的 O—H 特征吸收峰逐渐增强，这说明随着包覆量的增加，氢氧化镁在粉煤灰表面的包覆量增多。

2.2.3　SEM 分析

图 2-8 为纯粉煤灰、氢氧化镁及包覆量为 40%、50%、60%、70% 的复合粉体扫描电镜图。

由图 2-8（a）可看出，粉煤灰表面较光滑，整体呈球状。粉煤灰经过高温煅烧 2 h 后球形度未发生较大变化，在微珠表面可以看到有棒状物裸露，结合 XRD 分析可知其为莫来石，这说明粉煤灰经高温煅烧后非晶态物质减少，结晶度变高。图 2-8（c）为包覆量为 40% 的复合粉体，从图中可知当包覆量为 40% 时，粉煤灰表面裸露出许多未被包覆的部位，这说明包覆量为 40% 时氢氧化镁并不能完全包覆粉煤灰表面。图 2-8（d）为包覆量为 50% 的复合粉体，从图可知氢氧化镁在粉煤灰表面形成了一个薄包覆层，但其表面的活性位点比较少。图 2-8（e）和（f）分别为包覆量为 60% 和 70% 的复合粉体，从图中可以明显地看出包覆量为 70% 的复合粉体表面比包覆量为 60% 的复合粉体表面粗糙度更大。此外，包覆量为 60% 的复合粉体表面显示出少许未被氢氧化镁叠加的部分，这减少了复合粉体表面的活性位点，不利于后续吸附。而包覆量为 70% 的复合粉体使原本光滑的粉煤灰表面不仅变得粗糙且片与片之间的特殊空间堆积还形成了诸多的细微孔洞，这种结合方式丰富了样品表面的孔隙结构，并且使其具有了凹凸不

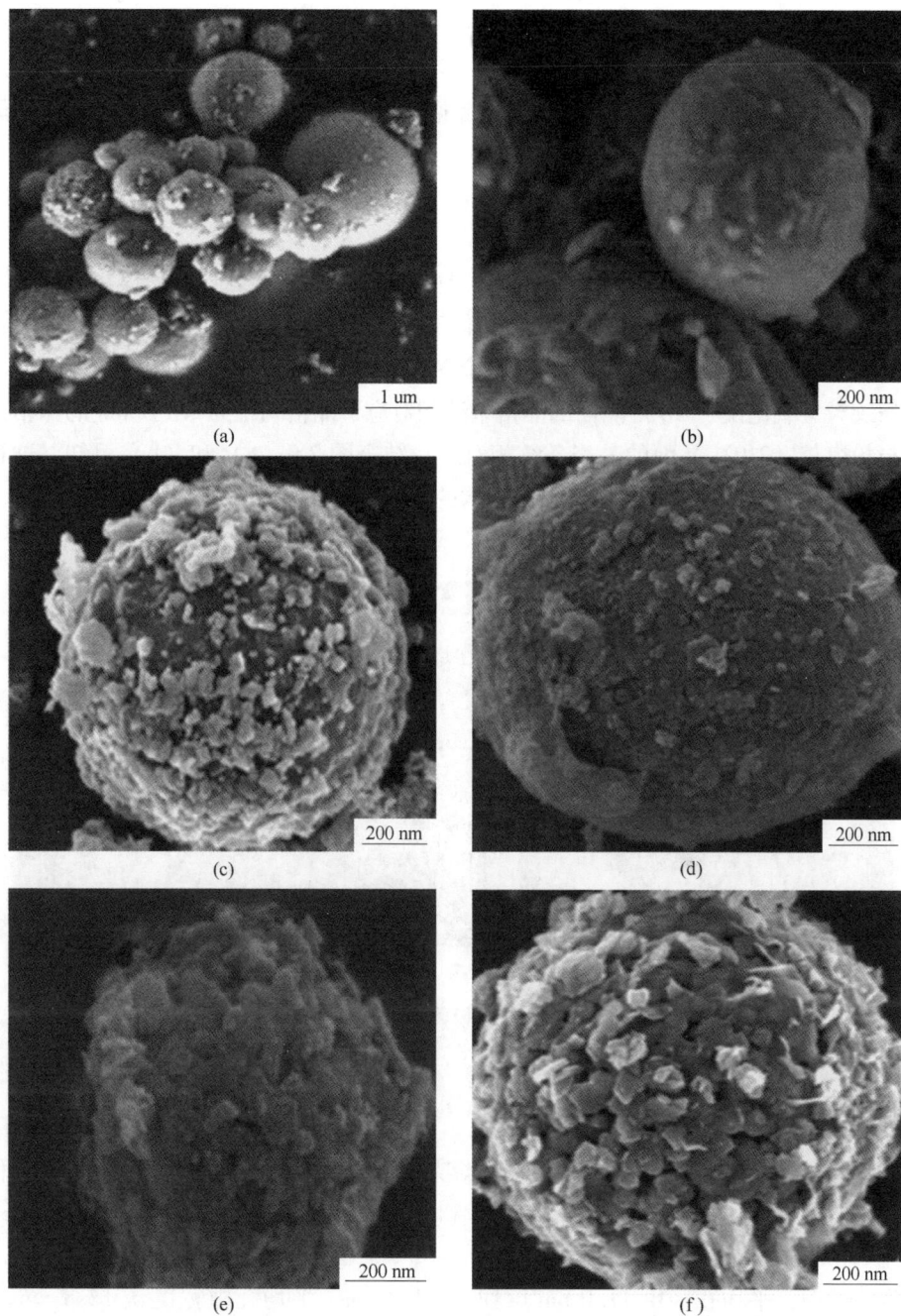

图 2-8　纯粉煤灰、氢氧化镁及不同包覆量复合粉体 SEM 图

（a）纯粉煤灰；（b）氢氧化镁；（c）包覆量为 40%的复合粉体；（d）包覆量为 50%的复合粉体；

（e）包覆量为 60%的复合粉体；（f）包覆量为 70%的复合粉体

平的网状形貌，这将有利于吸附过程中溶液中的重金属离子在其表面的吸附。

　　由以上分析可知，当包覆量为40%～70%时，煅烧粉煤灰表面皆能负载一定量的纳米氢氧化镁，但利用SEM观察微观形貌发现，包覆量为70%时，包覆最完全，形貌最佳。

2.2.4　TEM分析

　　图2-9为复合粉体的透射电镜图，从图2-9（a）中看出球形核粉煤灰表面包覆了壳层氢氧化镁；图2-9（b）为复合粉体高分辨电镜图，高分辨电镜下存在两种不同的晶格条纹。经过Jade软件和DM软件分析可知：晶格间距为0.2112 nm的晶格条纹与氢氧化镁（101）晶面的晶格条纹相对应，晶格间距为0.147 nm的晶格条纹与粉煤灰（210）晶面的晶格条纹相对应，结合图2-9（a）和（b）可知，这种改性方式使包覆后的粉煤灰具有核壳结构的形貌。

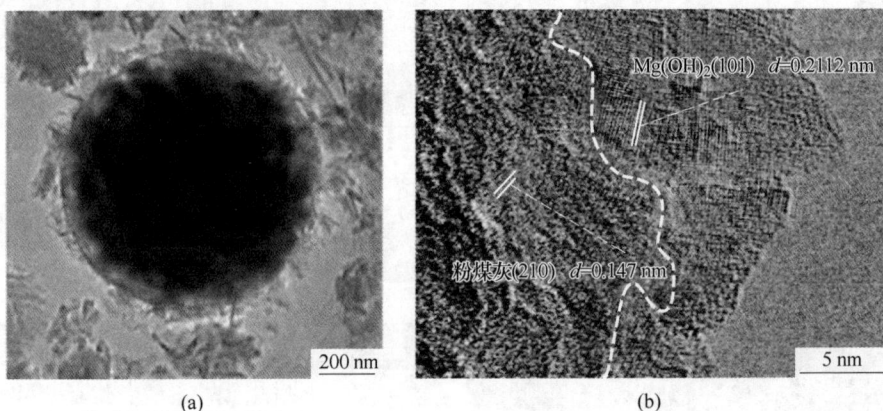

(a)　　　　　　　　　　　　　　　(b)

图2-9　复合粉体透射电镜图

2.2.5　孔隙结构分析

　　应用比表面积分析仪（BET）对粉煤灰和包覆量为70%的复合粉体比表面积和表面孔径进行分析，其结果如图2-10和表2-4所示。复合粉体比表面积由原来的1.79 m^2/g 增加至58.63 m^2/g，p/p_0 = 0.99时总孔体积由0 cm^3/g 增加至0.24 cm^3/g，平均孔径由11.0 nm增加至14.7 nm，平均孔隙宽度从12.8 nm增加至15.4 nm。说明复合粉体表面含有丰富的孔隙结构，可以提供更多的活性吸附位点，有助于吸附废水中重金属离子。

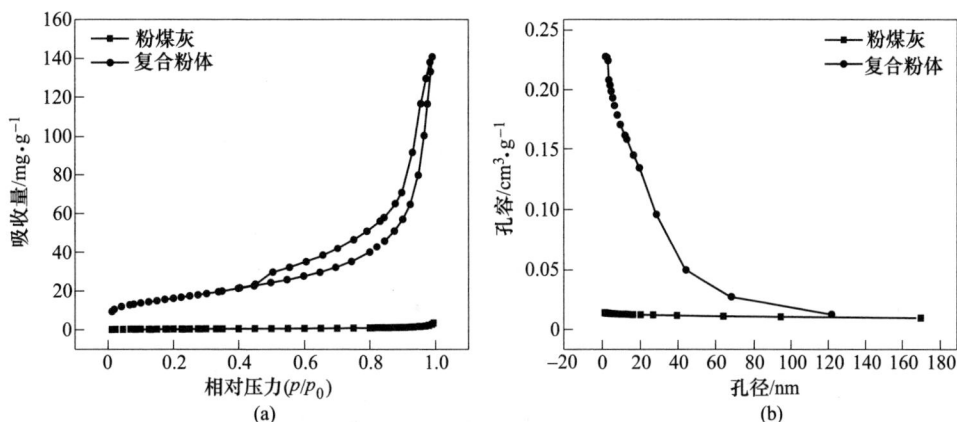

图 2-10 粉煤灰和复合粉体氮气吸附-脱附曲线图 （a） 和孔径分布图 （b）

表 2-4 粉煤灰和复合粉体的比表面积、孔分布和孔径

样品	粉煤灰	复合粉体
BET 比表面积/$m^2 \cdot g^{-1}$	1.79	58.63
BJH 吸附孔的累积表面积/$m^2 \cdot g^{-1}$	1.69	55.88
BJH 脱附孔的累积表面积/$m^2 \cdot g^{-1}$	1.68	70.23
$p/p_0 = 0.99$ 时总孔体积/$cm^3 \cdot g^{-1}$	0	0.24
t-Plot 微孔体积/$cm^3 \cdot g^{-1}$	0	0
BJH 吸附孔累积体积/$cm^3 \cdot g^{-1}$	0.01	0.22
BJH 脱附孔累积体积/$cm^3 \cdot g^{-1}$	0.01	0.22
BET 吸附平均孔径/nm	11.0	14.7
BET 脱附平均孔径/nm	6.1	11.8
BJH 吸附平均孔隙宽度/nm	12.8	15.4

2.3 复合粉体制备机理

图 2-11 为不同 pH 值下粉煤灰、氢氧化镁及包覆量为 70% 的复合粉体的 Zeta 电位值。当 pH 值小于 5.7 时，粉煤灰表面带正电荷，随着 pH 值增大其电位值逐渐减小，即粉煤灰之间相互斥力减小；当 pH 值等于 10 时，粉煤灰表面带负电荷，而氢氧化镁带正电荷，正负电荷在静电引力的作用下相互吸引，使粉煤灰和氢氧化镁之间的结合力增强，有助于核壳结构的复合粉体的制备。

在碱性条件下，煅烧粉煤灰表面的 Si—O—Si 和 Si—O 键发生断裂，提供了活性位点。而溶液中羟基在活性部位参与反应、形核和生成沉淀。在开始形核反

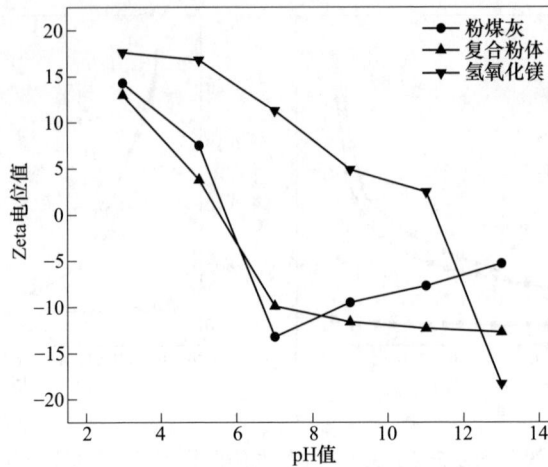

图 2-11 不同 pH 值下粉煤灰、氢氧化镁及复合粉体的 Zeta 电位值

应过程中溶液体系处于非稳态，吉布斯自由能较高，根据热力学定律其具有向平衡态过渡的趋势。$Mg(OH)_2$ 晶体的形核和长大正是吉布斯自由能降低的方向，系统处于亚稳态和平衡态的吉布斯自由能之差为晶体的形核提供相变驱动力，有利于 $Mg(OH)_2$ 晶体的形核和长大。在晶体形核过程中，当 $Mg(OH)_2$ 晶核的实际半径小于临界形核半径时，相变驱动力方向与晶体的生长方向相反，晶核将发生溶解，不利于 $Mg(OH)_2$ 晶体的生长。当晶核半径大于临界形核半径时，$Mg(OH)_2$ 会从溶液中析出，降低溶液的过饱和度，有利于 $Mg(OH)_2$ 晶体的生长。鉴于此，在反应过程中应不断加入 $MgCl_2$ 和 $NaOH$ 反应溶液，使生长体系保持相对稳定的过饱和度，促使系统由亚稳态向平衡态转变，便于体系中晶体的生长。

当 pH 值为 10 时，粉煤灰表面 SiO_3^{2-} 带负电，便会自发吸引溶液中的 Mg^{2+}，正负电荷相互吸引会形成紧密吸附层。此外，从红外图谱图 2-7 中可知粉煤灰本身含有部分羟基，而羟基缩合会产生较强的化学键结合力，包覆层和基体之间通过静电引力和化学键结合相互吸附形成稳定的核-壳结构。而当粉煤灰表面的 SiO_3^{2-} 和 OH^- 基团和镁离子作用完全后，包覆层表面的镁羟基会继续键合 Mg^{2+}，并且会以—Si—O—Mg—O—Mg—OH—形式进一步结晶生长形成包覆层。这一过程中的作用力主要来源于羟基缩合产生的化学键结合力和粒子热运动产生的范德华力，于是便在粉煤灰表面形成稳定包覆层[44]，这一结论通过扫描电镜和透射电镜均可以证明。

此外，从 Zeta 电位值可知：复合粉体在 pH 值小于 5.6 时表面带正电荷，在 pH 值大于 5.6 时表面带负电荷，由于溶液中重金属离子表面带正电荷，根据异号电荷相互吸引原则，笔者预测在重金属吸附过程中当溶液的 pH 值大于 5.6 时更有利于重金属离子的吸附，这一结论和后续实验结果相一致。

通过上述研究，可以得到 $Mg(OH)_2$@ 粉煤灰复合粉体的制备过程机理（见图 2-12）。在改性过程中 Mg^{2+} 和 OH^- 附着在粉煤灰表面，并与改性过程中断裂的 Si—O—Si、Si—O 和 Al—O 等化学键形成新的不饱和活性键，从而增加了粉煤灰表面的活性位点，提高其比表面积，为后续的吸附奠定了基础。

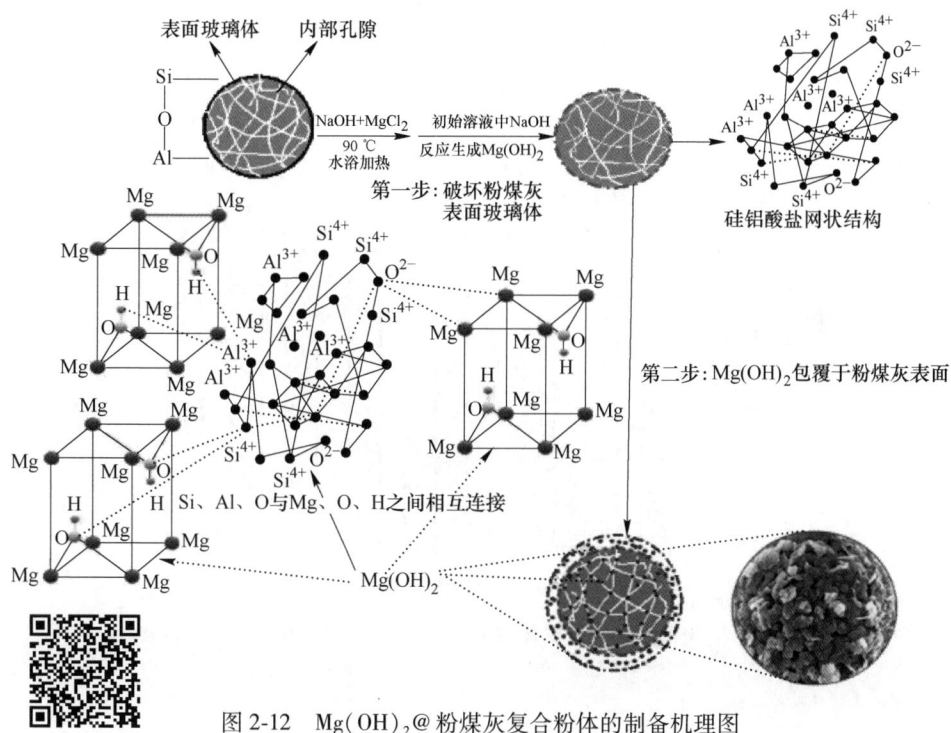

图 2-12 $Mg(OH)_2$@ 粉煤灰复合粉体的制备机理图

2.4 不同包覆量的复合粉体对重金属离子吸附预实验

取 100 mL 100 mg/L 的 $Cu(II)$、$Ni(II)$、$Pb(II)$ 各 5 份，称取 0.2 g 包覆量分别为 0、40%、50%、60%、70% 的复合粉体投入待吸附的液体中，吸附实验结果如图 2-13 所示。

从图 2-13 中可知，当复合粉体的包覆量不同时其所对应的重金属去除率也不同，同一包覆量吸附不同重金属离子的去除率也不相同。包覆量为 0 时，其对 $Cu(II)$、$Pb(II)$ 和 $Ni(II)$ 的去除率分别达到 43.20%、37.48% 和 34.23%。包覆量为 40% 时，$Cu(II)$、$Pb(II)$ 和 $Ni(II)$ 去除率分别达到 65.12%、

59.36%和56.36%。包覆量为50%时，其对 Cu(Ⅱ)、Pb(Ⅱ) 和 Ni(Ⅱ) 去除率分别达到 75.36%、72.36% 和 69.12%。包覆量为 60% 时，其对 Cu(Ⅱ)、Pb(Ⅱ) 和 Ni(Ⅱ) 去除率分别达到 87.36%、84.72%和80.36%。当包覆量为70%时，其对 Cu(Ⅱ)、Pb(Ⅱ) 和 Ni(Ⅱ) 去除率分别达到97.25%、94.36%和90.74%。可以看出，随着包覆量的增加，复合粉体表面的活性位点逐渐增多，其吸附溶液中重金属离子的能力也明显提高。为了研究最佳吸附条件下的复合粉体对重金属离子最大吸附率及表征分析，后续实验选取包覆量为70%的复合粉体作为研究对象。

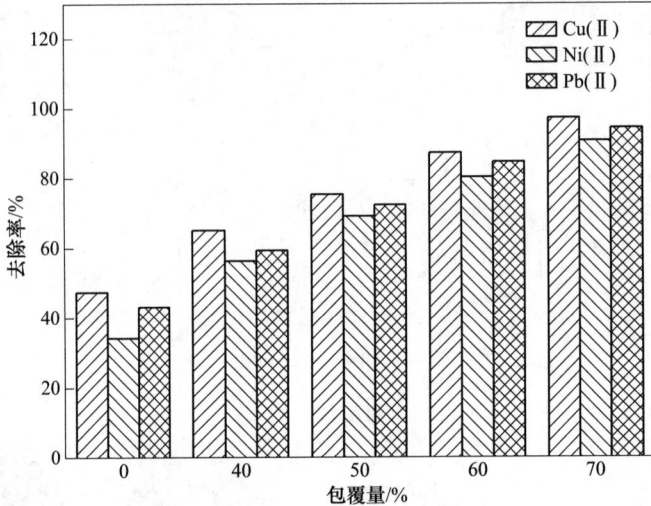

图 2-13　不同包覆量的复合粉体对 Cu(Ⅱ)、Pb(Ⅱ) 和 Ni(Ⅱ) 的吸附

2.5　静置沉降实验

为了验证改性后粉煤灰灰水分离效果，采用静置沉降实验来对粉煤灰、纳米氢氧化镁、包覆量为70%的复合粉体进行实验。首先各称取 2 g 粉煤灰、氢氧化镁和复合粉体并且对其按1、2、3进行编号，之后将称量好的粉体各投放于盛有250 mL 去离子水的烧杯中，并且用超声波震荡仪震荡 6 min，结束后将其转移至沉降管中进行观察实验。实验结果如图 2-14 所示。

经过90 min 静置实验后，纳米氢氧化镁（编号2）和复合粉体（编号3）均出现了明显的分层现象，但复合粉体分层现象更明显。在静置到 120 min 时，氢氧化镁和复合粉体上层分层液明显清澈而粉煤灰（编号1）仍然浑浊。通过延长静置时间，粉煤灰（编号1）灰水稍有分离，但不明显。通过实验发现复合粉体能有效地解决灰水分离难的问题。

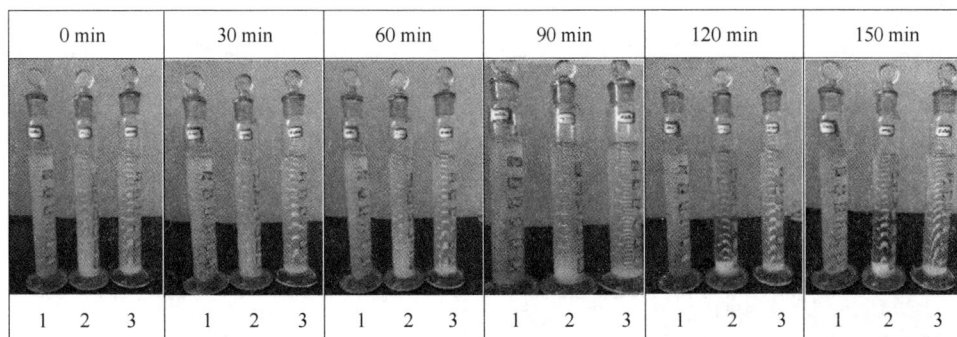

图 2-14　粉煤灰、氢氧化镁和复合粉体静置沉降实验

彩图

2.6　吸附剂吸附重金属离子实验

图 2-15 为粉煤灰、氢氧化镁和复合粉体对重金属离子的吸附结果。从图 2-15 中可以看出，复合粉体对 Cu(Ⅱ)、Pb(Ⅱ) 和 Ni(Ⅱ) 的去除率最高，均达到 85%以上；粉煤灰对 Cu(Ⅱ)、Pb(Ⅱ) 和 Ni(Ⅱ) 的去除率最低，对 Cu(Ⅱ)、Pb(Ⅱ) 和 Ni(Ⅱ) 去除率分别为 47.38%、43.21%和 34.23%；而纳米氢氧化镁粉末对 Cu(Ⅱ)、Pb(Ⅱ)、Ni(Ⅱ) 的去除率居于二者之间，对 Cu(Ⅱ)、Pb(Ⅱ) 和 Ni(Ⅱ) 的去除率分别为 76.25%、74.19% 和 70.31%。此外，从图 2-15 中还可得出在 120 min 之前，复合粉体和氢氧化镁对重金属离子的去除率差距比较小，原因可能是这段时间二者对重金属离子的去除均依靠氢氧化镁表面的羟基进行吸附，但随着时间的增加，二者对重金属离子的去除率差距逐渐增大，这可能是复合粉体的基体粉煤灰在此过程中起到了协效作用，进一步提高了复合粉体对重金属离子的去除。并且氢氧化镁对重金属离子去除率一直小于复合粉体，原因可能是当纳米级的氢氧化镁进入溶液中时，其会中和溶液中的酸性离子进行反应，消耗了自身的活性基团。同时，纳米级氢氧化镁粒度相比复合粉体更小，导致其更难捕捉到溶液中的重金属离子，且其表面能高，在溶液中容易发生胶溶现象，导致吸附的重金离子更容易发生脱附。此外，由于氢氧化镁粉末具有纳米尺寸，在离心过滤中很难从溶液中分离出来，在测量实验中，残留在液体中的粉末氢氧化镁会与显色剂发生沉淀反应，影响重金属离子的浓度。

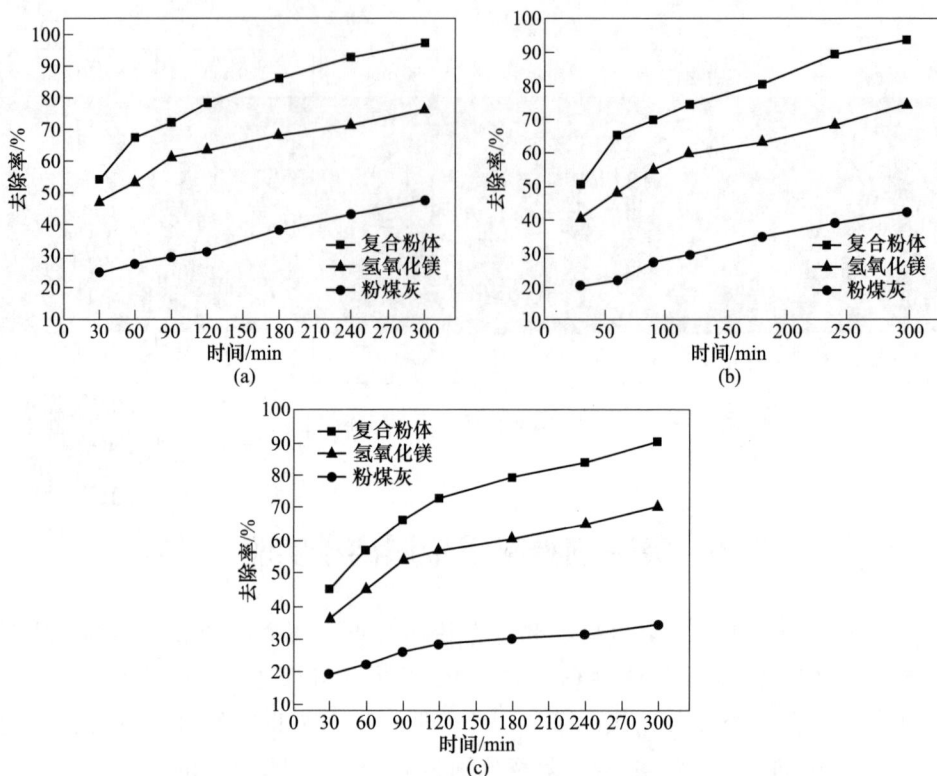

图 2-15　粉煤灰、氢氧化镁和复合粉体对重金属离子的吸附结果
(a) Cu(Ⅱ)；(b) Pb(Ⅱ)；(c) Ni(Ⅱ)

2.7　吸附剂对单一体系重金属离子的吸附

2.7.1　pH 值

在水体重金属离子吸附过程中，pH 值是影响重金属离子吸附的重要参数。它不仅改变吸附剂表面的性质，还影响溶液中重金属的存在状态。为了避免形成重金属离子的沉淀物影响后续的测量及对吸附剂本身表面的羟基造成消耗，本次实验 pH 值选取为 2~6。图 2-16 为 pH 值对复合粉体吸附重金属离子去除率及平衡吸附量的影响。

由图 2-16 可知，pH 值在 3 以下时对 Cu(Ⅱ) 和 Ni(Ⅱ) 的去除率比较低，对 Pb(Ⅱ) 的去除率明显高于二者。当 pH 值在 2~6 时，三种重金属离子的去除率随 pH 值升高而递增。原因是 pH 值较低时，溶液中存在较多的 H⁺，样品表面被质子化，与重金属离子之间形成静电斥力，与此同时，溶液中配位基团与水和

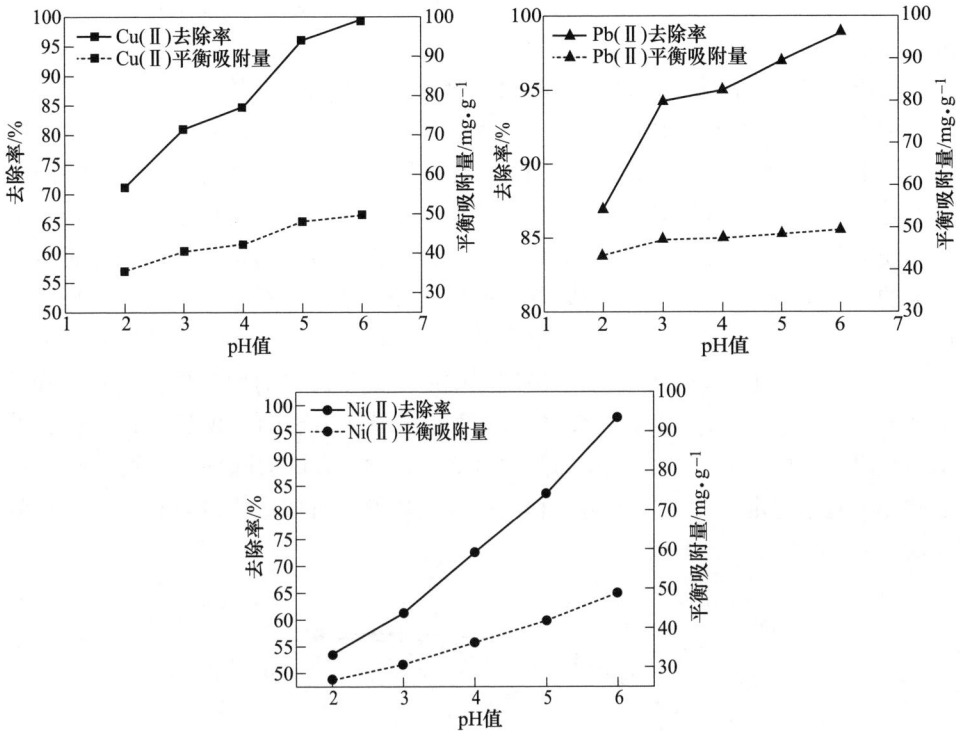

图 2-16 pH 值对复合粉体吸附重金属离子去除率及平衡吸附量的影响

氢离子之间的亲和性更高，占据了大量的活性位点，从而阻止了金属离子与吸附剂活性位点的结合，导致在低 pH 值下重金属离子的去除率和平衡吸附量下降；但随着 pH 值的增大，H^+ 减少，抑制效果减缓。此外，从 Zeta 电位可知，随着 pH 值的增大，复合粉体表面的负电荷也增多，而溶液中重金属离子呈正电性，根据正负电荷相互吸引的原则，它们之间会出现静电吸引，这种双重作用促使复合粉体的吸附率和平衡吸附量逐渐升高。当 pH = 6 时复合粉体对 Cu(Ⅱ)、Ni(Ⅱ) 和 Pb(Ⅱ) 三者的平衡吸附量分别达到 49.75 mg/g、48.84 mg/g 和 49.43 mg/g，Pb(Ⅱ) 的平衡吸附量略低于 Cu(Ⅱ)。原因是 Pb(Ⅱ) 在水溶液中可以发生溶剂化、水解和聚合作用，会在水溶液中出现 $[Pb_2(OH)]^{3+}$、$[Pb_3(OH)_4]^{2+}$ 等离子形成多核配合物，并随着 pH 值升高水解和聚合作用加强，影响吸附剂与 Pb(Ⅱ) 离子的配位结合所致[45]，但 Pb(Ⅱ) 同比 pH = 5 时其去除率还是有所提高的。所以后续实验的 pH 值均选取为 6。

2.7.2 投加量

图 2-17 为投加量对复合粉体吸附重金属离子 Cu(Ⅱ)、Ni(Ⅱ) 和 Pb(Ⅱ)

的影响。当投加量较低时，重金属离子的去除率较低，而平衡吸附量最高，其原因是投加少量的吸附剂其总的比表面上活性位点较少，能够捕捉的重金属离子较少。而吸附量增大的原因是当少量吸附剂吸附溶液中高浓度的重金属离子时，较高的浓度差使吸附剂表面的活性位点被大量捕捉，促使单位面积上吸附重金属的数量增加[46]。随着投加量的增加，重金属离子的去除率增大而单位吸附量降低，原因是随吸附剂量的增加活性位点也随之增多，更多的重金属离子被活性位点吸引而使去除率增大。而吸附量降低是由于单位吸附剂可吸附重金属离子的总量是一定的，随着投加量的增多，吸附剂总的比表面积增加，对应的活性位点也随之增加，单位质量的吸附剂上吸附的重金属离子就会随之减少，所以在吸附剂表面会出现更多的不饱和位点，导致会出现图中所示随投加量的增多单位吸附量降低的现象[47]。此外，随投加量的增多吸附剂会在局部出现团聚现象，其也会影响单位吸附量。由实验可知，当投加量超过 2 g/L 时三者的去除率均能达到95%以上并随之趋于稳定，为了使吸附剂利用率最大化及节省成本，复合粉体的投加量选取 2 g/L。

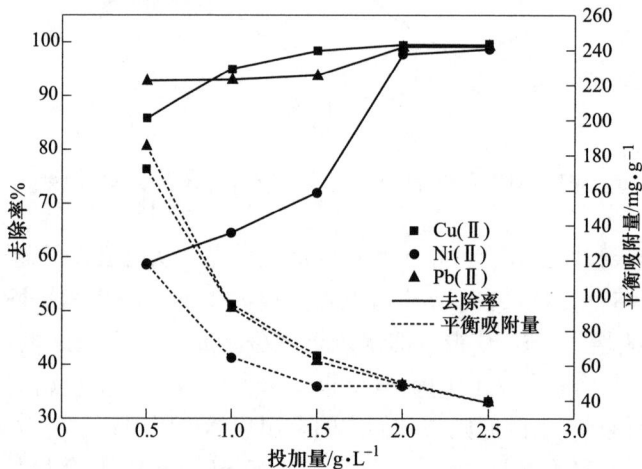

图 2-17　不同投加量对复合粉体吸附重金属离子的影响

2.7.3　等温吸附研究

图 2-18 为 Langmuir 和 Freundlich 模型对 Cu(Ⅱ)、Ni(Ⅱ) 和 Pb(Ⅱ) 的吸附过程拟合和温度对吸附剂吸附重金属离子的影响。图 2-18（a）在初始浓度低于 400 mg/L（对应 $c_e = 28.37$ mg/L）时，Cu(Ⅱ) 的吸附量随初始浓度的提高相应地快速升高。但当初始浓度超过 400 mg/L 时其单位饱和吸附量呈现出饱和状态。图 2-18（b）中 Ni(Ⅱ) 的吸附过程和 Cu(Ⅱ) 的吸附过程基本相似，其出

现这一拐点的初始浓度为 250 mg/L（对应 c_e = 31.90 mg/L）。图 2-18（c）中在初始浓度低于 300 mg/L 时（对应 c_e = 42.78 mg/L），Pb（Ⅱ）的吸附量随初始浓度的增大也相应地快速增长，当初始浓度大于 300 mg/L 时其吸附量呈现缓慢增长的态势。出现这种原因是刚开始吸附时复合粉体表面活性位点可以容纳足够量的重金属离子，使其单位饱和吸附量随初始溶度的增加呈现直线上升态势。当吸附剂表面的活性位点被重金属离子占据完时，其饱和吸附量处于基本稳定状态，但随着初始溶度继续增大，其饱和吸附量仍有略微的提高，这可能是高浓度的重金属离子处于高能状态，使吸附剂表面的硅铝酸盐化合键发生断裂而重构成带有重金属离子的新化合键所造成的。此外，由图 2-18 可知，随温度的升高各金属阳离子在复合粉体上吸附量增加，复合粉体对 Cu（Ⅱ）、Ni（Ⅱ）和 Pb（Ⅱ）的饱和吸附量由 25 ℃的 216.30 mg/g、116.5 mg/g、160.96 mg/g 提升至 45 ℃时的 241.9 mg/g、133.97 mg/g、189.03 mg/g，说明温度越高越能促进阳离子的吸附。

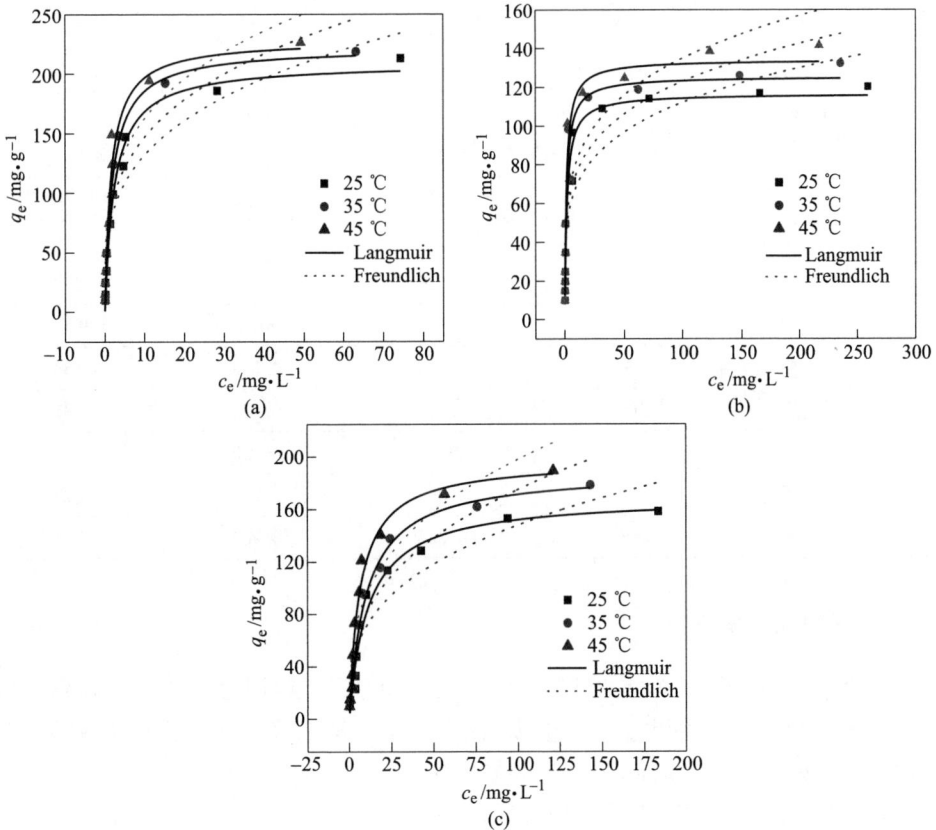

图 2-18 复合粉体吸附重金属离子等温吸附研究

（a）Cu（Ⅱ）；（b）Ni（Ⅱ）；（c）Pb（Ⅱ）

Langmuir 和 Freundlich 模型得到的拟合参数见表 2-5，Cu(Ⅱ)、Ni(Ⅱ) 和 Pb(Ⅱ) 的 Langmuir 等温线的拟合度 R_2 普遍大于 Freundlich 等温线的拟合度，说明复合粉体吸附重金属 Cu(Ⅱ)、Ni(Ⅱ)、Pb(Ⅱ) 的过程更好地符合 Langmuir 等温线吸附模型，其吸附过程属于均质表面上的单层吸附。

表 2-5　复合粉体吸附重金属离子等温吸附常数

吸附模型	参数	温度/℃		
		25	35	45
Cu-Langmuir 模型	$q_m/\text{mg} \cdot \text{g}^{-1}$	216. 30	228. 76	241. 91
	b	0. 414	0. 509	0. 621
	R^2	0. 982	0. 987	0. 960
Cu-Freundlich 模型	k	68. 12	76. 97	87. 44
	n	3. 49	3. 57	3. 72
	R^2	0. 919	0. 887	0. 901
Ni-Langmuir 模型	$q_m/\text{mg} \cdot \text{g}^{-1}$	116. 5	125. 34	133. 97
	b	0. 51	0. 59	0. 62
	R^2	0. 968	0. 956	0. 952
Ni-Freundlich 模型	k	42. 13	46. 22	49. 18
	n	4. 705	4. 707	4. 566
	R^2	0. 828	0. 817	0. 832
Pb-Langmuir 模型	$q_m/\text{mg} \cdot \text{g}^{-1}$	160. 96	181. 31	189. 03
	b	0. 089	0. 098	0. 153
	R^2	0. 972	0. 983	0. 981
Pb-Freundlich 模型	k	33. 39	36. 50	44. 80
	n	3. 092	2. 938	3. 099
	R^2	0. 886	0. 902	0. 884

2.7.4　吸附动力学研究

吸附不仅与吸附剂本身的理化性质有关，而且还与吸附过程中重金属离子从液体向固体的扩散特性相关，通过拟一阶动力学、拟二阶动力学及颗粒内部扩散三种动力学模型对吸附时间对吸附效果的影响进行数据拟合，结果如图 2-19 所示。表 2-6 为复合粉体吸附重金属离子动力学模拟参数。由表 2-6 可知，拟二级动力学模型的参数明显高于拟一级动力学模型的参数，这表明吸附剂对重金属离子的吸附行为更好地符合拟二级动力学模型规律。拟二级动力学模型拟合复合粉体吸附 Cu(Ⅱ)、Pb(Ⅱ) 和 Ni(Ⅱ) 的理想最大平衡吸附量 q_e 的值（50. 39 mg/g，

48.64 mg/g、49.50 mg/g）与实际吸附所得 q_e 的值（49.76 mg/g、48.89 mg/g、49.55 mg/g）接近，这种趋势表明吸附过程是化学吸附。此外，经测定在吸附时间达到 300 min 时，复合粉体对的 Cu(Ⅱ)、Ni(Ⅱ)、Pb(Ⅱ) 重金属离子的吸附均达到了《污水综合排放标准》（GB 8978—1996）。

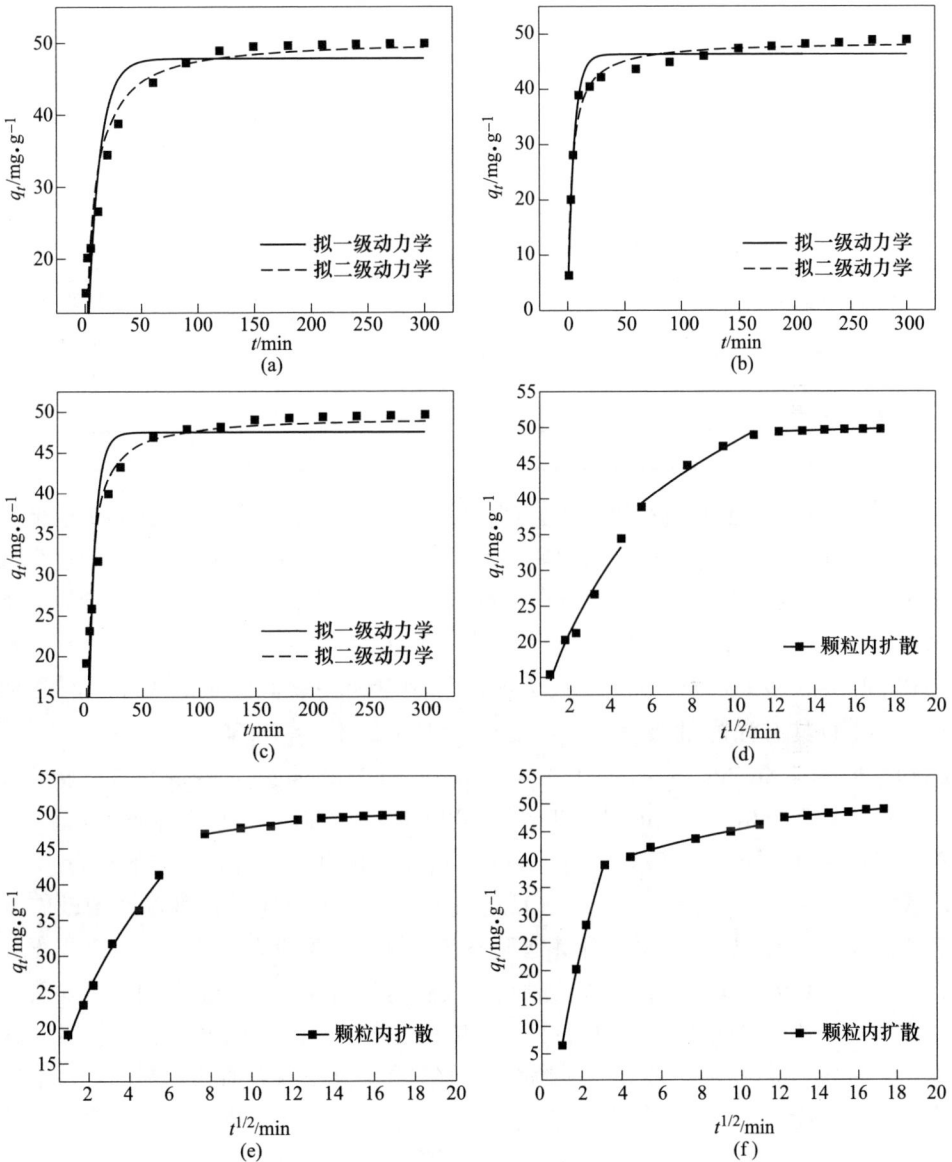

图 2-19　复合粉体吸附重金属离子的动力学图

（a）（d）Cu(Ⅱ)；（b）（f）Pb(Ⅱ)；（c）（e）Ni(Ⅱ)

表 2-6　复合粉体吸附重金属离子动力学参数

动力学模型	参数	Cu(Ⅱ)	Pb(Ⅱ)	Ni(Ⅱ)
拟一级动力学	$q_e/\text{mg} \cdot \text{g}^{-1}$	47.84	46.32	47.51
	k_1	0.094	0.178	0.163
	R^2	0.86	0.966	0.834
拟二级动力学	$q_e/\text{mg} \cdot \text{g}^{-1}$	50.39	48.64	49.50
	k_2	0.003	0.005	0.005
	R^2	0.941	0.981	0.936
颗粒内部扩散	k_{d1}	16.75	42.09	16.65
	d_1	−2.201	−35.43	1.72
	R^2	0.965	0.997	0.992
	k_{d2}	10.36	4.46	2.55
	d_2	15.12	31.28	39.87
	R^2	0.974	0.995	0.981
	k_{d3}	0.57	2.38	0.78
	d_3	47.4	39.06	46.31
	R^2	0.982	0.991	0.995

对吸附动力学数据进行进一步处理，以 q_t 对 $t_{1/2}$ 作图进而确定颗粒内扩散模型对吸附过程的拟合效果，拟合出的颗粒内扩散速率参数可间接地反映出吸附速率的快慢，显示出来不同的重金属离子在吸附剂上的扩散过程。经分析每种重金属离子吸附扩散过程有明显的三个阶段，第一阶段 k_{d1} Cu(Ⅱ) = 16.75 mg/(g·min$^{-1/2}$)、k_{d1} Pb(Ⅱ)= 42.09 mg/(g·min$^{-1/2}$)、k_{d1} Ni(Ⅱ) = 16.65 mg/(g·min$^{-1/2}$)，此阶段明显对 Pb(Ⅱ) 具有强烈的吸附率。第二阶段 k_{d2} Cu(Ⅱ) = 10.36 mg/(g·min$^{-1/2}$)、k_{d2} Pb(Ⅱ)= 4.46 mg/(g·min$^{-1/2}$)、k_{d2} Ni(Ⅱ) = 2.55 mg/(g·min$^{-1/2}$)，此阶段除 Cu(Ⅱ) 保持相对较高的吸附速率外，Pb(Ⅱ) 和 Ni(Ⅱ) 的吸附速率均下降。第三阶段 k_{d3} Cu(Ⅱ) = 0.57 mg/(g·min$^{-1/2}$)、k_{d3} Pb(Ⅱ) = 2.38 mg/(g·min$^{-1/2}$)、k_{d3} Ni(Ⅱ)= 0.78 mg/(g·min$^{-1/2}$)，此阶段 Cu(Ⅱ) 和 Ni(Ⅱ) 基本达到动态饱和吸附状态，而 Pb(Ⅱ) 趋于平衡吸附态势。且三个阶段直线的斜率呈现出 k_{d1}>k_{d2}>k_{d3}，表明重金属离子在不同的时间扩散到达吸附剂上速率也不同。第一阶段重金属离子快速在吸附剂表面的活性位点上结合，所以表现出比较高的吸附速率，此过程为吸附剂外表面的吸附阶段，即重金属离子与表面的羟基结合，形成金属氢氧化物。第二阶段是吸附递增阶段，这一过程主要是重金属离子穿过包覆层表面向复合粉体内扩散。第三阶段即平衡阶段的饱和过程，即溶液中的重金属离子浓度降低而导致吸附开始减缓逐渐达到动态平衡吸附的过程。此外，从表 2-6 中可以看出颗粒内扩散的 R_2 大于拟一级和拟二级动力学中 R_2，这说明颗粒内扩散能更好地模拟吸附过程中的动力学问题。

2.7.5　吸附过程的热力学研究

图 2-20 为复合粉体吸附重金属离子热力学图，从图 2-20 可以看出，在一定温度范围内复合粉体对 Cu(Ⅱ)、Ni(Ⅱ) 和 Pb(Ⅱ) 的吸附具有良好的线性关系。

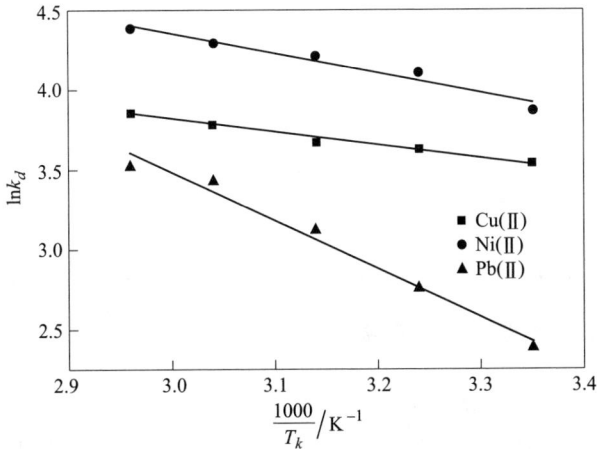

图 2-20　复合粉体吸附重金属离子热力学图

复合粉体吸附重金属离子热力学参数见表 2-7，由表可知，Cu(Ⅱ)、Ni(Ⅱ) 和 Pb(Ⅱ) 的焓变 ΔH 为正值，说明复合粉体吸附重金属离子的过程为吸热反应。熵值 ΔS 表示界面中离子运动状态，此过程中熵值为正值，表明吸附质吸附到吸附剂表面时固-液界面中重金属离子处于无序分布状态。吉布斯自由能 ΔG 为负值和熵值 ΔS 均为正值，说明此过程是自发进行的。ΔG 的绝对值大小则反映了吸附过程的自发程度，随着温度的升高，Cu(Ⅱ)、Ni(Ⅱ)、Pb(Ⅱ) 的 ΔG 减小，而 ΔG 的绝对值随温度的升高而增大，说明在温度升高情况下，有利于重金属离子的吸附。其原因是重金属离子在溶液中的布朗运动随着温度的升高而增加，促进了重金属离子与吸附剂表面活性位点的接触。此外，温度升高导致固-液界面的边界层减少，有利于重金属离子迁跃到吸附剂表面的活性位点上。

表 2-7　复合粉体吸附重金属离子热力学参数

重金属离子	T/K	$\Delta H/kJ \cdot mol^{-1}$	$\Delta S/kJ \cdot mol^{-1}$	$\Delta G/kJ \cdot mol^{-1}$	R^2
	298			-15.42	
	308			-15.94	
Cu(Ⅱ)	318	6.69	51.79	-16.46	0.979
	328			-16.98	
	338			-17.49	

重金属离子	T/K	$\Delta H/kJ \cdot mol^{-1}$	$\Delta S/kJ \cdot mol^{-1}$	$\Delta G/kJ \cdot mol^{-1}$	R^2
Ni(Ⅱ)	298	10.33	67.19	−20.01	0.958
	308			−20.68	
	318			−21.35	
	328			−22.02	
	338			−22.69	
Pb(Ⅱ)	298	25.14	104.42	−31.09	0.981
	308			−32.13	
	318			−33.18	
	328			−34.22	
	338			−35.26	

2.7.6　复合粉体吸附重金属离子前后表征

2.7.6.1　扫描电镜分析

图 2-21 为复合粉体及复合粉体吸附 Cu(Ⅱ)、Ni(Ⅱ) 和 Pb(Ⅱ) 后的扫描

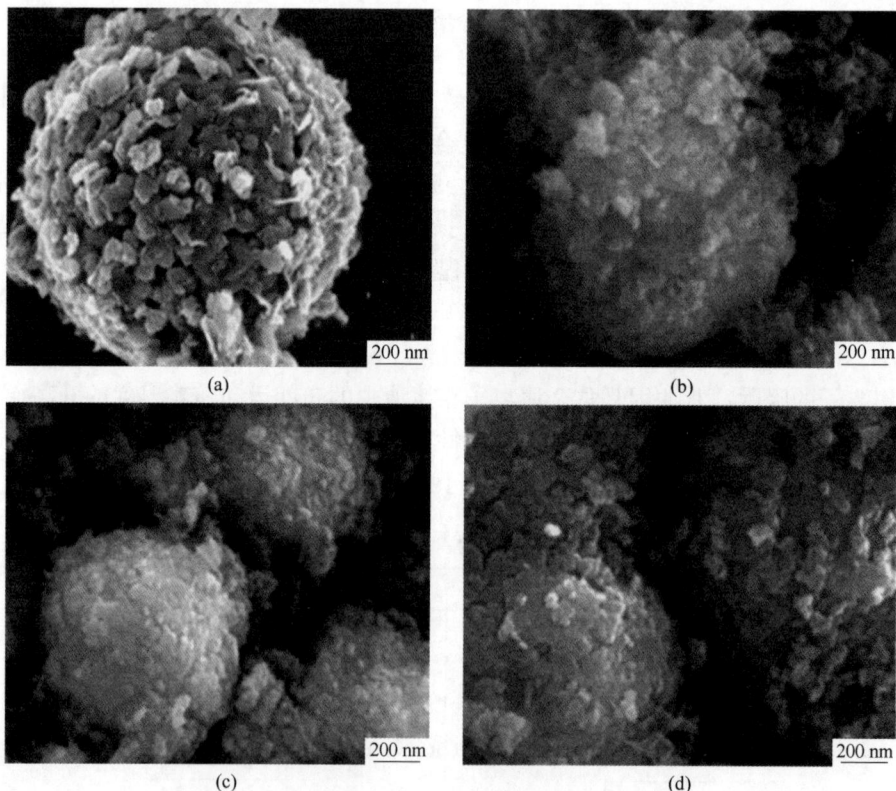

图 2-21　复合粉体吸附重金属离子前后扫描电镜图

电镜图。图 2-21（a）为粉煤灰表面包覆了许多片状 $Mg(OH)_2$ 的复合粉体。图 2-21（b）~（d）为吸附完重金属离子后复合粉体的扫描电镜图，从图中可以看出复合粉体表面的粗糙度大幅降低，证明复合粉体表面吸附了大量的重金属离子，填充了其粗糙的表面和孔洞，使其表面变得平滑紧实。

2.7.6.2 表面元素分布图

采用扫描电镜结合 EDS 对吸附后复合粉体表面的元素进行分析，其结果如图 2-22 所示。从元素分布和组成图可以直观地看出复合粉体表面含有 Si、O、Mg、Al、Na、Cl 等矿物元素，吸附后分别出现了 Cu、Ni、Pb 元素，说明复合粉体成功吸附了 Cu（Ⅱ）、Ni（Ⅱ）、Pb（Ⅱ）。

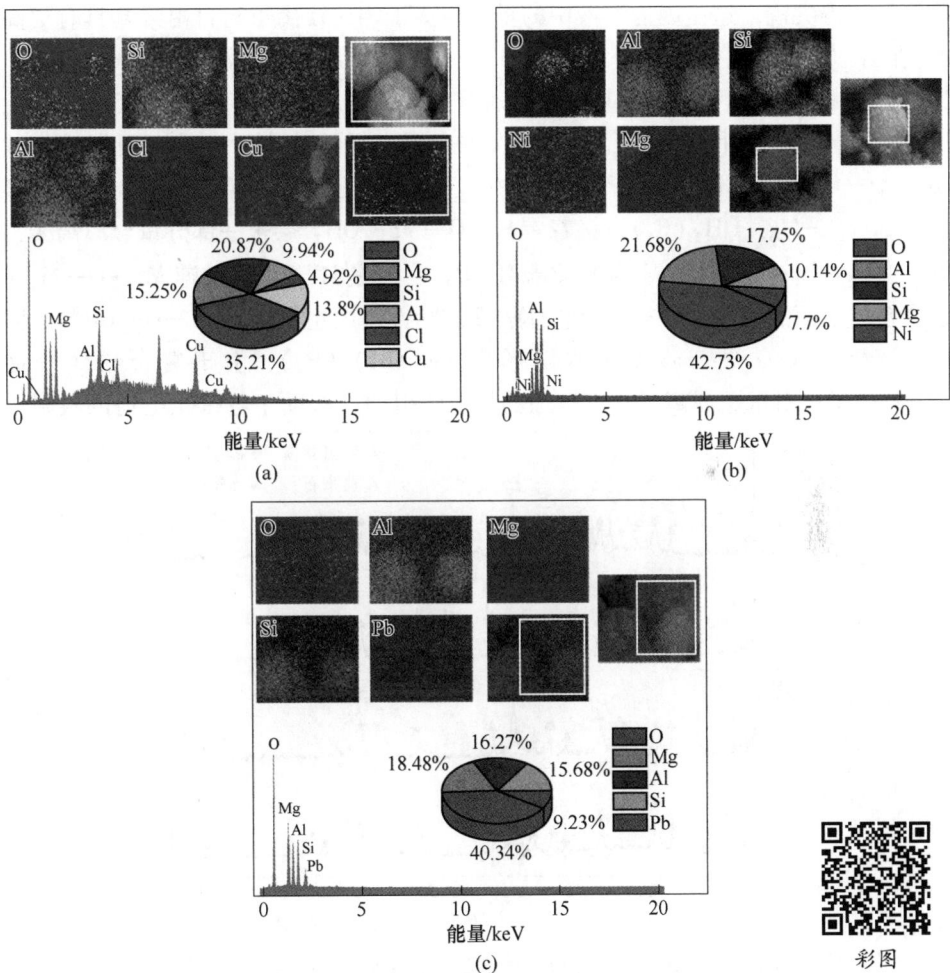

图 2-22 复合粉体吸附 Cu（Ⅱ）、Ni（Ⅱ）和 Pb（Ⅱ）后的表面元素分布图

(a) Cu（Ⅱ）；(b) Ni（Ⅱ）；(c) Pb（Ⅱ）

2.7.6.3　XRD 分析

图 2-23 为复合粉体及复合粉体吸附重金属离子后的 XRD 图。从图 2-23 中可以看出，曲线 2 相比曲线 1 在晶面（002）处出现了新的尖锐峰，经分析其为溶液中铜离子与复合粉体发生离子交换形成 $Cu_3(CO_3)_2(OH)_2$（No. 411390）。曲线 3 与曲线 1 相比，峰值并未有明显的变化，吸附后的镍离子主要以晶面（001）、（300）处的 $Ni_3Si_4O_{10}(OH)_2 \cdot 5H_2O$ 存在（No. 430664）。曲线 4 与曲线 2 相比，出现了大量的新峰，这是因为溶液中的铅离子与复合粉体表面的 $[CO_3]^{2-}$ 发生结合反应在晶面（012）、（104）、（015）和（110）处生成了新的物质 $Pb_3(CO_3)_2(OH)_2$（No. 130131）。曲线 2~曲线 4 在 38.04°处峰相比曲线 1 氢氧化镁明显变得尖锐，这是因为溶液中的重金属离子相比镁离子与自由羟基具有更高的结合力，所以在其晶面（101）处形成新的沉淀物质 $Cu(OH)_2$、$Ni(OH)_2$ 和 $Pb(OH)_2$。说明复合粉体对重金属离子的去除存在离子交换和沉淀反应。具体机理如下：当复合粉体进入重金属离子溶液中时，其表面的活化基团 $\equiv Si-O-Mg-OH$ 暴露于水溶液中，其与溶液的 H^+ 发生聚合作用迅速形成 $\equiv Si-O-Mg-OH_2^{2+}(R_1)$，接着 $\equiv Si-O-Mg-OH_2^{2+}$ 会被一部分重金属离子占据，变为 $\equiv Si-O-Mg-M^+$ 并释放出 $H^+(R_2)$，但是 H^+ 释放会加速 $Mg-O-M^+$ 在复合粉体表面的溶解，使得复合粉体表面的活性基团主要为 $\equiv Si-O-(R_3)$。同时，液相中 MgO 进一步发生水解形成 $Mg(OH)_2(R_4)$，由于复合粉体表面的 $\equiv Si-O-$ 对重金属离子具有较强的静电吸引力，有助于将带正电荷的吸附质

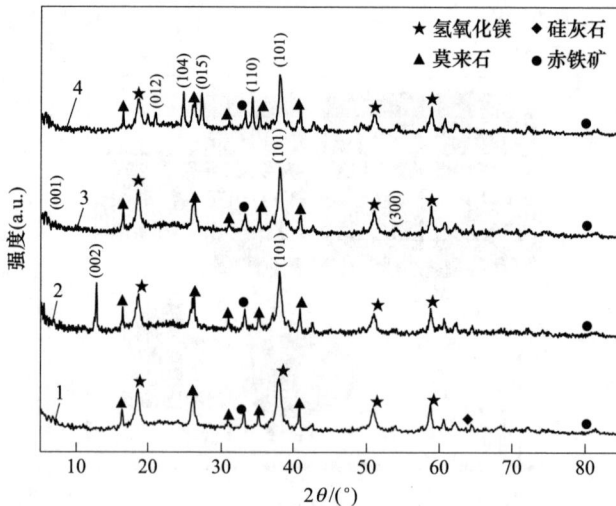

图 2-23　复合粉体及复合粉体吸附重金属离子后的 XRD 图

1—复合粉体；2—吸附 Cu(Ⅱ)后复合粉体；3—吸附 Ni(Ⅱ)后复合粉体；

4—吸附 Pb(Ⅱ)后复合粉体

吸附到带负电的吸附剂上形成 $\equiv Si—O—M^+(R_5)$，此外，溶解的 Mg^{2+} 还会与溶液中重金属离子发生沉淀反应，形成 $M(OH)_2(R_6)$，具体过程见式（2-11）[48]。

$$\equiv Si—O—Mg—OH+H_2O+2M^{2+}\xrightarrow{R_1}\equiv Si—O—Mg—OH_2^++OH^-+2M^{2+}\xrightarrow{R_2}$$

$$\equiv Si—O—M^++H_2O+H^++M^{2+}\xrightarrow{R_3}\equiv Si—O^-+H_2O+MgO+2M^{2+}+H^+\xrightarrow{R_4}$$

$$\equiv Si—O^-+Mg(OH)_2+2M^{2+}+H^+\xrightarrow{R_5}\equiv Si—O—M^++2Mg^{2+}+2OH^-+M^{2+}\xrightarrow{R_6}$$

$$\equiv Si—O—M^++M(OH)_2\downarrow+2Mg^{2+} \tag{2-11}$$

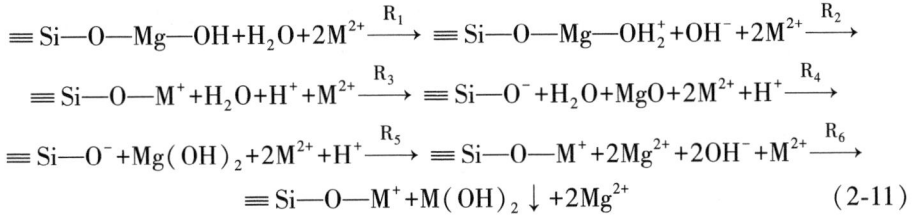

2.7.6.4　FTIR 分析

图 2-24 为复合粉体吸附重金属离子前后的 FTIR 图。从图 2-24 中可知：曲线 2~曲线 4 与曲线 1 相比，波数 3698 cm^{-1} 处的自由羟基峰型明显加强，结合 XRD 分析这是因为在吸附重金属离子过程出现了 $Ni_3Si_4O_{10}(OH)_2\cdot5H_2O$ 的结晶水峰及含羟基的 $Cu_3(CO_3)_2(OH)_2$、$Pb_3(CO_3)_2(OH)_2$，此外还有重金属离子的氢氧化物等促使自由羟基增强。波数 1439 cm^{-1} 处为 $[CO_3]^{2-}$ 的特征吸收峰，经分析曲线 2、曲线 3 和曲线 4 与曲线 1 相比碳酸根的特征吸收峰发生了蓝移，并且曲线 2 和曲线 4 的特征吸收峰增强，这是当碳酸根的浓度达到一定值时会与溶液中重金属离子形成 $Cu_3(CO_3)_2(OH)_2$ 和 $Pb_3(CO_3)_2(OH)_2$ 而引起的。波数 1071 cm^{-1} 处为 Si—O—C—O—Mg 和 Si—O—Mg—OH 的特征衍射吸收峰[49]，曲线 2~曲线 4 与曲线 1 相比，明显发生了红移，可能是在吸附重金属离子过程中溶液中的重

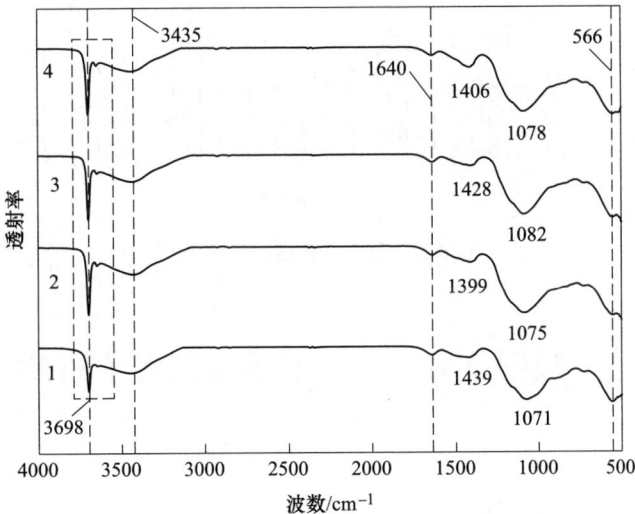

图 2-24　复合粉体及复合粉体吸附重金属离子后的 FTIR 图
1—复合粉体；2—吸附 Cu(Ⅱ) 后的复合粉体；3—吸附 Ni(Ⅱ) 后的复合粉体；
4—吸附 Pb(Ⅱ) 后的复合粉体

金属离子被吸附剂表面的羟基吸引而使 Si—O—Mg—OH 周围聚集了大量的高溶度重金属离子,这些重金属离子争夺羟基使 Si—O—Mg—OH 键发生了断裂,形成了—Si—O—M$^+$所致。波数 566 cm^{-1}处为 O—Si—O 弯曲振动的特征吸收峰[50],曲线 2 ~ 曲线 4 与曲线 1 对比 O—Si—O 特征峰明显减弱,说明—Si—O—、—Mg—O—断裂,消耗了—Si—O—和—Mg—O—含量,生成新的化学键—O—Cu—、—O—Ni—和—O—Pb—。

2.7.7　解吸再生实验

图 2-25 为复合粉体解吸再生结果。从图 2-25 中可以看出复合粉体对重金属离子的去除率随着其再生利用次数的增加而减少。经过 5 次循环再利用后,溶液中复合粉体对 Cu(Ⅱ)、Ni(Ⅱ) 和 Pb(Ⅱ) 的去除率分别从 99.51%、98.86% 和 99.12%下降到 58.66%、50.84% 和 55.14%,但对重金属离子仍具有吸附能力,说明改性粉煤灰在吸附重金属离子溶液中具有良好的再生性能。

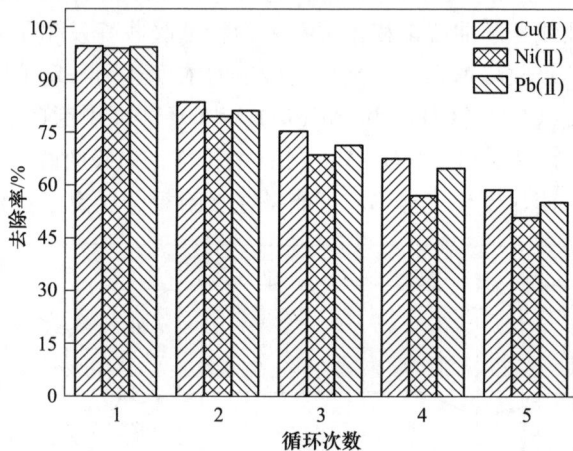

图 2-25　复合粉体解吸再生结果

2.8　吸附剂对二元体系重金属离子的吸附

2.8.1　pH 值

图 2-26 为不同 pH 值条件下复合粉体对二元体系中重金属离子的吸附量的影响。随着 pH 值的增加,在不同体系中的 Cu(Ⅱ)、Ni(Ⅱ)、Pb(Ⅱ) 的平衡吸附量均有所增加,原因是 pH 值较低时,溶液中存在较多的 H$^+$,复合粉体表面被质子化,与重金属离子之间形成静电斥力,从而阻止了金属离子与吸附剂活性位点

的结合，导致在低 pH 值下重金属离子的平衡吸附量比较低；但随着 pH 值的增大，H⁺减少，抑制效果减缓，并且随 pH 值增大复合粉体表面的 Si—OH、Al—OH 等羟基解离产生 SiO⁻、AlO⁻，这会增加 Cu(Ⅱ)、Ni(Ⅱ)、Pb(Ⅱ) 与复合粉体之间的静电吸附，促使复合粉体表面的平衡吸附量随 pH 值增大而逐渐升高。

在不同体系中共存离子对复合粉体平衡吸附量也有很大的影响，当 pH = 6 时，从图 2-26 (a) 中可知，当 Cu(Ⅱ) 与 Ni(Ⅱ) 共存时，复合粉体对 Cu(Ⅱ) 的吸附作用虽会受到 Ni(Ⅱ) 的抑制，但依然具有相对较高的吸附量，说明 Cu(Ⅱ) 与吸附剂之间具有较高的亲和性，在竞争吸附中具有相对的优势。但当 Cu(Ⅱ) 与 Pb(Ⅱ) 共存时，复合粉体对 Cu(Ⅱ) 的吸附量会减弱，这说明 Cu(Ⅱ) 与 Pb(Ⅱ) 之间具有强烈的拮抗作用，在吸附过程中 Cu(Ⅱ) 和 Pb(Ⅱ) 对吸附剂表面的活性位点发生明显竞争行为。图 2-26 (b) 中 Pb(Ⅱ) 也具有相同的情况，当 Pb(Ⅱ) 与 Ni(Ⅱ) 共存时，复合粉体对 Pb(Ⅱ) 具有很高的吸附量，说明 Pb(Ⅱ) 与吸附剂之间具有最高的亲和性，在竞争吸附中占有绝对的主导优势。在 pH 值 = 6，Pb(Ⅱ) 与 Cu(Ⅱ) 共存时，复合粉体对 Pb(Ⅱ) 的平衡吸附量是 24.05 mg/g，而 Pb(Ⅱ) 与 Ni(Ⅱ) 共存时，复合粉体对 Pb(Ⅱ) 的平衡吸附量是 43.31 mg/g。这说明在竞争吸附过程中 Cu(Ⅱ) 对 Pb(Ⅱ) 的影响远大于 Ni(Ⅱ) 对 Pb(Ⅱ) 的影响。图 2-26 (c) 中在 Ni(Ⅱ) 与 Cu(Ⅱ) 和 Ni(Ⅱ) 与 Pb(Ⅱ) 共存时，复合粉体对 Ni(Ⅱ) 均具有较低的平衡吸附量，说明共存离子 Cu(Ⅱ) 和 Pb(Ⅱ) 对 Ni(Ⅱ) 具有显著的抑制作用。在 pH 值 = 6，Ni(Ⅱ) 与 Cu(Ⅱ) 共存时，复合粉体对 Ni(Ⅱ) 的平衡吸附量是 23.98 mg/g，而 Ni(Ⅱ) 与 Pb(Ⅱ) 共存时，复合粉体对 Ni(Ⅱ) 的平衡吸附量是 18.03 mg/g。说明在竞争吸附中 Pb(Ⅱ) 对 Ni(Ⅱ) 的抑制作用比 Cu(Ⅱ) 对 Ni(Ⅱ) 的抑制作用更显著。出现这一原因可能是 Pb(Ⅱ) 的水合离子半径低于 Cu(Ⅱ) 和 Ni(Ⅱ) 及 Pb(Ⅱ) 原子量比 Cu(Ⅱ) 和 Ni(Ⅱ) 大[51]。此外也有研究表明水化热也可能是导致 Pb(Ⅱ) 在吸附材料上富集能力较强的影响因素。

在 pH 值为 2~6 时，复合粉体对 Pb(Ⅱ) 的吸附量都高于 Cu(Ⅱ) 和 Ni(Ⅱ)。说明复合粉体表面的活性位点对 Pb(Ⅱ) 更敏感。出现这一情况的原因可能是 Pb(Ⅱ) 的水合离子半径低于 Cu(Ⅱ) 和 Ni(Ⅱ)，而原子质量、离子半径和电负性 Pb(Ⅱ) 均高于 Cu(Ⅱ) 和 Ni(Ⅱ)[52]（具体参数见表 2-8）。这些优异的性能使 Pb(Ⅱ) 更容易吸附到材料表面进而促进吸附。此外，考虑到 pH 值大于 7 时重金属离子会形成大量沉淀，会对吸附剂的后续吸附造成一定影响，以及 Pb(Ⅱ) 和 Ni(Ⅱ) 在高 pH 值下会在水溶液中发生溶剂化、水解和聚合作用，会在水溶液中出现 $[M_2(OH)]^{3+}$、$[M_3(OH)_4]^{2+}$ 等多核配合物，并随着 pH 值升高水解和聚合作用加强，进而影响吸附剂与重金属离子的配位结合。因此，本实验选择 pH = 6 作为后续实验的最佳条件。

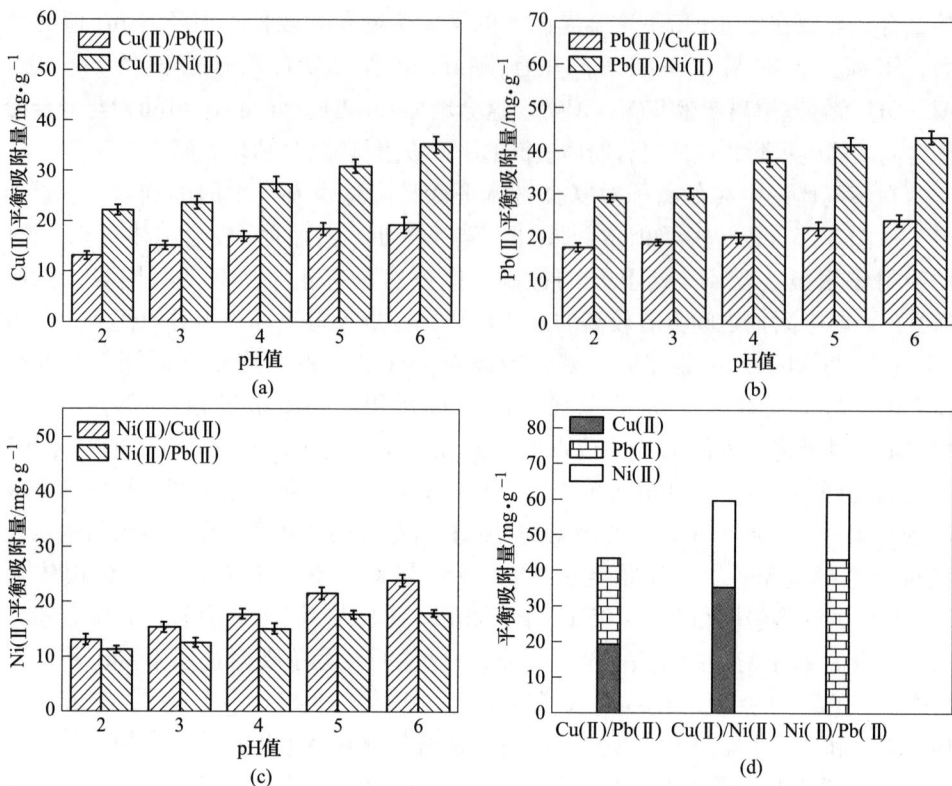

图 2-26　不同 pH 值条件下复合粉体对二元体系中重金属离子的吸附量的影响

（a）Cu（Ⅱ）；（b）Pb（Ⅱ）；（c）Ni（Ⅱ）；（d）pH＝6

表 2-8　Cu（Ⅱ）、Pb（Ⅱ）和 Ni（Ⅱ）的物理性能

重金属离子	原子质量/g·mol^{-1}	离子半径/nm	水合离子半径/nm	电负性/eV
Cu（Ⅱ）	64	0.096	0.325	1.90
Pb（Ⅱ）	207.20	0.120	0.261	2.33
Ni（Ⅱ）	58.69	0.069	0.404	1.92

2.8.2　投加量

图 2-27 为不同投加量下复合粉体对二元体系中重金属离子的吸附量的影响。从图 2-27 中可知，当投加量在增加时，复合粉体对不同体系中的重金属离子的去除率在增加而平衡吸附量在降低。二元 Cu（Ⅱ）/Pb（Ⅱ）体系中，复合粉体对 Cu（Ⅱ）的去除率由 0.05 g 时的 43.25%增加至 0.25 g 时的 71.32%，而吸附量由 0.05 g 时的 86.5 mg/g 降低至 0.25 g 时的 28.53 mg/g；对 Pb（Ⅱ）的去除率由 0.05 g 时的 46.89%增加至 0.25 g 时的 78.25%，吸附量由 0.05 g 时的 93.78 mg/g

降低至 0.25 g 时的 31.30 mg/g。二元 Pb(Ⅱ)/Ni(Ⅱ) 体系中，复合粉体对 Pb(Ⅱ) 的去除率由 0.05 g 时的 51.51%增加至 0.25 g 时的 81.23%，而吸附量由 0.05 g 时的 103.02 mg/g 降低至 0.25 g 时的 32.49 mg/g；对 Ni(Ⅱ) 的去除率由 0.05 g 时的 38.09%增加至 0.25 g 时的 65.31%，吸附量由 0.05 g 时的 76.18 mg/g 降低至 0.25 g 时的 26.12 mg/g。二元 Cu(Ⅱ)/Ni(Ⅱ) 体系中，复合粉体对 Cu(Ⅱ) 的去除率由 0.05 g 时的 47.12%增加至 0.25 g 时的 76.36%，而吸附量由 0.05 g 时的 94.24 mg/g 降低至 0.25 g 时的 30.54 mg/g；对 Ni(Ⅱ) 的去除率由 0.05 g 时的 42.09%增加至 0.25 g 时的 59.31%，吸附量由 0.05 g 时的 84.18 mg/g 降低至 0.25 g 时的 23.73 mg/g。出现这种情况的原因可能是当投加量较低时，吸附剂总的比表面上活性位点较少，能够捕捉的重金属离子较少，导致其对重金属离子去除率比较低。而吸附量最大的原因是当少量吸附剂吸附溶液中高浓度的重金属离子时，较高的浓度差使吸附剂表面的活性位点被重金属离子大量捕捉，促使复合粉体单位面积上吸附重金属的数量增加。随着投加量的增多，溶液中活性位点也随之增加，促使其对重金属离子去除率增加，所以在吸附剂表面会出现更多的不饱和位点，导致随投加量的增多单位吸附量降低的现象。此外还发现二元吸附体系中重金属离子的吸附率明显低于一元体系，这说明二元混合溶液中重金属离子在吸附过程中存在竞争吸附现象。其中复合粉体对 Pb(Ⅱ) 的去除率和吸附量高于 Cu(Ⅱ)，对 Cu(Ⅱ) 的去除率和吸附量高于 Ni(Ⅱ)，这说明 Ni(Ⅱ) 在二元竞争吸附体系中受到的抑制最明显。

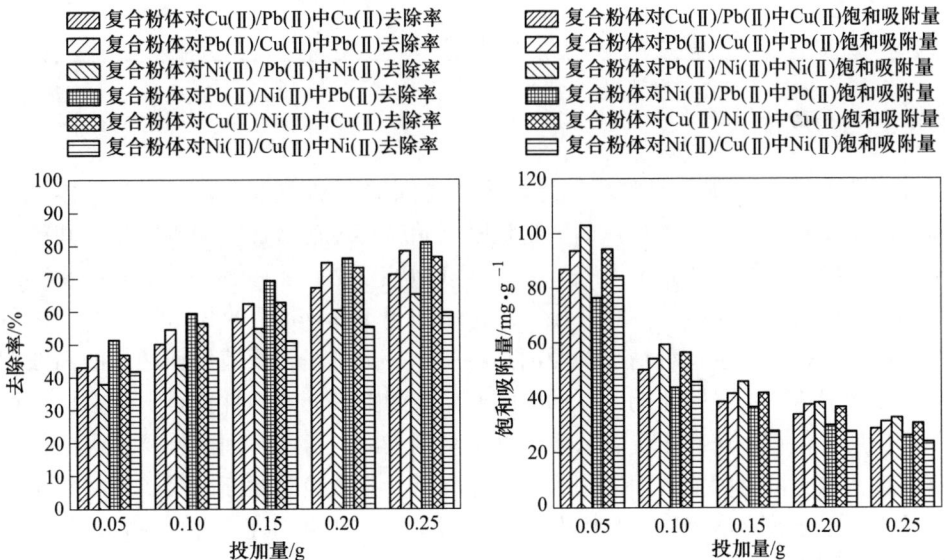

图 2-27　不同投加量条件下复合粉体对二元体系中重金属离子的吸附量

同时为了进一步证明二元体系中复合粉体对 Cu(Ⅱ)、Pb(Ⅱ) 和 Ni(Ⅱ) 的吸附选择性，引入分布系数 K_d[53] 来表示，见式 (2-12)。

$$K_d = \frac{c_0 - c_t}{c_t} \times \frac{V}{m} \qquad (2\text{-}12)$$

式中，c_0 和 c_t 分别表示重金属离子初始浓度和平衡浓度，mg/L；V 为溶液体积，L；m 为吸附剂的质量，g。

根据式 (2-12) 计算出特定重金属离子的分布系数 K_d，然后算出相应的选择性系数 α，见式 (2-13)。

$$\alpha = \frac{K_d A(Ⅱ)}{K_d B(Ⅱ)} \qquad (2\text{-}13)$$

式中，A 和 B 分别表示二元体系中不同的重金属离子。

表 2-9 表示在投加量为 0.25 g 下复合粉体的 K_d 和 α 值。从表 2-9 中可知，在同一投加量下，$K_d Pb(Ⅱ) > K_d Cu(Ⅱ) > K_d Ni(Ⅱ)$ 且 $\alpha_{Ni(Ⅱ)}^{Pb(Ⅱ)} > \alpha_{Ni(Ⅱ)}^{Cu(Ⅱ)} > \alpha_{Pb(Ⅱ)}^{Cu(Ⅱ)}$ 的值也在逐渐递增。这表明复合粉体对 Pb(Ⅱ) 的选择吸附明显优于 Cu(Ⅱ) 和 Ni(Ⅱ)。

表 2-9　不同投加量下复合粉体的 K_d 和 α 值

二元体系	$K_d Pb(Ⅱ)$	$K_d Cu(Ⅱ)$	$K_d Ni(Ⅱ)$	$\alpha_{Ni(Ⅱ)}^{Cu(Ⅱ)}$	$\alpha_{Ni(Ⅱ)}^{Pb(Ⅱ)}$	$\alpha_{Pb(Ⅱ)}^{Cu(Ⅱ)}$
Cu(Ⅱ)/Ni(Ⅱ)	—	1.653	1.031	1.603		
Cu(Ⅱ)/Pb(Ⅱ)	1.8245	1.4648				1.450
Pb(Ⅱ)/Ni(Ⅱ)	1.7048	—	0.8402		2.029	

2.8.3　动力学研究

图 2-28 为复合粉体吸附不同体系中重金属离子的动力学图。在二元体系中 Cu(Ⅱ)、Pb(Ⅱ) 和 Ni(Ⅱ) 的吸附量刚开始时都迅速增加，随着吸附时间的增加逐渐放缓，最终趋于饱和状态。在二元 Pb(Ⅱ)/Ni(Ⅱ) 体系中，Pb(Ⅱ) 的吸附量从吸附 1 min 中的 4.02 mg/g 快速增加至 120 min 中的 32.02 mg/g，之后逐渐趋于平衡。出现这种情况的原因是在初始吸附阶段，固液界面之间的高浓度差可以形成更强的吸附驱动力，同时刚开始吸附剂表面的活性位点比较多，这种双重作用促使重金属离子更容易吸附到吸附剂表面。随着时间的推移，吸附位点逐渐被占据，同时固液界面之间的浓度差降低，导致吸附逐渐减缓，最终趋于平衡状态[54]。此外，从图 2-28 中可知，Ni(Ⅱ) 具有与 Pb(Ⅱ) 相似的吸附过程，但在二元体系中，Ni(Ⅱ) 的平衡吸附时间明显早于 Pb(Ⅱ)，在 60 min 内达到平衡。研究还发现，在二元混合溶液中，Ni(Ⅱ) 的吸附量远低于 Pb(Ⅱ)。这表明二元体系中 Pb(Ⅱ) 对 Ni(Ⅱ) 具有明显的竞争吸附作用。在 Cu(Ⅱ)/

Ni(Ⅱ)、Cu(Ⅱ)/Pb(Ⅱ) 二元体系中也有相同的情况。从图 2-28 中可知，在二元体系中 Cu(Ⅱ)、Pb(Ⅱ) 和 Ni(Ⅱ) 饱和吸附量存在以下关系：Pb(Ⅱ)＞Cu(Ⅱ)＞Ni(Ⅱ)。Zhu 等人[55]认为这种现象与重金属离子的电负性有关，电负性越高，其离子表面的亲和性越高，这使带异性电荷的吸附剂越容易与电负性高的重金属离子结合，形成强大的共价键，进而有利于电负性高的金属离子的吸附。

　　为了进一步研究吸附机制，使用拟一级动力学模型和拟二级动力学模型来拟合吸附过程。拟合参数表明，拟二级动力学模型均呈现出较好的拟合状态，且拟二级动力学模型的相关系数均大于拟一级动力学模型的系数，这表明此吸附过程主要是化学吸附[56]。

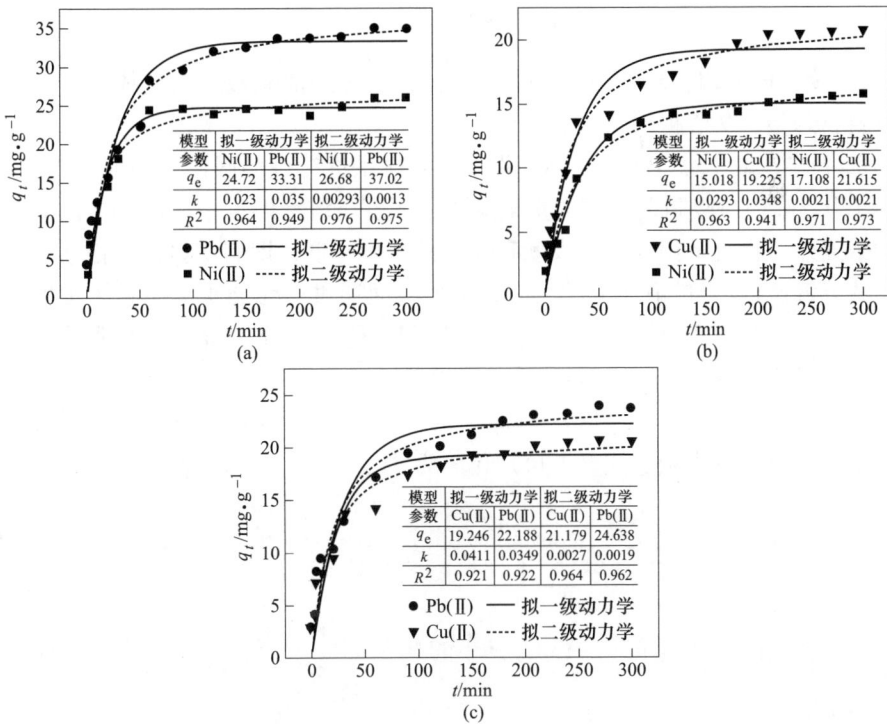

图 2-28　复合粉体吸附不同体系中重金属离子的动力学图
(a) Pb(Ⅱ)/Ni(Ⅱ) 二元体系；(b) Cu(Ⅱ)/Ni(Ⅱ) 二元体系；(c) Cu(Ⅱ)/Pb(Ⅱ) 二元体系

　　为了更进一步说明吸附时间与吸附量之间的关系，引入了菲克第二定律[57]来说明。它是描述物质从高浓度向低浓度趋于扩散的方程，即在单位时间内通过垂直于扩散方向的单位截面积的扩散物质流量 J 与该截面处的浓度梯度的比值。具体见式（2-14）：

$$J = \frac{dm}{Adt} = -D\left(\frac{\partial c}{\partial X}\right) \tag{2-14}$$

式中，D 为扩散系数，$\mathrm{m^2/s}$；c 为扩散组元的体积浓度，$\mathrm{g/m^2}$；$\dfrac{\partial c}{\partial X}$ 为浓度梯度。

因为在二元体系中扩散物质在扩散介质中的浓度分布随时间是不断发生变化的，常称之为不稳定扩散。对于不稳定扩散，从物质的平衡关系入手，在式（2-14）的基础上进行推导，即在非稳态扩散中，在距离 X 处，浓度随时间的变化率等于该处的扩散通量随距离变化率的负值，即菲克第二定律方程，见式（2-15）。

$$\frac{\partial c}{\partial t} = \frac{\partial \left(\dfrac{\partial c}{\partial X} \right)}{\partial X} = D\,\frac{\partial^2 c}{\partial X^2} \tag{2-15}$$

式中，t 为扩散时间，s；X 为扩散距离，m；D 为扩散系数，它是描述扩散速度的重要物理量，D 值越大则扩散越快。

选择图 2-28（a）Pb(Ⅱ)/Ni(Ⅱ) 二元体系进行说明吸附量与时间的关系：在前 120 min 内，吸附剂表面的重金属离子浓度与溶液中重金属离子之间具有较大的浓度差，也就是说在此距离间存在大的浓度梯度，即有明显的扩散通量，根据公式（2-15），当扩散通量增大时，单位时间通过组元的重金属离子浓度也在增加，这对吸附过程来说是一个有利的过程，所以在开始阶段具有明显的吸附量。具体可用式（2-16）表示：

$$\left[(c_S + \mathrm{d}c_S) - c_L \right]\mathrm{d}Z + \left[(c_L + \mathrm{d}c_L) - c_L \right]\left[L - (Z + \mathrm{d}Z) \right] = 0 \tag{2-16}$$

略去二阶无穷小量，式（2-16）化简为式（2-17），即

$$-\frac{\mathrm{d}Z}{L - Z} = \frac{\mathrm{d}c_L}{c_S - c_L} \tag{2-17}$$

令扩散向固体组元的浓度 c_S 与 c_L 的比值为 $\dfrac{c_S}{c_L} = K_0$，代入式（2-17）得式（2-18）。

$$-\frac{\mathrm{d}Z}{L - Z} = \frac{\mathrm{d}c_S}{(K_0 - 1)c_S} \tag{2-18}$$

对式（2-18）两边进行积分得式（2-19）。

$$-\int_0^Z \frac{\mathrm{d}Z}{L - Z} = \frac{1}{K_0 - 1}\int_{c_0 K_0}^{c_S} \frac{\mathrm{d}c_S}{c_S} \tag{2-19}$$

对式（2-19）两边积分最后得式（2-20）。

$$c_S(Z) = c_0 k_0 \left(1 - \frac{Z}{L} \right)^{K_0 - 1} \tag{2-20}$$

从式（2-20）中可知，扩散向吸附剂的组元扩散通量与开始时溶液中组元的溶度具有很大的关系，当初始时组元的浓度越高时，通向吸附剂的扩散组元通量越大，则重金属离子与吸附剂的接触度增加，导致吸附量增大。这一结果与吸附动力学分析相一致。

2.8.4 等温吸附研究

图 2-29 为复合粉体对 Pb(II)/Ni(II) 重金属离子等温吸附。Langmuir 吸附模型适用于吸附分子之间无相互作用的体系，一般在一元体系中应用的比较多。但因为在二元吸附过程中存在两种离子，而它们之间会相互竞争干扰，为了更好地了解复合粉体对二元重金属离子之间的竞争吸附过程，采用 Langmuir 竞争吸附模型来拟合此过程[57]。计算公式见式（2-21）：

$$q_{e,i} = \frac{q_{max,i}K_1 c_{e,i}}{1 + \sum_{j=1}^{N} K_{L,j} c_{e,j}} \tag{2-21}$$

式中，c_e 表示 Pb(II) 和 Ni(II) 的平衡浓度，mg/L；K 代表吸附系数，经过转化式（2-21）可以再转换为式（2-22）。

$$\frac{c_{e1}}{q_{e1}} = \frac{1}{q_{max,1}K_{L,1}} + \frac{1}{q_{max,1}}c_{e,1} + \frac{K_{L,2}}{q_{max,1}K_{L,1}}c_{e,2} \tag{2-22}$$

图 2-29 为复合粉体对 Pb(II)/Ni(II) 二元体系的 Langmuir 竞争吸附模型，拟合结果表明，Pb(II) 和 Ni(II) 的相关系数 R^2 分别为 0.946 和 0.889，表明用 Langmuir 竞争吸附模型可以很好地分析复合粉体对二元混合重金属离子吸附过程。表 2-10 为 Langmuir 竞争吸附模型拟合参数，从拟合参数知，复合粉体对混

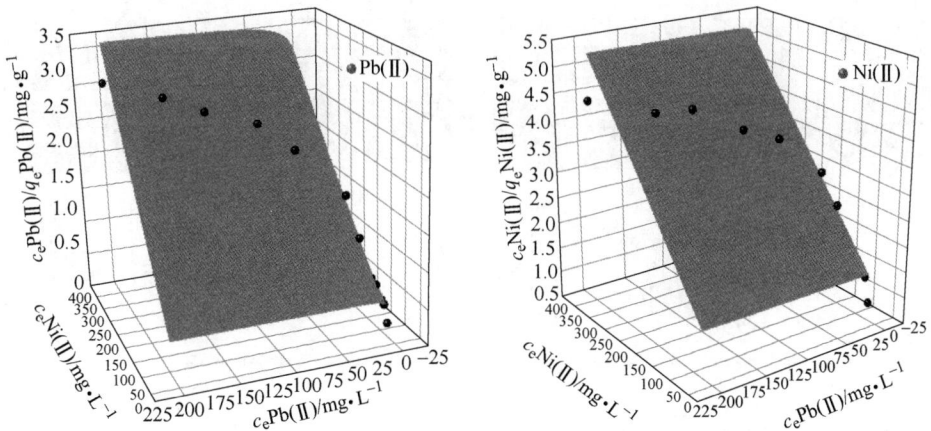

图 2-29 复合粉体对 Pb(II)/Ni(II) 重金属离子等温吸附

合溶液中 Pb(Ⅱ) 和 Ni(Ⅱ) 的饱和吸附量分别为 116.35 mg/g 和 46.32 mg/g，与单一溶液中相比下降了 38.44% 和 65.42%。这说明在二元混合吸附中复合粉体对重金属离子的吸附受到其他离子的干扰，且对 Ni(Ⅱ) 的影响比较大。

表 2-10　Langmuir 竞争吸附模型拟合参数

动态模型	参数	Pb(Ⅱ)	Ni(Ⅱ)
Langmuir 竞争吸附模型	$K_{L,1}$	0.04363	0.01512
	$K_{L,2}$	0.00037	0.00047
	q_{max}	116.35	46.32
	R^2	0.946	0.889

2.8.5　复合粉体吸附重金属离子前后性能表征

2.8.5.1　扫描电镜加自带 EDS 分析

图 2-30 为吸附二元体系重金属离子后的复合粉体扫描电镜图和 EDS 能谱分析，从扫描电镜图和 EDS 能谱上可以看出，Pb(Ⅱ)、Cu(Ⅱ) 和 Ni(Ⅱ) 重金属离子成功吸附到复合粉体表面上，这使原本粗糙的复合粉体表面变得紧实。从图 2-30 （a）Pb(Ⅱ)/Ni(Ⅱ) 二元体系总谱图和表面元素含量可知，复合粉体对 Pb(Ⅱ) 的选择吸附性强于 Ni(Ⅱ)；从图 2-30 （b）Cu(Ⅱ)/Ni(Ⅱ) 二元体系可知，复合粉体对 Cu(Ⅱ) 的选择吸附性强于 Ni(Ⅱ)；从图 2-30 （c） Cu(Ⅱ)/Pb(Ⅱ) 二元体系可知，复合粉体对 Pb(Ⅱ) 的选择吸附性强于 Cu(Ⅱ)。

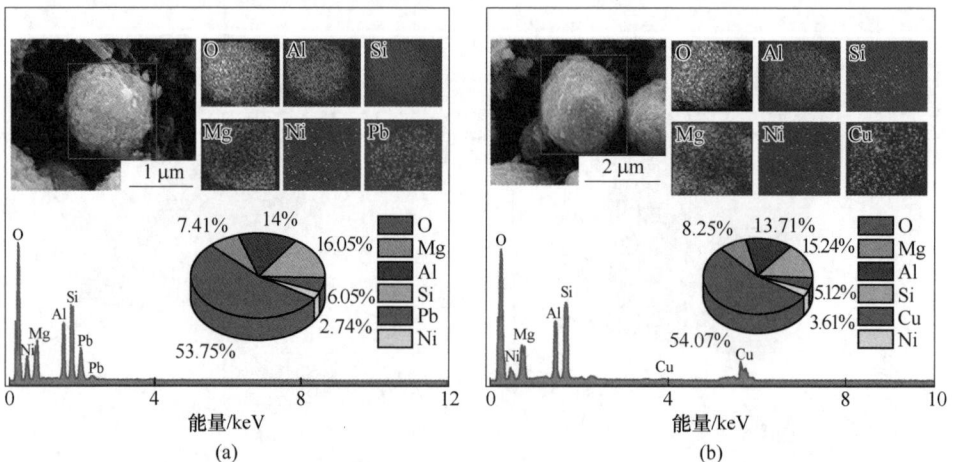

(a)　　　　　　　　　　(b)

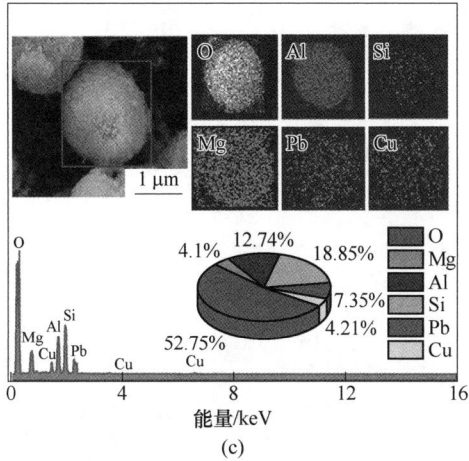

图 2-30 二元体系复合粉体吸附重金属离子扫描电镜图和 EDS 能谱

（a）Pb（Ⅱ）/Ni（Ⅱ）二元体系；（b）Cu（Ⅱ）/Ni（Ⅱ）二元体系；（c）Cu（Ⅱ）/Pb（Ⅱ）二元体系

2.8.5.2　XRD 分析

图 2-31 为复合粉体吸附二元体系中 Pb（Ⅱ）/Ni（Ⅱ）、Cu（Ⅱ）/Ni（Ⅱ）、Cu（Ⅱ）/Pb（Ⅱ）前后的 XRD 图。从曲线 1 知，复合粉体主要成分是莫来石、氢氧化镁、赤铁矿、硅灰石及硅铝酸盐。曲线 2 与曲线 1 相比，复合粉体吸附二元体系中 Cu（Ⅱ）/Ni（Ⅱ）后峰值发生明显变化，吸附后的铜离子主要以晶面（001）、（300）处的 $Cu_3Si_4O_{10}(OH)_2 \cdot 5H_2O$（No. 430664）存在，此外铜离子以晶面（110）处 Cu_2MgO_3（No. 430604）和（012）处 Al_7Cu_4Ni（No. 230104）存在。镍离子以晶面（210）处 $Ni_2Al(CO_3)_2(OH)_3H_2O$（No. 290868）和晶面（3131）处的 $Cu_8Ni(Si_2O_7)_3$（No. 120327）存在。曲线 3 与曲线 1 对比可知，复合粉体吸附二元体系中 Cu（Ⅱ）/Pb（Ⅱ）后峰值发生明显变化，吸附后的铜离子主要以晶面（001）、（300）处的 $Cu_3Si_4O_{10}(OH)_2 \cdot 5H_2O$ 存在（No. 430664）。曲线 3 与曲线 1 相比，出现了大量的新峰，这是因为溶液中的铅离子与复合粉体中的 $[CO_3]^{2-}$ 发生反应被晶面（021）处 $Pb_2Al_4(CO_3)_4(OH)_8$（No. 210936）、晶面（123）处的 $Pb_7SiO_8Cl_2$（No. 451429）所替代。曲线 3 中黑色标注的晶面是 Cu（Ⅱ）形成的物相，红色标注的晶面是 Pb（Ⅱ）形成的物相。曲线 4 与曲线 1 相比，复合粉体吸附二元体系中 Pb（Ⅱ）/Ni（Ⅱ）后峰值发生明显变化，具体表现为在（001）、（101）、（102）、（110）处的羟基峰全部消失，进而依次被晶面（210）处 $Ni_2Al(CO_3)_2(OH)_3H_2O$（No. 290868）、晶面（021）处 $Pb_2Al_4(CO_3)_4(OH)_8$（No. 210936）、晶面（0414）处的 $Pb_8Ni(Si_2O_7)_3$（No. 320527）、晶面（123）处的 $Pb_7SiO_8Cl_2$（No. 451429）所替代。

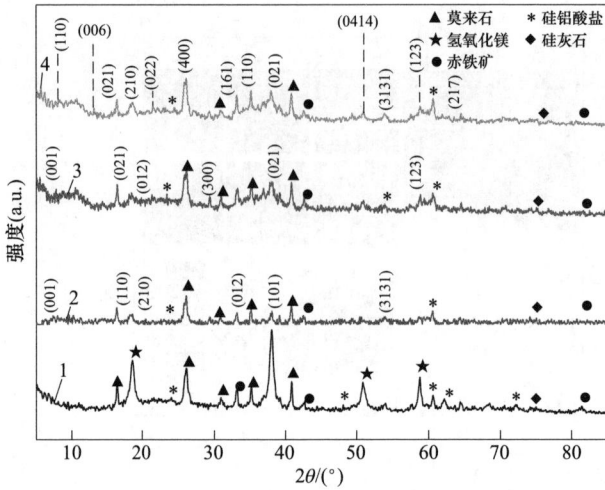

图 2-31　复合粉体吸附二元体系重金属离子前后的 XRD 图

1—复合粉体；2—吸附 Cu(Ⅱ)/Ni(Ⅱ) 二元体系后复合粉体；3—吸附 Cu(Ⅱ)/Pb(Ⅱ)
二元体系后复合粉体；4—吸附 Pb(Ⅱ)/Ni(Ⅱ) 二元体系后复合粉体

出现这一现象的原因是在二元体系中含有大量的重金属离子与复合粉体表面的羟基发生沉淀反应，形成金属氢氧化物沉淀，而形成的沉淀又会与缔合羟基在高能状态下发生架桥作用继续吸附溶液中重金属离子。当表面的羟基消耗殆尽时，其会与粉煤灰本身中 Si—O 四面体和 Al—O 八面体通过共同的氧离子与重金属离子互相联结，进而处在高浓度状态下的重金属离子会与硅氧四面体和铝氧八面体进一步发生吸附反应。此外，复合粉体本身存在的水合碳酸镁会与溶液中的重金属离子发生沉淀反应生成 $Ni_3(CO_3)_2(OH)_2$ 和 $Pb_3(CO_3)_2(OH)_2$。曲线 4 中红色标注的晶面是 Pb(Ⅱ) 形成的物相，蓝色标注的晶面是 Ni(Ⅱ) 形成的物相，从图 2-31 中知 Pb(Ⅱ) 形成的物相明显多于 Ni(Ⅱ) 形成的物相，这也间接说明了复合粉体对 Pb(Ⅱ) 的吸附性更强。

2.8.5.3　FTIR 分析

图 2-32 为复合粉体吸附二元体系中 Pb(Ⅱ)/Ni(Ⅱ)、Cu(Ⅱ)/Ni(Ⅱ)、Cu(Ⅱ)/Pb(Ⅱ) 前后的 FTIR 图。曲线 2～曲线 4 与曲线 1 相比，在波数 3698 cm^{-1} 处羟基峰明显减弱，这说明在二元吸附过程中羟基活性位点被充分利用。波数 3435 cm^{-1} 的 O—H 弯曲振动峰和 1083 cm^{-1} 的 Si—O—Si 非对称伸缩振动的特征吸收峰发生了明显的蓝移，这说明 O—H 和 Si—O—Si 活性基团参与了反应。波数 1436 cm^{-1} 为 $[CO_3]^{2-}$ 的反对称伸缩振动特征吸收峰，曲线 2～曲线 4 的 $[CO_3]^{2-}$ 的衍射峰相比曲线 1 增强且曲线 2 增强更明显，笔者分析出现这种情况的原因可能是 Cu(Ⅱ) 和 Pb(Ⅱ) 的水合离子半径较小且相差不大，导致复合

粉体中 $[CO_3]^{2-}$ 活性位点对 Cu(Ⅱ)/Pb(Ⅱ) 二元体系吸附作用相比其他体系更大[58]。波数 566 cm^{-1} 处为 O—Si—O 弯曲振动的特征吸收峰，曲线 2~曲线 4 与曲线 1 对比 O—Si—O 特征峰明显减弱，说明 O—Si—O 键发生了断裂与溶液中 M^{2+} 进行了键合重构，消耗了 O—Si—O 键所致。

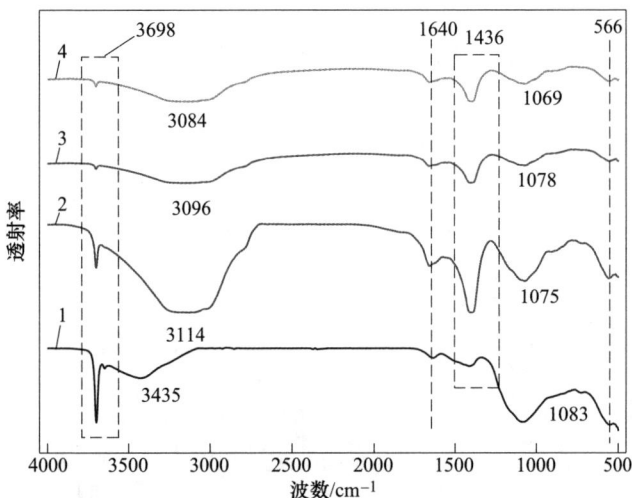

图 2-32　复合粉体吸附二元体系重金属离子前后的 FTIR 图
1—复合粉体；2—吸附 Cu(Ⅱ)/Pb(Ⅱ) 后复合粉体；3—吸附 Cu(Ⅱ)/Ni(Ⅱ) 后复合粉体；
4—吸附 Pb(Ⅱ)/Ni(Ⅱ) 后复合粉体

2.8.5.4　XPS 分析

图 2-33 为复合粉体吸附二元体系中 Pb(Ⅱ) 和 Ni(Ⅱ) 后的 XPS 图。在 98.69 eV、118.28 eV、284.63 eV、311.38 eV、347.13 eV、533.08 eV、1069.46 eV 和 1305.42 eV 处可以观察到明显的特征峰，分别属于 Al 2s、Si 2p、C 1s、Mg KL1、Ca 2p、O 1s、Na 1s 和 Mg 1s 的特征峰。当复合粉体在二元混合体系吸附后，在全谱图 2-33（a）中可以清楚地观察到 Pb(Ⅱ) 和 Ni(Ⅱ) 特征峰，这表明重金属离子已成功吸附到复合粉体上，这与能谱分析相一致。此外，复合粉体谱图中 Na 1s 和 Mg KL1 特征峰消失，这表明复合粉体与含有 Pb(Ⅱ) 和 Ni(Ⅱ) 溶液接触后，吸附了溶液中的重金属阳离子，同时将其含有的 Na$^+$ 和 Mg^{2+} 全部释放到溶液中，说明在吸附过程中伴有阳离子交换。为了进一步研究吸附机理，分别对吸附后复合粉体中的 Si 2p、O 1s、Pb 4f、Ni 2p 和 C 1s 进行分峰拟合，结果如图 2-33（b）~（f）所示。

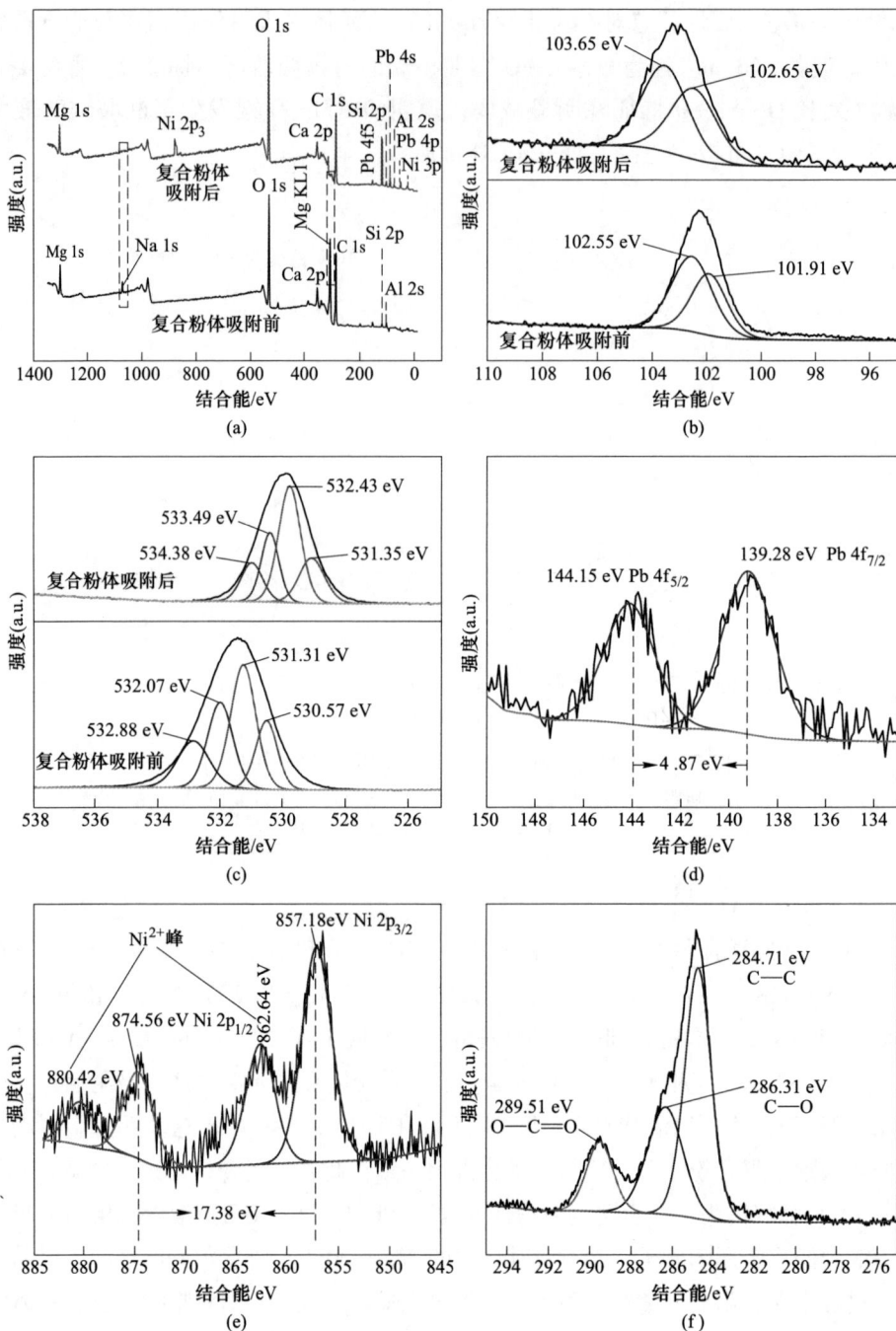

图 2-33　复合粉体吸附二元体系中 Pb(Ⅱ) 和 Ni(Ⅱ) 后的 XPS 图
(a) 全谱图; (b) Si 2p; (c) O 1s; (d) Pb 4f; (e) Ni 2p; (f) C 1s

在图 2-33 （b） 中，102.55 eV 和 101.91 eV 处的特征峰是由 Si—Si 和 Si—O 引起的，吸附重金属离子后，两个特征峰的结合能分别增加到 103.65 eV 和 102.65 eV，这是由于复合粉体吸附重金属离子后，含 Si 官能团和 Pb(II)、Ni(II) 之间发生配位反应，从而导致 Si 2p 原子轨道的几何形状发生了变化[59]。图 2-33 （c） 对 O 1s 进行分峰后，分别在 532.88 eV、532.07 eV、531.31 eV 和 530.57 eV 处出现 4 个特征峰，分别代表 SiO_2、金属氢氧化物或—OH，硅铝中的 O^{2-} 及吸附的水分子[60]。当复合粉体竞争吸附重金属离子后，O 特征峰的结合能变大，原因是在吸附的过程中吸附剂表面上可用的官能团与金属离子发生络合反应[61]，其中 O 原子参与吸附 Pb(II)、Ni(II) 并且与其相连，这导致 O 原子周围部分电子转移到 Pb(II)、Ni(II) 的空位轨道中，减弱了对 O 原子核的屏蔽效应，增强了 O 原子核对 1s 电子的吸引力，因此材料表面含 O 官能团周围的环境发生了变化，进而出现了上述特征峰[62]。图 2-33 （d） 是对 Pb 4f 进行分峰拟合后，在 144.15 eV 和 139.28 eV 处得到两个特征峰，其中 144.15 eV 处峰归属于 Pb $4f_{5/2}$，139.28 eV 处峰归属于 Pb $4f_{7/2}$，这两处峰的结合能相差 4.87 eV，与标准值 （4.87 eV） 相一致，表明吸附后的铅元素主要以 Pb^{2+} 的形式存在[63]。图 2-33 （e） 是对 Ni 2p 的分峰拟合，在 880.42 eV、874.56 eV、862.64 eV 和 857.18 eV 得到 4 个特征峰，其中 880.42 eV 和 862.64 eV 这两处特征峰是 Ni^{2+} 特有的卫星峰，874.56 eV 处峰归属于 Ni $2p_{1/2}$，857.18 eV 处峰归属于 Ni $2p_{3/2}$，这两处峰的结合能相差 17.38 eV，与标准值 （17.3 eV） 一致，表明吸附后的镍元素主要以 Ni^{2+} 的形式存在[64]。图 2-33 （f） 是对吸附后的 C 1s 进行分峰拟合，得到了 3 个特征峰，结合能分别为 289.51 eV 的 O—C＝O、284.71 eV 的 C—C 和 286.31 eV 的 C—O[62]。C＝O—O 中两个 O 原子周围部分电子转移到的 Pb(II)、Ni(II) 空轨道中，使其周围电子密度下降，这将迫使和 C＝O 中共享电子向 O 原子转移，减弱了对 C 原子核的屏蔽效应，增强了 C 原子核对 1s 电子的吸引力[65]，这种作用有利于碳酸根与重金属离子 （Pb^{2+} 和 Ni^{2+}） 的双齿桥式配位[66] （双齿桥式配位作用在吸附机理图 2-34 中有示意）。

复合粉体对 Pb(II) 和 Ni(II) 的吸附机制主要包含沉淀吸附、静电吸附、阳离子之间的互换作用及重金属离子与碳酸根之间的络合反应，此外，—OH、Al—O 和 Si—O 等含 O 官能团与重金属离子之间通过键合作用而形成的 X—O—M 络合物。其具体吸附机理如图 2-34 所示。

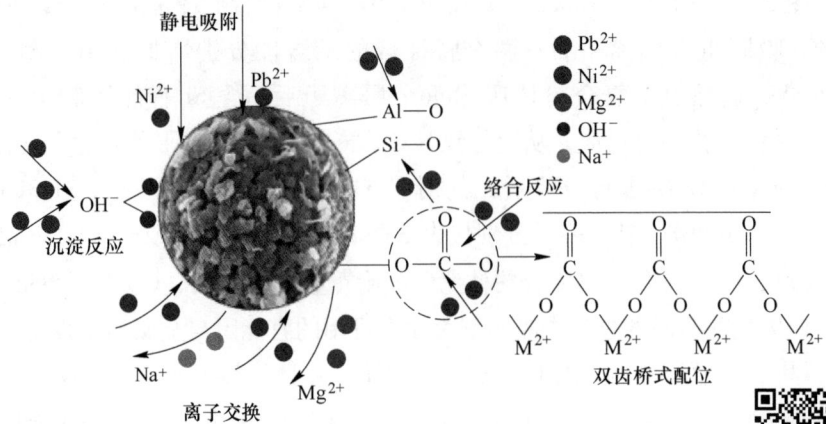

图 2-34　复合粉体吸附重金属离子机理图

彩图

2.9　吸附剂对三元体系重金属离子的吸附

2.9.1　pH 值及不同共存离子

图 2-35 为不同 pH 值条件下不同体系中复合粉体对重金属离子的吸附量。当 pH = 6 时在三元体系中复合粉体对 Cu(Ⅱ)、Ni(Ⅱ)、Pb(Ⅱ) 三者的平衡吸附量分别为 16.38 mg/g、12.52 mg/g、22.63 mg/g，由此可知，在此过程中复合粉体对 Ni(Ⅱ) 吸附能力最弱，Cu(Ⅱ) 和 Pb(Ⅱ) 之间因其具有强烈的拮抗作用，促使二者之间形成激烈的竞争关系争夺吸附剂表面的活性基团，导致二者的吸附量出现较大的差异。出现这一原因可能是 Pb(Ⅱ) 的水合离子半径低于 Cu(Ⅱ) 和 Ni(Ⅱ) 及 Pb(Ⅱ) 原子量比 Cu(Ⅱ) 和 Ni(Ⅱ) 大。此外也有研究表明水化热也可能是导致 Pb(Ⅱ) 在吸附材料上富集能力较强的影响因素。

从图 2-35（a）中可知，在一元体系中复合粉体对 Cu(Ⅱ) 的平衡吸附量最大，二元吸附体系次之，且 Cu(Ⅱ)/Ni(Ⅱ) 体系复合粉体对 Cu(Ⅱ) 的平衡吸附量大于 Cu(Ⅱ)/Pb(Ⅱ) 体系中对 Cu(Ⅱ) 的平衡吸附量，三元体系复合粉体对 Cu(Ⅱ) 的平衡吸附量最小。图 2-35（b）为不同体系下复合粉体对 Pb(Ⅱ) 的平衡吸附量，其结果与图 2-35（a）中具有相似的情况，从图中可知，一元体系中复合粉体对 Pb(Ⅱ) 的平衡吸附量最大，二元吸附体系次之，且 Pb(Ⅱ)/Ni(Ⅱ) 体系中复合粉体对 Pb(Ⅱ) 的平衡吸附量大于 Cu(Ⅱ)/Pb(Ⅱ) 体系中对 Pb(Ⅱ) 的平衡吸附量，三元体系复合粉体对 Pb(Ⅱ) 的平衡吸附量最小。图 2-35（c）为不同体系下复合粉体对 Ni(Ⅱ) 的平衡吸附量，一元体系中复合

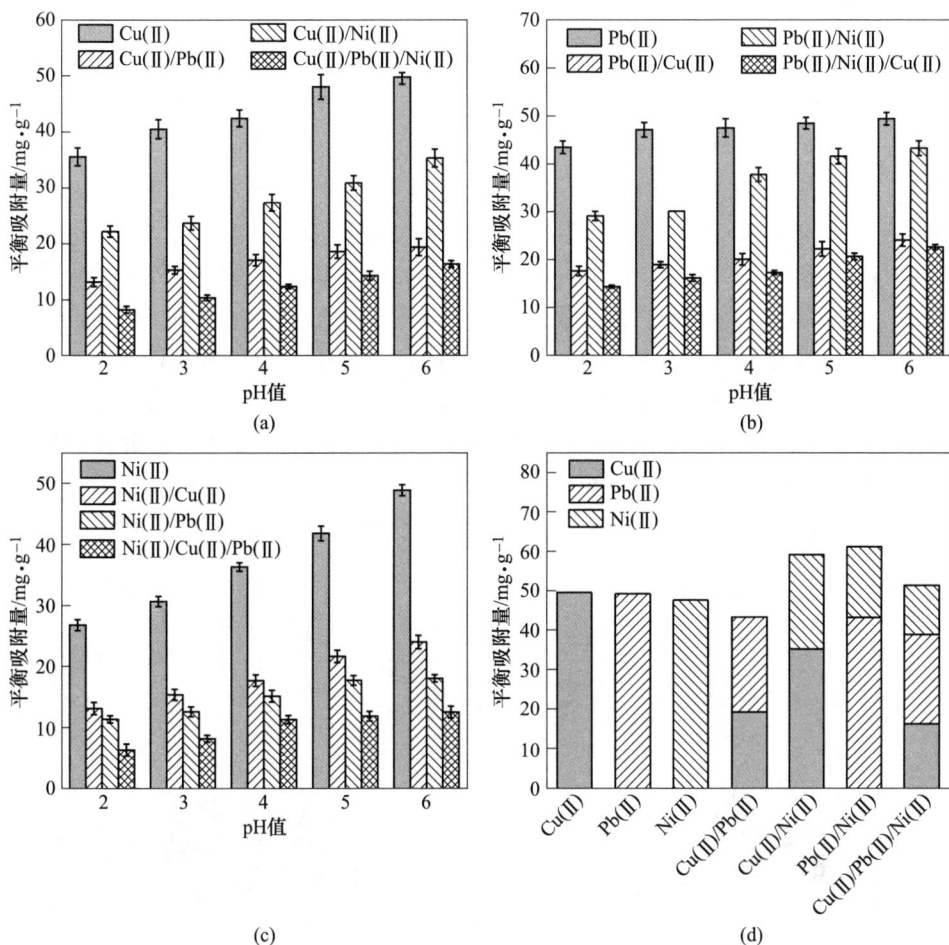

图 2-35 不同 pH 值条件下不同体系中复合粉体对重金属离子的吸附量

(a) Cu(Ⅱ); (b) Pb(Ⅱ); (c) Ni(Ⅱ); (d) pH=6

粉体对 Ni(Ⅱ) 的平衡吸附量最大,二元吸附体系次之,且 Cu(Ⅱ)/Ni(Ⅱ) 体系中对 Ni(Ⅱ) 的平衡吸附量大于 Ni(Ⅱ)/Pb(Ⅱ) 体系中对 Ni(Ⅱ) 的平衡吸附量,复合粉体对三元体系 Ni(Ⅱ) 的平衡吸附量最小。此外,从图 2-35 (d) 中发现,复合粉体对二元体系 Cu(Ⅱ)/Ni(Ⅱ) 和 Pb(Ⅱ)/Ni(Ⅱ) 总平衡吸附量大于其他吸附体系,这说明吸附剂有利于对二元体系 Cu(Ⅱ)/Ni(Ⅱ) 和 Pb(Ⅱ)/Ni(Ⅱ) 的吸附,这种原因可能是 Ni(Ⅱ) 的水合离子半径、电负性和原子质量最小,在与其他离子共存时,更有利于吸附剂的吸附[67]。

2.9.2　投加量

图 2-36 为投加量对复合粉体吸附三元体系重金属离子的影响。从图 2-36 可以看出，当投加量增加，重金属离子的去除率提高，而复合粉体单位质量上吸附 Cu(Ⅱ)、Ni(Ⅱ)、Pb(Ⅱ) 的吸附量降低，复合粉体对 Pb(Ⅱ) 的吸附量由 0.05 g 时的 52.26 mg/g 降低至 0.25 g 时的 19.89 mg/g，而对 Cu(Ⅱ)、Ni(Ⅱ) 的吸附量分别由 0.05 g 时的 47.68 mg/g 和 31.60 mg/g 降低至 0.25 g 时的 17.87 mg/g 和13.71 mg/g。此外，混合体系中重金属离子在复合粉体上的吸附量不同，这表明在三元体系中 3 种重金属离子在吸附过程中存在明显的竞争吸附。其中复合粉体对 Pb(Ⅱ) 的去除率和吸附量高于 Cu(Ⅱ) 和 Ni(Ⅱ)，说明 Cu(Ⅱ) 和 Ni(Ⅱ) 受到 Pb(Ⅱ) 的竞争性抑制，而对 Ni(Ⅱ) 的去除率和吸附量最低，说明 Ni(Ⅱ) 对 Cu(Ⅱ) 和 Pb(Ⅱ) 的抑制效果不显著。由此可以得出结论：在 Cu(Ⅱ)、Ni(Ⅱ)、Pb(Ⅱ) 共存在的情况下，Ni(Ⅱ) 在复合粉体上的吸附会受到较大的影响，而 Pb(Ⅱ) 受到影响较小，Cu(Ⅱ) 介于 Pb(Ⅱ) 和 Ni(Ⅱ) 之间[68]。

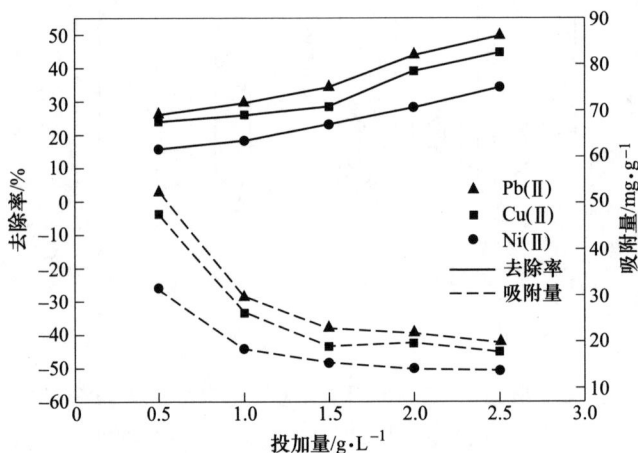

图 2-36　投加量对复合粉体吸附三元体系重金属离子的影响

2.9.3　初始浓度和温度

图 2-37 为不同初始浓度和温度的 Cu(Ⅱ)/Ni(Ⅱ)/Pb(Ⅱ) 三元混合溶液在复合粉体上的平衡吸附量。在初始浓度 20~250 mg/L 时复合粉体对 Pb(Ⅱ)、Cu(Ⅱ) 的平衡吸附量分别增加至 72.26 mg/g 和 58.61 mg/g，而对 Ni(Ⅱ) 平衡吸附量为 32.40 mg/g。

从图 2-37 中可知复合粉体对 Pb(Ⅱ) 和 Cu(Ⅱ) 的吸附量均随着初始浓度

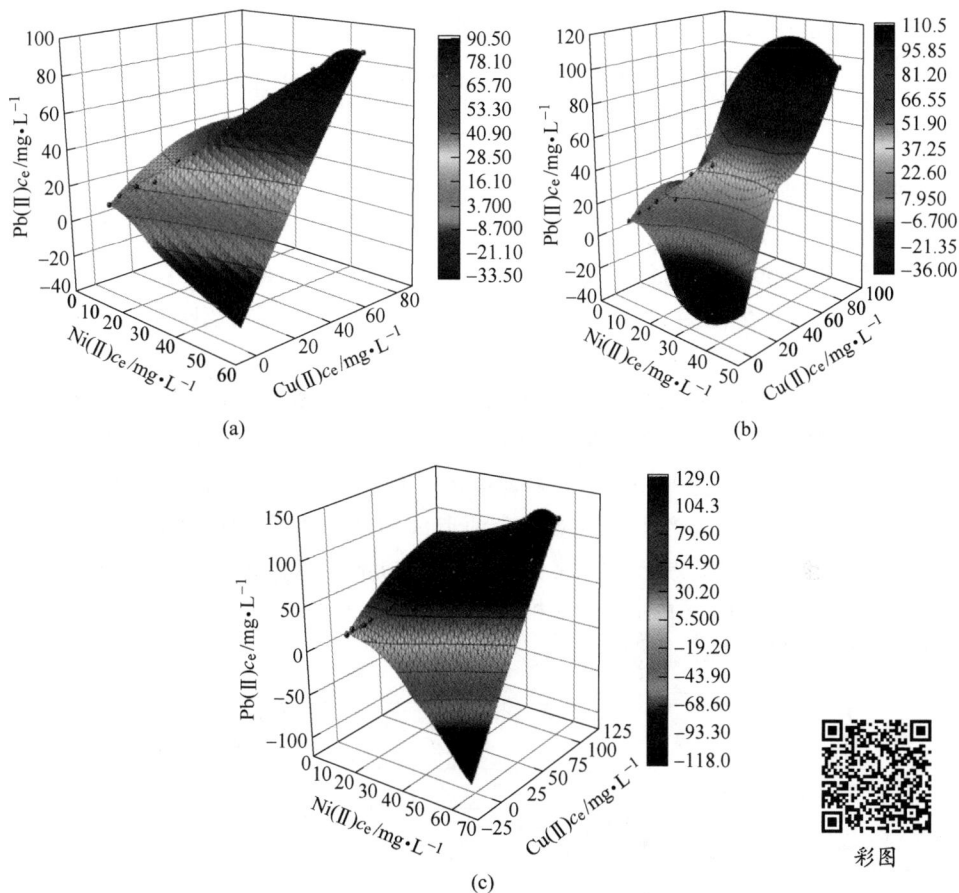

图 2-37 初始浓度和温度对复合粉体吸附三元体系重金属离子的影响
(a) 25℃; (b) 35℃; (c) 45℃

的增加而相应快速提高，而 Ni(Ⅱ) 的增长速度明显趋缓，出现这种情况的原因是在三元体系中复合粉体对 Ni(Ⅱ) 的吸附量受到 Pb(Ⅱ)、Cu(Ⅱ) 的竞争而产生的吸附抑制作用，导致 Ni(Ⅱ) 的吸附量低于二者。这也表明 Cu(Ⅱ)、Ni(Ⅱ)、Pb(Ⅱ) 在复合粉体上的吸附优先级不同。当初始浓度大于 300 mg/L 时，Cu(Ⅱ)、Ni(Ⅱ)、Pb(Ⅱ) 的平衡吸附量趋于饱和。同时在此三元体系中，复合粉体对 Pb(Ⅱ) 的平衡吸附量高于 Cu(Ⅱ)、Ni(Ⅱ)，这可能是 3 种重金属离子的水合离子半径中最小的是 Pb(Ⅱ)，所以在高浓度混合体系中 Pb(Ⅱ) 离子能够随吸附过程逐渐进入复合粉体的孔道结构更深的位置。在竞争吸附过程中复合粉体对 Pb(Ⅱ) 的吸附量大于对 Cu(Ⅱ) 的吸附量，这可能是由于复合粉体属于碱性吸附材料，使得 Pb(Ⅱ) 较之 Cu(Ⅱ) 更易于在复合粉体的表面形成氧化物、氢氧化物而被去除[69]。也有可能这一实验现象的产生与离子的水合离子半径和水化热有关。同时，吸附温度的增加也对吸附量产生影响，复合粉体对 3

种重金属离子在 25 ℃、35 ℃、45 ℃时的吸附量随温度升高均有明显的增加，这表明升高温度有利于重金属离子在吸附剂上的吸附[70]。

2.9.4　三元体系中的动力学分析

图 2-38 为复合粉体吸附三元体系重金属离子的动力学图。由图 2-38 可知，复合粉体对 Pb(Ⅱ) 的吸附速率高于 Cu(Ⅱ) 和 Ni(Ⅱ)，Pb(Ⅱ) 达到吸附平衡的时间大约在 150 min，而 Cu(Ⅱ) 和 Ni(Ⅱ) 分别在 110 min 和 70 min 时达到吸附平衡状态。当 Pb(Ⅱ)、Cu(Ⅱ)、Ni(Ⅱ) 达到吸附平衡状态时，复合粉体对它们的吸附量分别达到 Pb(Ⅱ)（26.91 mg/g）、Cu(Ⅱ)（23.65 mg/g）、Ni(Ⅱ)（13.59 mg/g）。这一数值明显低于一元/二元体系中复合粉体对各重金属离子的吸附量，其中对 Ni(Ⅱ) 的吸附量降低明显，这一现象可能是 Ni(Ⅱ) 在混合体系中的吸附受到 Cu(Ⅱ) 和 Pb(Ⅱ) 的竞争性抑制，吸附剂表面的 O 与电负性强的重金属离子产生共价键结合而造成的[71]。复合粉体吸附重金属离子动力学参数见表 2-11，通过对比可知拟二阶动力学的拟合相关系数 R^2 大于拟一阶方程拟合的 R^2。即三元体系中 3 种重金属离子在复合粉体上的吸附过程能够被拟二阶动力学模型更好地解释[72]。

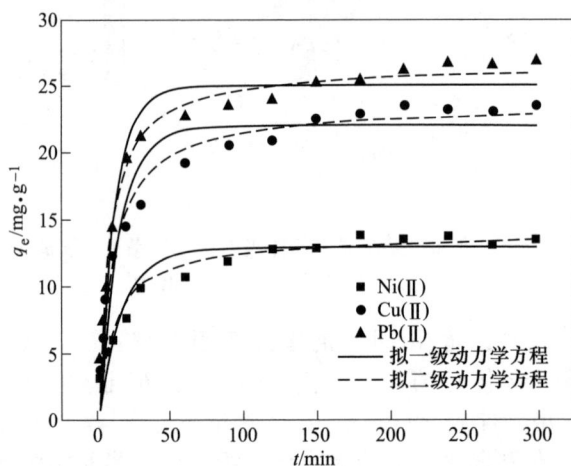

图 2-38　复合粉体吸附三元体系重金属离子的动力学图

表 2-11　复合粉体吸附重金属离子动力学参数

动力学模型	参数	Cu(Ⅱ)	Pb(Ⅱ)	Ni(Ⅱ)
	$q_e/\text{mg} \cdot \text{g}^{-1}$	22.09	25.62	12.97
拟一级动力学	k_1	0.078	0.0871	0.058
	R^2	0.91	0.954	0.895

动力学模型	参数	Cu(Ⅱ)	Pb(Ⅱ)	Ni(Ⅱ)
拟二级动力学	$q_e/\text{mg} \cdot \text{g}^{-1}$	23.736	26.812	13.945
	k_2	0.0042	0.0046	0.0064
	R^2	0.978	0.989	0.952

2.9.5 复合粉体吸附重金属离子前后的性能表征

2.9.5.1 扫描电镜加自带 EDS 分析

图 2-39 为 Cu(Ⅱ)/Pb(Ⅱ)/Ni(Ⅱ) 三元体系复合粉体扫描电镜图和 EDS 能谱分析,从图中可以看出,复合粉体表面的粗糙度明显降低,在 EDS 中明显能看出在复合粉体表面含有重金属元素 Pb、Cu 和 Ni,并且 Pb 的含量最多,Cu 次之,Ni 含量最少。此外,从元素含量表中也可看出,吸附后的复合粉体 O、Mg、Al、Si 含量有所下降,间接说明该元素所代表的活性基团参与了吸附反应。

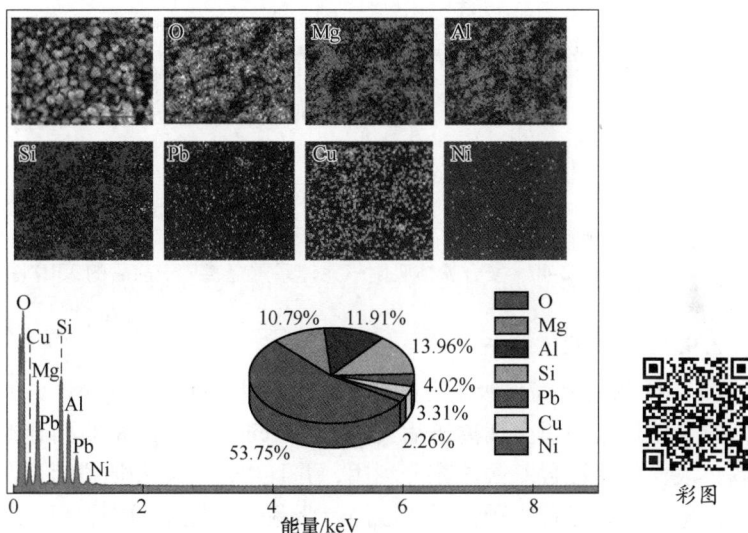

图 2-39 三元体系复合粉体吸附重金属离子 SEM 图和 EDS 能谱

2.9.5.2 XRD 分析

图 2-40 为复合粉体吸附三元体系中 Cu(Ⅱ)/Pb(Ⅱ)/Ni(Ⅱ) 前后的 XRD 图。复合粉体主要成分是莫来石、氢氧化镁、赤铁矿、硅灰石及硅铝酸盐。复合粉体吸附的 Cu(Ⅱ) 主要以晶面 (001)、(300) 处的 $Cu_3Si_4O_{10}(OH)_2 \cdot 5H_2O$(No.430664) 和以晶面 (012) 处 Al_7Cu_4Ni(No.230104) 存在。Ni(Ⅱ) 以晶面 (210) 处 $Ni_2Al(CO_3)_2(OH)_3H_2O$(No.290868) 和晶面 (3131) 处的

$Cu_8Ni(Si_2O_7)_3$（No. 120327）存在。吸附后的 Pb（Ⅱ）主要以晶面（021）处的 $Pb_2Al_4(CO_3)_4(OH)_8$（No. 210936）、晶面（123）处的 $Pb_7SiO_8Cl_2$（No. 451429）、晶面（210）处的 $Ni_2Al(CO_3)_2(OH)_3H_2O$（No. 290868）、晶面（021）处的 $Pb_2Al_4(CO_3)_4(OH)_8$（No. 210936）、晶面（0414）处的 $Pb_8Ni(Si_2O_7)_3$（No. 320527）和晶面（123）处的 $Pb_7SiO_8Cl_2$（No. 451429）存在。此外，通过 Jade 软件在晶面（431）处出现了 3 种重金属离子的结合体 $Pb_2Ni_2(CaO)Cu_4O_8 \cdot 2H_2O$（No. 41-0577）。

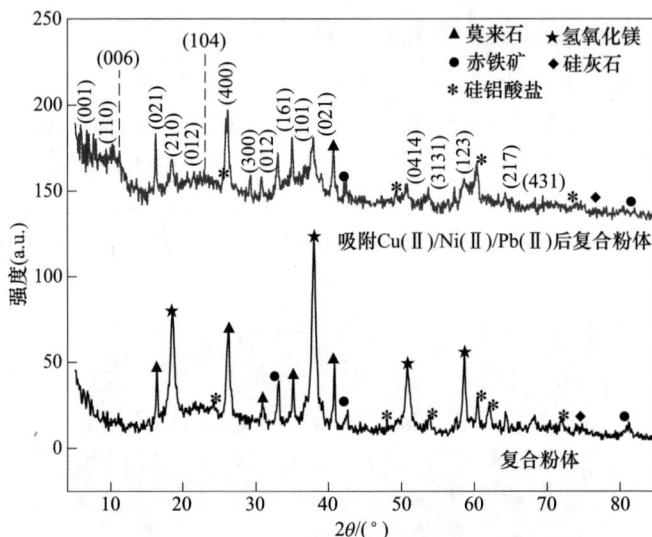

图 2-40　复合粉体吸附三元体系重金属离子前后的 XRD 图

2.9.5.3　FTIR 分析

图 2-41 为复合粉体吸附三元体系中 Cu（Ⅱ）/Pb（Ⅱ）/Ni（Ⅱ）前后的红外谱图。复合粉体吸附重金属离子后波数 3698 cm^{-1} 处的羟基峰明显减弱，这说明复合粉体表面的活性羟基团被充分利用，并且生成的新物质没有以氢氧化物的形式存在。笔者猜测出现这种情况的原因是吸附后的羟基团中含氧官能团与重金属离子之间通过键合作用而形成 X—O—M 络合物，这使吸附后的复合粉体表面羟基峰减弱。波数 3435 cm^{-1} 中 O—H 弯曲振动峰发生了蓝移，这说明在吸附重金属过程中溶液中的重金属离子被吸附剂表面的羟基吸引而使 Si—O—Mg—OH 周围聚集了大量的高溶度重金属离子，这些重金属离子争夺羟基使 Si—O—Mg—OH 键发生了断裂，形成了—Si—O—M—。波数 1406 cm^{-1} 中 $[CO_3]^{2-}$ 的反对称伸缩振动特征吸收峰峰形增强，出现这种情况的原因可能是多种重金属离子互相竞争吸附，导致 $[CO_3]^{2-}$ 与重金属离子之间的聚合程度增大，致使水分子与碳酸根之间的耦合程度降低，从而造成碳酸根的振动频率增高，进而峰形增强。波数

1078 cm^{-1}中 Si—O—Si 非对称伸缩振动的特征吸收峰峰形减弱，出现这种情况的原因可能是在竞争吸附过程中，高浓度的重金属离子在争夺 Si—O—Si 活性基团过程中发生了断裂，从而使其峰形减弱[73-75]。

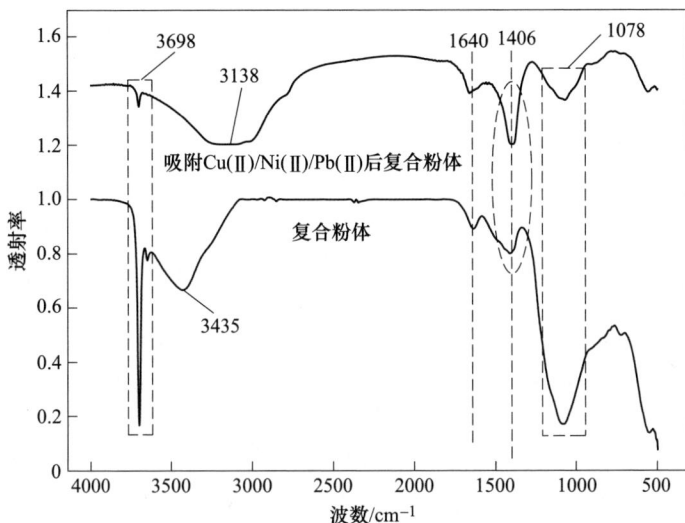

图 2-41 复合粉体、复合粉体吸附三元体系重金属离子后的 FTIR 图

参 考 文 献

[1] WU Y, PANG H, LIU Y, et al. Environmental remediation of heavy metal ions by novel-nanomaterials: A review [J]. Environmental Pollution, 2019, 246: 608-620.

[2] 陈颢明, 胡亦舒, 李真. 溶磷微生物改性生物炭吸附重金属的机理研究 [J]. 中国环境科学, 2021, 41 (2): 684-692.

[3] BABY R, SAIFULLAH B, HUSSEIN M. Palm Kernel Shell as an effective adsorbent for the treatment of heavy metal conta minated water [J]. Scientific Reports, 2019, 9 (1): 1-11.

[4] BABY S, SAIFULLAH B, REHMAN F. Greener method for the removal of toxic metal ions from the wastewater by application of agricultural waste as an adsorbent [J]. Water, 2018, 10 (10): 1316-1330.

[5] BASHIR A, MALIK A, AHAD S, et al. Removal of heavy metal ions from aqueous system by ion-exchange and biosorption methods [J]. Environmental Chemistry Letters, 2019, 17 (2): 729-754.

[6] ZHANG W, LIANG Z, FENG Q, et al. Reed hemicellulose-based hydrogel prepared by glow discharge electrolysis plasma and its adsorption properties for heavy metal ions [J]. Fresenius Environ. Bull, 2016, 25: 1791-1798.

［7］MONTANA M, CAMACHO A, SERRANO I, et al. Removal of radionuclides in drinking water by membrane treatment using ultrafiltration, reverse osmosis and electrodialysis reversal ［J］. Journal of Environmental Radioactivity, 2013, 125: 86-92.

［8］NĘDZAREK A. The use of pressure membrane separation for heavy metal removal or recovery ［M］. Practical Aspects of Chemical Engineering. Springer, Cham, 2018: 339-347.

［9］SONG X, YAN D, LIU Z, et al. Performance of laboratory-scale constructed wetlands coupled with micro-electric field for heavy metal-contaminating wastewater treatment ［J］. Ecological Engineering, 2011, 37 (12): 2061-2065.

［10］SONG S, ZHANG S, HUANG S, et al. A novel multi-shelled $Fe_3O_4@MnO_x$ hollow microspheres for immobilizing U(Ⅵ) and Eu(Ⅲ) ［J］. Chemical Engineering Journal, 2019, 355: 697-709.

［11］王冰凝, 刘守军, 杨颂, 等. 红土镍矿基材料吸附及有氧降解水体污染物 ［J］. 中国环境科学, 2022, 42 (2): 736-744.

［12］BABY R, HUSSEIN M, ZAINAL Z, et al. Functionalized activated carbon derived from palm kernel shells for the treatment of simulated heavy metal-contaminated water ［J］. Nanomaterials, 2021, 11 (11): 3133-3148.

［13］LAKHERWAL D. Adsorption of heavy metals: a review ［J］. International Journal of Environmental Research and Development, 2014, 4 (1): 41-48.

［14］SAIKIA J. Adsorption of lead ions from aqueous solution by functionalized polymer aniline-formaldehyde condensate, coated on various support materials ［M］. Recent Developments in Waste Management. Springer, Singapore, 2020: 271-288.

［15］WANG X, PEI Y, LU M, et al. Highly efficient adsorption of heavy metals from wastewaters by graphene oxide-ordered mesoporous silica materials ［J］. Journal of Materials Science, 2015, 50 (5): 2113-2121.

［16］蔡强, 程亚玲, 艾思宇, 等. 碳纳米管对重金属的吸附技术进展研究 ［J］. 应用化工, 2020, 49 (8): 2096-2100.

［17］XIA K, GUO Y, SHAO Q, et al. Removal of mercury(Ⅱ) by EDTA-functionalized magnetic $CoFe_2O_4@SiO_2$ nanomaterial with core-shell structure ［J］. Nanomaterials, 2019, 9 (11): 1532- 1555.

［18］WANG C, WANG J, WANG S, et al. Preparation $Mg(OH)_2$/Calcined Fly Ash Nanocomposite for Removal of Heavy Metals from Aqueous Acidic Solutions ［J］. Materials, 2020, 13 (20): 4621-4634.

［19］LI Z, WU C, YU Q, et al. Phase transformation of carbothermal reduction coal fly ash ［J］. Journal of China Coal Society, 2016, 41 (3): 769-775.

［20］PURBASARI A, ARIYANTI D, SUMARDIONO S. Preparation and application of fly ash-based geopolymer for heavy metal removal ［C］//AIP conference proceedings. AIP Publishing LLC, 2020, 2197 (1): 050006.

［21］TAUANOV Z, AZAT S, BAIBATYROVA A. A mini-review on coal fly ash properties, utilization and synthesis of zeolites ［J］. International Journal of Coal Preparation and Utilization, 2022, 42 (7): 1968-1990.

［22］ 王春峰，李健生，王连军，等．粉煤灰合成 NaA 型沸石对重金属离子的吸附动力学［J］.
中国环境学，2009，29（1）：36-41.

［23］ 李鹏，肖启飞，李彩霞．粉煤灰在废水处理中的影响因素及应用综述［C］//2009 中国选
矿技术高峰论坛暨设备展示会论文，2009：392-396.

［24］ BLISSETT R S, ROWSON N A. A review of the multi-component utilization of coal fly ash
［J］. Fuel, 2012, 97: 1-23.

［25］ 赵鑫．合成条件对改性粉煤灰吸附镉能力的影响和机理［D］.咸阳：西北农林科技大
学，2022.

［26］ REN X, LIU S, QU R, et al. Effects of different preparation methods on the types and
properties of zeolites synthesized from coal fly ash［J］. Journal of China Coal Society, 2020,
45 (5): 1881-1890.

［27］ 宋学锋，丁浩．LaCl₃@ Zeolite 自支撑多孔吸附材料的制备及其同步脱氮除磷效果［J］.
材料导报，2022，36（14）：109-115.

［28］ DAS P, BAKULI S, SAMANTA A, et al. Very high Cu(Ⅱ) adsorption efficacy of designed nano-
platelet Mg(OH)₂ assembly［J］. Materials Research Express, 2017, 4 (2): 025025-025038.

［29］ 王彩丽，王静，杨润全，等．核壳结构粉煤灰基复合粉体制备及填充聚合物的性能
［J］. 高分子材料科学与工程，2020，36（8）：87-92.

［30］ OKUBO M, YAMADA A, MATSUMOTO T, et al. Estimation of morphology of composite
polymer emulsion particles by the soaptitration method［J］. Journal of Polymer Science, 1980,
18 (11): 3219-3228.

［31］ HU X F, HUANG X R, ZHAO H H, et al. Possibility of using modified fly ash and organic
fertilizers for remediation of heavy-metal-contaminated soils［J］. Journal of Cleaner Production,
2021, 284: 124713-124725.

［32］ PARVAIZ M R, MOHANTY S, NAYAK S K, et al. Effect of surface modification of fly ash on
the mechanical, thermal, electrical and morphological properties of polyetheretherketone
composites［J］. Materials Science and Engineering: A, 2011, 528 (13/14): 4277-4286.

［33］ CHEN Z, XU C, CHEN H, et al. The influence of process parameters on the preparation of
CaF₂@ Al(OH)₃ composite powder via heterogeneous nucleation［J］. International Journal of
Materials Research, 2015, 106 (2): 188-191.

［34］ 刘满顺．展青霉素高效吸附剂的设计合成及其性能评价［D］.咸阳：西北农林科技大
学，2021.

［35］ 王哲，黄国和，安春江，等．高炉水淬渣吸附 Zn²⁺ 的平衡与动力学研究［J］. 环境科学学
报，2015，35（12）：3838-3846.

［36］ 张思思，黄国和，安春江，等．高炉水淬渣对电镀废水中重金属和 COD 吸附的响应面优
化［J］. 化工进展，2016，35（11）：3669-3676.

［37］ 王哲，黄国和，安春江，等．Cu²⁺、Cd²⁺、Zn²⁺ 在高炉水淬渣上的竞争吸附特性［J］. 化
工进展，2015，34（11）：4071-4078.

［38］ 廖艳芬，曹亚文，吴淑梅，等．基于 TG-FTIR 的印染污泥与烟煤掺烧特性研究［J］. 华南
理工大学学报，2016，44（4）：1-9.

［39］ DAS P S, BAKULI S, SAMANTA A, et al. Very high Cu(Ⅱ) adsorption efficacy of designed nano-platelet Mg(OH)₂ assembly ［J］. Materials Research Express, 2017, 4 (2): 025025-025039.

［40］ WANG C, YANG R, WANG H. Synthesis of ZIF-8/Fly Ash Composite for Adsorption of Cu²⁺, Zn²⁺ and Ni²⁺ from Aqueous Solutions ［J］. Materials, 2020, 13 (1): 214-228.

［41］ NAGARAJAH R, WONG K T, LEE G, et al. Synthesis of a unique nanostructured magnesium oxide coated magnetite cluster composite and its application for the removal of selected heavy metals ［J］. Separation and Purification Technology, 2017, 174: 290-300.

［42］ 杨念, 况守英, 岳蕴辉. 几种常见无水碳酸盐矿物的红外吸收光谱特征分析 ［J］. 矿物岩石, 2015, 35 (4): 37-42.

［43］ WU Y, PANG H, LIU Y, et al. Environmental remediation of heavy metal ions by novel-nanomaterials: a review ［J］. Environmental Pollution, 2019, 246: 608-620.

［44］ 胡雄飞. 粉煤灰改性材料对 Pb、Cu、Cd 污染的修复研究 ［D］. 咸阳: 西北农林科技大学, 2021.

［45］ 刘秀芸, 王刚, 雷雨昕, 等. 巯基改性玉米秸秆对水中 Cu(Ⅱ) 的吸附特性 ［J］. 中国环境科学, 2022, 42 (3): 1220-1229.

［46］ 郑倩. 铁锰二元复合物氧化/吸附 As(Ⅲ) 的特性与机理研究 ［D］. 武汉: 华中农业大学, 2021.

［47］ 胡晓兰. 海藻酸钠复合吸附剂的制备及其对重金属离子 Cu(Ⅱ)、Hg(Ⅱ) 的去除性能及机理研究 ［D］. 武汉: 武汉大学, 2021.

［48］ NAGARAJAH R, WONG K T, LEE G, et al. Synthesis of a unique nanostructured magnesium oxide coated magnetite cluster composite and its application for the removal of selected heavy metals ［J］. Separation and Purification Technology, 2017, 174: 290-300.

［49］ JANGKORN S, YOUNGME S, PRAIPIPAT P. Comparative lead adsorptions in synthetic wastewater by synthesized zeolite A of recycled industrial wastes from sugar factory and power plant ［J］. Heliyon, 2022, 8 (4): 09323-09340.

［50］ 王春峰, 李健生, 王连军, 等. 粉煤灰合成 NaA 型沸石对重金属离子的吸附动力学 ［J］. 中国环境科学, 2009, 29 (1): 36-41.

［51］ SELLAOUI L, MENDOZA-CASTILLO D I, REYNEL-ÁVILA H E, et al. Understanding the adsorption of Pb²⁺, Hg²⁺ and Zn²⁺ from aqueous solution on a lignocellulosic biomass char using advanced statistical physics models and density functional theory simulations ［J］. Chemical Engineering Journal, 2019, 365: 305-316.

［52］ HUANG X, ZHAO H, ZHANG G, et al. Potential of removing Cd(Ⅱ) and Pb(Ⅱ) from contaminated water using a newly modified fly ash ［J］. Chemosphere, 2020, 242: 125148-125158.

［53］ SNOW M, WARD J. Fundamental distribution coefficient data and separations using eichrom extraction chromatographic resins ［J］. Journal of Chromatography A, 2020, 1620: 460833-460840.

［54］ PUZIY A M, LODEWYCKX P, RITTER J A, et al. Physisorption of Gases: Adsorbent Characterization, Adsorbent-Adsorbate Equilibrium and Kinetics ［J］. Frontiers in Chemistry, 2021, 9: 668553-668556.

［55］ ZHU M, ZHU L, WANG J, et al. Adsorption of Cd(Ⅱ) and Pb(Ⅱ) by in situ oxidized

Fe_3O_4 membrane grafted on 316 L porous stainless steel filter tube and its potential application for drinking water treatment [J]. Journal of Environmental Management, 2017, 196: 127-136.

[56] DENG J, LIU Y, LIU S, et al. Competitive adsorption of Pb(Ⅱ), Cd(Ⅱ) and Cu(Ⅱ) onto chitosan-pyromellitic dianhydride modified biochar [J]. Journal of Colloid and Interface Science, 2017, 506: 355-364.

[57] RAMÍREZ C, ASTORGA V, NUÑEZ H, et al. Anomalous diffusion based on fractional calculus approach applied to drying analysis of apple slices: The effects of relative humidity and temperature [J]. Journal of Food Process Engineering, 2017, 40 (5): e12549- e12559.

[58] WANG F, PAN Y, CAI P, et al. Single and binary adsorption of heavy metal ions from aqueous solutions using sugarcane cellulose-based adsorbent [J]. Bioresource Technology, 2017, 241: 482-490.

[59] 张琪欣, 姚初清, 徐天寒, 等. 新型 MIL-100(Fe) 基 MOF_s 材料的制备及其对 Sr^{2+} 的吸附 [J]. 中国环境科学, 2021, 41 (1): 141-150.

[60] ZHANG C, LI X, JIANG Z, et al. Selective immobilization of highly valent radionuclides by carboxyl functionalized mesoporous silica microspheres: batch, XPS, and EXAFS analyses [J]. ACS Sustainable Chemistry & Engineering, 2018, 6 (11): 15644-15652.

[61] 陈尚龙. ATRP 法制备羧基化生物吸附剂及其对重金属离子的吸附 [D]. 北京: 中国矿业大学, 2020.

[62] WU Q, HE H, ZHOU H, et al. Multiple active sites cellulose-based adsorbent for the removal of Low-level Cu(Ⅱ), Pb(Ⅱ) and Cr (Ⅵ) via multiple cooperative mechanisms [J]. Carbohydrate Polymers, 2020, 233: 115860-115868.

[63] HE S, LI Y, WENG L, et al. Competitive adsorption of Cd^{2+}, Pb^{2+} and Ni^{2+} onto Fe^{3+}-modified argillaceous limestone: Influence of pH, ionic strength and natural organic matters [J]. Science of the Total Environment, 2018, 637: 69-78.

[64] CHEN S L, ZHAO W, ZHAO J C, et al. Adsorption of Pb^{2+} from aqueous solutions using novel xanthate-modified corncobs [J]. Revista de la Facultad de Agronomia de la Universidad del Zulia, 2019, 36 (4): 1181-1192.

[65] LI Y, QUAN Q Y, ZHANG M Z, et al. Syntheses, crystal structures and properties of transition metal coordination polymers constructed by 2-(4′Carboxyphenyl)-1H-imidazole-4, 5-dicarboxylic Acid [J]. Chinese Journal of Inorganic Chemistry, 2019, 35 (5): 855-864.

[66] 孙天杭, 沈晓芳, 张占恩, 等. 邻苯二甲酸酯及邻苯二甲酸在碳管上的吸附 [J]. 中国环境科学, 2021, 41 (6): 2717-2724.

[67] 黄训荣. 改性粉煤灰制备工艺优化及对 Pb(Ⅱ) 和 Cd(Ⅱ) 的吸附性能研究 [D]. 咸阳: 西北农林科技大学, 2020.

[68] 荆晓生, 刘福强, 凌盼盼, 等. 螯合树脂 S930 对 Cu(Ⅱ)、Pb(Ⅱ)、Cd(Ⅱ) 的吸附性能与作用机理研究 [J]. 离子交换与吸附, 2010, 26 (6): 481-489.

[69] PUZIY A M, LODEWYCKX P, RITTER J A, et al. Physisorption of Gases: Adsorbent Characterization, Adsorbent-Adsorbate Equilibrium and Kinetics [J]. Frontiers in Chemistry, 2021, 9: 668553-668557.

［70］ 王申宛，钟爽，郑丽丽，等．共热解法制备方解石/生物炭复合材料及其吸附 Pb(Ⅱ) 性能和机制［J］．复合材料学报，2021，38（12）：4282-4293.

［71］ 杨天雪．热处理赤泥对水体 Cd(Ⅱ) 和 Pb(Ⅱ) 的吸附特性及吸附机理研究［D］．长春：东北师范大学，2019.

［72］ 王志学，王彩丽，王斌，等．Mg(OH)$_2$@粉煤灰复合材料对重金属离子的去除研究［J］．中国环境科学，2022，42（12）：5713-5724.

［73］ MENG Z, XU T, HUANG S, et al. Effects of competitive adsorption with Ni(Ⅱ) and Cu(Ⅱ) on the adsorption of Cd(Ⅱ) by modified biochar co-aged with acidic soil［J］. Chemosphere, 2022, 293: 133621.

［74］ ANTUNES V G, FIGUEROA C A, ALVAREZ F. Chemisorption Competition between H$_2$O and H$_2$ for Sites on the Si Surface under Xe$^+$ Ion Bombardment: An XPS Study［J］. Langmuir, 2022, 38（6）: 2109-2116.

［75］ TAUANOV Z, AZAT S, BAIBATYROVA A. A mini-review on coal fly ash properties, utilization and synthesis of zeolites［J］. International Journal of Coal Preparation and Utilization, 2022, 42（7）: 1968-1990.

3 ATO@粉煤灰抗静电粉体的
制备及其应用

　　煤基固体废弃物的产量逐年递增，而高分子材料因电阻率较高常引发火灾。因此，经济性煤基抗静电复合粉体的研发对实现煤基固体废弃物高值化利用和解决高分子材料静电积累引起的火灾问题具有重大价值和现实意义。

　　为了防止与消除电子和通信产品等带来的静电问题，实现导电或抗静电性能，最好的方法是降低高分子材料的电阻率[1]。导电或抗静电粉体具有通过传导电流消除积累电荷的能力。将导电粉体掺入高电阻材料（如涂料、塑料、橡胶等）中，可生产出具有优良注塑和加工性能并具有一定导电或抗静电性能的先进材料。与纯导电高分子材料相比，这种材料具有更大的成本优势；与传统的外部涂敷法制备的抗静电材料相比，添加抗静电剂法由于在高分子材料中加入很少的导电或抗静电粉体便能得到持久的导电或抗静电性能而受到人们的青睐[2]。

　　导电填料主要有金属系（金、银、铜、铝）、碳系（炭黑、碳纤维和石墨）和金属氧化物（氧化锌、氧化锡和氧化钛）三大类[3]。金属导电粉价格较贵而且容易氧化，导致导电性较低；炭黑是目前广泛使用并重点开发的导电填料，但是炭黑颜色发黑，粒径较小，在复合材料中的分散性不好，且价格较贵；碳纤维是具有较高强度和模量的新型耐高温纤维，但是其电导率受温度的影响很大；石墨的层状结构使其作为填料使用时易分层，对材料的力学性能有较大的影响；金属氧化物可以避免上述缺点，但是其生产成本较高。浅色无机复合导电粉因其电阻率低、装饰性好、物理化学性能稳定、密度低、价格适中而备受关注。无机复合导电粉体是以无机矿物粉为基体并具有导电功能的半导体填料，导电金属氧化物层可以通过半导体掺杂包覆在基体表面。一般采用掺铟、掺氟、掺锑的氧化锡和掺铝、掺镓的氧化锌制备浅色无机复合导电粉。

　　金属氧化物纳米锑掺杂氧化锡（$Sb\text{-}SnO_2$）粉体是一种 n 型半导体，具有良好的光电性能、良好的耐候性和较高的化学稳定性[4-5]，但是其价格较贵，填充聚合物分散性能较差[6]。学者根据"粒子设计"思想将纳米锑掺杂氧化锡负载在价格低廉的非金属矿粉上制备核壳结构复合粉体来提高其分散性，降低成本，扩大其应用范围[7-8]。Yang 等人[9]以滑石粉多孔材料为载体，将不同浓度的氯化锡溶液浸入其中，制备了滑石粉负载 SnO_2 多孔材料；贺洋等人[10]以硅灰石为原料，采用化学沉淀法，将 SnO_2 包覆在硅灰石表面，使得硅灰石电阻率由 10683 $\Omega \cdot cm$ 降低为 2533 $\Omega \cdot cm$；Hu 等人[11]采用液相化学沉淀法将 $Sb\text{-}SnO_2$ 沉积在重晶石表面，使得重晶石电阻率降低到 $1.5×10^3$ Ω·cm。综上所述，通过在微米级矿物粉体表面负载纳米锑掺杂氧化锡可以降低其电阻率和成本，提高纳米粒子的分散性。

　　粉煤灰由于分散性与流动性好、无毒、作填料时不会引发内应力的优点，特别适合作聚合物的填料。曹新鑫等人[12]研究结果表明，当粉煤灰质量分数为15%时，填充聚丙烯 PP 复合材料可以提高其热稳定性，且使 PP 体积电阻率从 10^{16} Ω·cm 降低到 $1.46×10^{11}$ Ω·cm，但是其聚合物的抗静电性能仍然不能满足应用要求（$<10^7$ Ω·cm）。根据"粒子设计"思想，构想在粉煤灰表面包覆纳米锑掺杂氧化锡粒子，有望提高其填充高分子材料抗静电性能。基于此，本章以粉煤灰为载体，在其表面包覆纳米锑掺杂氧化锡来制备核壳结构抗静电复合粉体，研究不同工艺因素对复合粉体体积电阻率和微结构的影响规律，探讨复合材料异相成核机理和抗静电机理及其在填充 EVA 和环氧树脂中的应用。

3.1　实验过程及研究方法

3.1.1　实验原料

　　本实验采用 1250 目（10 μm）粉煤灰，购自上海格润亚纳米材料有限公司，比表面积为 1.69 m^2/g。粉煤灰化学成分见表 3-1，其主要成分为 SiO_2 和 Al_2O_3，质量分数为 56.21%、28.32%。C 级粉煤灰 CaO 质量分数超过 10%，F 级粉煤灰 CaO 的质量分数低于 10%。本实验采用的粉煤灰 CaO 质量分数为 3.5%，属于低钙粉煤灰，其等级为 F 级；粉煤灰中存在着硅铝酸盐玻璃体结构，$CaO+MgO+K_2O+Na_2O≈8\%$，属于 I 型玻璃体，呈中空状球体。图 3-1 为粉煤灰的 XRD 谱图，其主要晶相包括莫来石、硅线石和石英等。莫来石为主要晶相，粉煤灰中的莫来石多数以颗粒骨架结构存在，其骨架孔隙及表面常被玻璃质填充。煅烧后粉煤灰体积电阻率为 $1.72×10^{12}$ Ω·cm，未经过煅烧的粉煤灰含有炭粒，其体积电阻率较低，为 $8.53×10^8$ Ω·cm。未经过煅烧的粉煤灰颜色较深，且体积电阻率不能达到抗静电性能的要求，因此对粉煤灰进行煅烧后使用。

表 3-1　粉煤灰化学成分组成

成分	SiO_2	Al_2O_3	Fe_2O_3	CaO	K_2O	TiO_2	MgO	SO_3	Na_2O
质量分数/%	56.21	28.32	4.76	3.50	2.00	1.51	1.33	0.73	0.70

3.1.2　实验试剂及仪器

3.1.2.1　实验试剂
实验主要使用试剂及其来源见表 3-2。

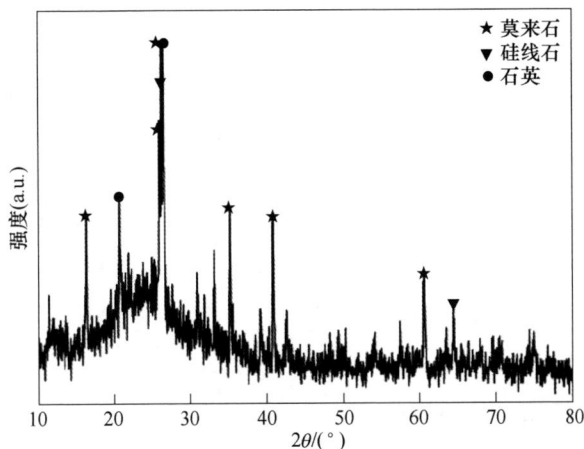

图 3-1 粉煤灰的 XRD 图

表 3-2 实验主要化学试剂

试剂名称	试剂标准	试剂来源
三氯化锑	分析纯	上海阿拉丁生化科技股份有限公司
无水四氯化锡	分析纯	上海阿拉丁生化科技股份有限公司
五水四氯化锡	分析纯	上海阿拉丁生化科技股份有限公司
氢氧化钠	分析纯	上海阿拉丁生化科技股份有限公司
盐酸	36%~38%（质量分数）	市售
EVA	牌号 670	陶氏杜邦公司
硬脂酸	分析纯	盛赢创新材料有限公司
成膜助剂	分析纯	广州润宏化工有限公司
环氧树脂乳液	分析纯	山西华豹新材料有限公司
纯丙树脂乳液	分析纯	山西华豹新材料有限公司
氯化石蜡	分析纯	上海麦克林生化科技有限公司
季戊四醇	分析纯	上海麦克林生化科技有限公司
可膨胀石墨	分析纯	青岛腾盛达碳素石墨有限公司
分散剂	分析纯	广州润宏化工有限公司
消泡剂	分析纯	广州润宏化工有限公司
三聚氰胺	分析纯	上海麦克林生化科技有限公司
聚磷酸铵	分析纯	上海麦克林生化科技有限公司

3.1.2.2 实验仪器

实验所用主要仪器见表 3-3。

表 3-3　实验仪器

仪器名称	型号	生产厂家
发射扫描电子显微镜	ZEISS Sigma 300	德国卡尔蔡司公司
X 射线衍射仪	MiniFlex 600	日本 Rigaku 公司
傅里叶变换红外光谱仪	TENSOR 27	德国布鲁克公司
X 射线荧光光谱仪	ARL Perform'X	赛默飞世尔科技有限公司
透射电子显微镜	FEI Talos F200X G2	赛默飞世尔科技有限公司
体积表面电阻测量仪	GEST-121A	北京冠测精电仪器设备有限公司
Zeta 电位仪	JS94H	上海中晨数字技术有限公司

实验主要设备如图 3-2 所示。

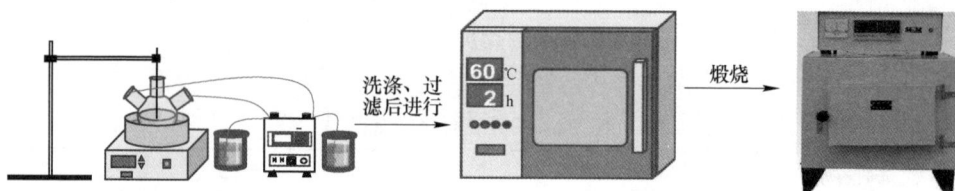

图 3-2　实验主要设备图

3.1.3　复合粉体的制备方法

笔者课题组王栋[13]采用化学沉淀法研究了不同 pH 值、锑掺杂量、煅烧时间、包覆量、煅烧温度、反应时间、滴加速度、固液比、水浴温度等对锑掺杂氧化锡包覆硅灰石体积电阻率的影响，得到了复合粉体制备的最佳条件：pH 值为 7~11，包覆量为 2.5%，煅烧温度为 700 ℃，煅烧时间 2 h，$n(SbCl_3)/n(SnCl_4 \cdot 5H_2O)=1:8$（摩尔比），滴加速度 1 mL/min、硅灰石与水固液比为 1:15、水浴温度 60 ℃，反应时间 30 min。本书在最佳制备条件上，选用 1250 目（10 μm）粉煤灰，研究不同制备条件对粉煤灰基复合粉体体积电阻率的影响，具体实验步骤如下。

（1）700 ℃煅烧粉煤灰。

（2）在煅烧粉煤灰中加入一定量的水，粉煤灰与水的固液比为 1:15。将水加入粉煤灰中之后转移至三口烧瓶中。

（3）配制锑掺杂氧化锡溶液，在实验当中发现当盐酸浓度为 1 mol/L 或为 5 mol/L 时，加入 $SbCl_3$ 与 $SnCl_4 \cdot 5H_2O$ 中溶液会产生白色沉淀，一旦沉淀产生再加入相同浓度的酸也很难溶解，不能抑制 $SbCl_3$ 的沉淀。因此该实验采用质量分数为 36%~38% 的盐酸溶解 $SbCl_3$ 和 $SnCl_4 \cdot 5H_2O$，待溶解后再加入适量的水配制

成 $SnCl_4$ 浓度为 0.4 mol/L 的锑掺杂氧化锡溶液。

（4）将盛有粉煤灰溶液的三口烧瓶放置到水浴锅中一起升温、搅拌，待温度到达 60 ℃ 时用恒流泵滴加 $SbCl_3$ 与 $SnCl_4 \cdot 5H_2O$ 混合溶液和 NaOH 溶液，滴速为 1 mL/min；待溶液滴加完后，调节溶液 pH 值，继续反应 30 min；关闭搅拌器，将溶液从三口烧瓶转移到烧杯中，冷却沉降 50 min。

（5）冷却沉降后采用大量水洗涤，之后过滤放在干燥箱中 100 ℃ 烘 7 h 后将样品打散。

（6）将马弗炉升温到一定温度，放入样品后当马弗炉温度升温至指定温度时开始计时，煅烧一定时间后，冷却至室温后将样品取出研磨，得到抗静电粉体。

（7）测定样品体积电阻率。

（8）将制备的最低电阻率的 ATO@ 粉煤灰配制成水溶液，采用化学沉淀法同时加入镁盐和 NaOH 溶液，其中镁盐浓度为 0.15 mol/L，NaOH 浓度为 0.3 mol/L，滴加速度为 1.5 mL/min，水浴温度为 60 ℃，抗静电粉体与水的固液比为 1：5，滴加完成后反应 1.5 h 后洗涤、过滤、干燥，得到阻燃抗静电粉体。

（9）测定样品体积电阻率，对复合粉体的性能进行表征。

3.1.4 测试表征

利用 XRF、SEM、TEM、EDS、XRD、FTIR、体积表面电阻测量仪等分析复合粉体的化学成分、表面形貌和主要晶相、元素表面分布情况、物相组成、表面官能团的变化、体积电阻等。

3.1.4.1 X 射线荧光光谱仪

X 射线荧光光谱，简称 XRF。通过发射 X 射线，样品中的不同元素会放射出不同特性的二次 X 射线，其能量和数量不同，仪器会将不同射线转换为元素的种类及含量。本实验采用 ARL Perform'X 型 X 射线荧光光谱仪测量粉煤灰的元素组成及含量。

3.1.4.2 扫描电镜

扫描电子显微镜利用细聚焦电子束聚焦后，扫描线圈控制电子束对样品进行扫描，探测器将光束与样品的相互作用转换成图像信息。对于不同形貌的粉体会有不同的衬度，可以观察到样品的表面形貌。本实验采用 Sigma 300 扫描电子显微镜测量粉体改性前后的微观形貌及复合粉体填充 EVA 后的拉伸断面形貌。

3.1.4.3 透射电子显微镜

透射电子显微镜将电子束透射到样品上，电子会与样品中的原子碰撞使电子束方向发生改变，产生散射，形成明暗不同的影像。本实验采用 FEI Talos F200X G2 透射电子显微镜对样品进行测量，采用乙醇对样品进行超声分散 3 min，将分散好的液体滴加到铜网上进行测量。

3.1.4.4　EDS 能谱仪

EDS(Energy Dispersive Spectrometer) 又称为显微电子探针，对样品某一区域进行面扫，根据 X 射线光子特征能量不同对元素及其含量进行定性与半定量分析，可以获得样品元素面扫图与半定量成分组成。本实验采用德国 ZEISS Sigma 300 测试抗静电粉体和阻燃抗静电粉体表面元素分布图和半定量的样品成分数据。

3.1.4.5　X 射线衍射分析

X 射线衍射分析是由 X 射线经过样品，样品原子核对 X 射线具有散射作用，使得 X 射线出现衍射现象，并生成 XRD 图谱。X 射线衍射可用于分析样品晶相、晶胞参数及物质组成。本实验采用 MiniFlex 600 型 X 射线衍射仪在 5°~80°进行测量。

3.1.4.6　红外光谱分析

红外光谱分析仪是采用红外光照射样品，样品分子中的化学键或官能团可发生振动吸收。由于样品分子中不同化学键或官能团的吸收频率不同，其吸收能量对应的红外光波长会在红外光谱上呈现不同位置的特征吸收峰，从而得到样品的红外光谱图。本实验采用 TENSOR 27 傅里叶变换红外光谱仪对样品进行测量。

3.1.4.7　体积表面电阻测量仪

体积表面电阻测量仪是通过给样品加入不同挡位的电压，仪器会显示通过样品的电流，由欧姆定律可知，被测电阻 R 等于电压除以通过的电流。本实验采用的是 GEST-121A，用于测量测试材料的体积电阻 R_v 或表面电阻 R_s，通过公式 (3-1) 和公式 (3-2) 换算成相应的电阻率。

$$\rho_v = R_v S/h \tag{3-1}$$

式中，ρ_v 为体积电阻率，$\Omega \cdot cm$；R_v 为体积电阻，Ω；S 为测量电极的有效面积，cm^2；h 为样品的厚度，cm。

$$\rho_s = R_s d/g \tag{3-2}$$

式中，ρ_s 为表面电阻率，Ω；R_s 为表面电阻，Ω；d 为电极的周长，cm；g 为电极间距，cm。

3.2　ATO@粉煤灰复合粉体制备及表征

本章主要探究影响 ATO@ 粉煤灰体积电阻率的因素，主要单因素有 pH 值、包覆量、煅烧温度、煅烧时间、锑掺杂量、滴加速度、固液比、水浴温度、反应时间等。探究在不同单因素条件下，抗静电粉体的体积电阻率变化情况。采用正交实验进一步优化实验条件，探索最佳制备条件。使用 XRD、SEM、FTIR 等表征手段对复合粉体进行表征，并阐明粉煤灰表面包覆机理及抗静电机理。

3.2.1 单因素实验

3.2.1.1 pH 值

表 3-4 和表 3-5 为使用无水 $SnCl_4$ 和 $SnCl_4 \cdot 5H_2O$ 作反应剂在不同 pH 值下对粉煤灰体积电阻率的影响。固定 ATO 包覆量为 2.5%，$SbCl_3$ 与 $SnCl_4 \cdot 5H_2O$（或无水 $SnCl_4$）溶液的摩尔比为 1:10，粉煤灰与水的固液比为 1:15，水浴温度为 60 ℃，采用恒流泵并流双加，滴加速度为 1 mL/min，滴加完成后反应 30 min，煅烧温度为 700 ℃，煅烧时间为 2 h。上述其他条件不变的情况下，采用无水四氯化锡与 $SnCl_4 \cdot 5H_2O$ 进行对比实验探究 pH 值对复合粉体体积电阻率的影响。

表 3-4　pH 值对复合粉体体积电阻率的影响（无水 $SnCl_4$）

pH 值	体积电阻率/$\Omega \cdot cm$
3	2.37×10^{12}
4	1.14×10^{10}
5	1.55×10^{10}
7	8.24×10^{11}
8.5	1.65×10^{11}
10	1.66×10^{11}
11	1.06×10^{11}

表 3-5　pH 值对复合粉体体积电阻率的影响（$SnCl_4 \cdot 5H_2O$）

pH 值	体积电阻率/$\Omega \cdot cm$
3	1.68×10^{12}
4	1.71×10^{10}
5	1.48×10^{11}
7	7.23×10^{11}
9	8.23×10^{11}
11	8.36×10^{11}

调节 pH 值的方法：在 $SbCl_3$ 与 $SnCl_4 \cdot 5H_2O$ 混合溶液和 NaOH 溶液滴加完成后加入锑掺杂氧化锡溶液或 NaOH 调节溶液 pH 值。

图 3-3 为不同 pH 值对复合粉体体积电阻率的影响。由图 3-3 可知，溶液 pH 值对复合粉体体积电阻率影响很大。当 pH 值为 4 时，复合粉体体积电阻率降到最低。Sn 在碱性溶液中大多数以 Sn^{4+} 的形式存在；当溶液的 pH 值过大时，相应 Na^+ 含量升高，Na^+ 会对电子产生捕获效应[14]，使得复合粉体体积电阻率升高；

pH 值过大时也会使 Sn(OH)$_4$ 溶解，破坏原有的沉积层，且水解速率过快，形成的沉淀颗粒较大，容易团聚，导致对粉煤灰基体包裹不完全。Carsten Kuenzel 等人[15]通过研究粉煤灰在 NaOH 存在下的溶解过程，发现粉煤灰表面的活性物质会迅速溶解，并从其测试的形貌图中发现球状粉煤灰出现塌陷，不能保持球状。粉煤灰中一部分活性组分无定形硅也会逐渐溶解。因此在强碱性条件下粉煤灰会与氢氧化钠反应，使粉煤灰表面玻璃体被破坏，孔隙率增加，复合粉体体积电阻率升高；当溶液的 pH 值过小时，溶液酸性过强，会抑制水解反应，水解速率很慢，生成的水解产物不足。溶液中 Cl$^-$ 含量较高会与 SnCl$_4$·5H$_2$O、SbCl$_3$ 发生配位反应生成络合物，络合物会对粉煤灰表面吸附存在影响[16]，因此 pH 值选择 4。采用无水 SnCl$_4$ 或 SnCl$_4$·5H$_2$O 时，在不同 pH 值下复合粉体体积电阻率差异不大。但是无水 SnCl$_4$ 在使用时有刺激性气味，会伤害呼吸道，因此选用 SnCl$_4$·5H$_2$O 作为反应剂。

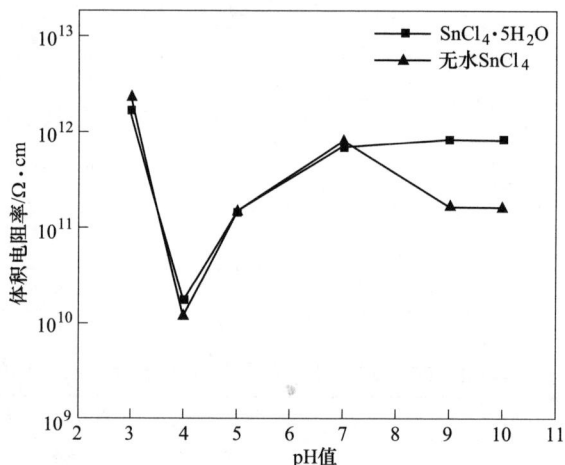

图 3-3　pH 值对复合粉体体积电阻率的影响

3.2.1.2　包覆量

表 3-6 为不同 ATO 包覆量对复合粉体体积电阻率的影响。不同 ATO 包覆量（包覆量指 SnO$_2$ 和 Sb$_2$O$_3$ 理论转化质量与粉煤灰质量的比值）对复合粉体体积电阻率的影响。粉煤灰与水的固液比为 1∶15，固定溶液 pH 值为 4，SbCl$_3$ 与 SnCl$_4$·5H$_2$O 溶液摩尔比为 1∶10，滴加速度为 1 mL/min，水浴温度为 60 ℃，滴加完成后反应 30 min，煅烧温度为 700 ℃，煅烧时间为 2 h。图 3-4 为 ATO 包覆量对复合粉体体积电阻率的影响。

由图 3-4 可知，随着粉煤灰表面锑掺杂氧化锡包覆量的增加，复合粉体体积电阻率逐渐降低。当包覆量小于 10% 时，部分氢氧化钠会优先与粉煤灰表面的 Si、O、Al 等元素构成的玻璃体结构发生反应。粉煤灰表面玻璃体呈网状结构，因此发生反应后生成硅铝酸盐网络絮状体，如图 3-5 所示[17]。此时锑掺杂氧化锡生成量较少，粉煤灰表面不能被锑掺杂氧化锡完全覆盖，体积电阻率较大；当包覆量为 10%~30% 时，粉煤灰表面逐渐被锑掺杂氧化锡覆盖；当包覆量在 40%~60% 时，复合粉体体积电阻率在 10^4~$10^5\ \Omega \cdot cm$，包覆量为 50% 时粉煤灰表面出现多层包覆，如图 3-6 所示。与包覆量为 10%~30% 时相比，复合粉体体积电阻率下降程度较小。当包覆层浓度过大时，成核推动力增加[18]，溶液中 $Sn(OH)_4$、$Sb(OH)_3$ 形成均相成核，所需势垒较高。故当浓度持续增加时，复合粉体体积电阻率降低速率减少。因此，选取包覆量为 30%。

表 3-6 ATO 包覆量对复合粉体体积电阻率的影响

ATO 包覆量/%	体积电阻率/$\Omega \cdot cm$
10	11.24×10^{10}
20	7.23×10^{10}
30	2.06×10^7
40	8.6×10^5
50	1.05×10^5

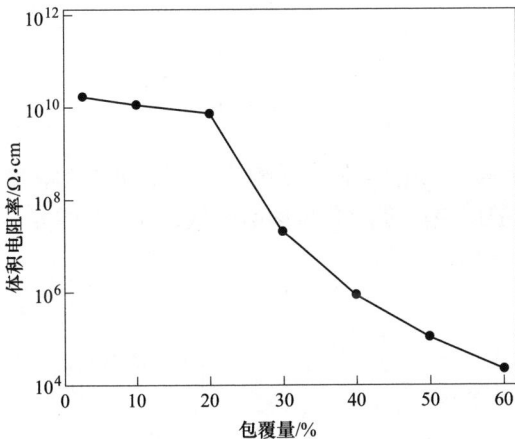

图 3-4 ATO 包覆量对复合粉体体积电阻率的影响

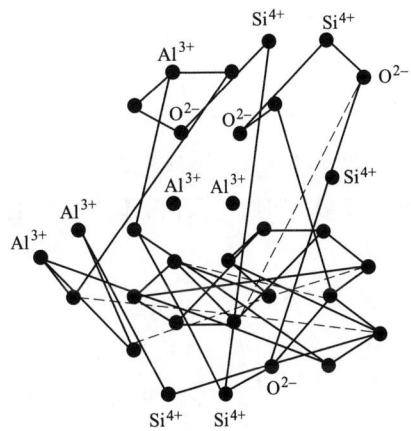

图 3-5 硅铝酸盐网状结构[17]

3.2.1.3 煅烧温度

表 3-7 为煅烧温度对复合粉体体积电阻率的影响。固定包覆量为 30%，溶液 pH 值为 4，$SbCl_3$ 与 $SnCl_4 \cdot 5H_2O$ 溶液摩尔比为 1:10，粉煤灰与水的固液比为 1:15，滴加速度为 1 mL/min，水浴温度为 60 ℃，滴加完成后反应 30 min，煅烧时间为 2 h。

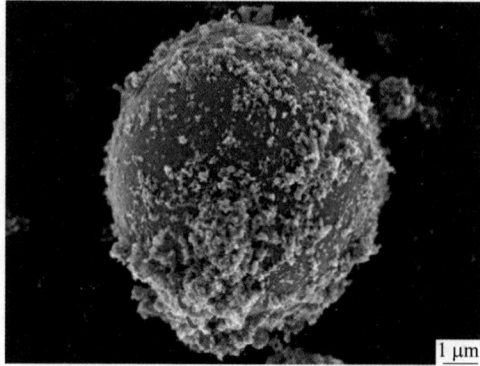

图 3-6　ATO 包覆量为 50% 的复合粉体

表 3-7　煅烧温度对复合粉体体积电阻率的影响

煅烧温度/℃	体积电阻率/Ω·cm
500	4.41×10^{11}
600	1.25×10^8
700	2.06×10^7
800	9.56×10^8
900	2.67×10^8

图 3-7 为不同煅烧温度对复合粉体体积电阻率的影响。由图 3-7 可知，在 500~700 ℃时，复合粉体体积电阻率随煅烧温度的升高逐渐降低，700 ℃时复合

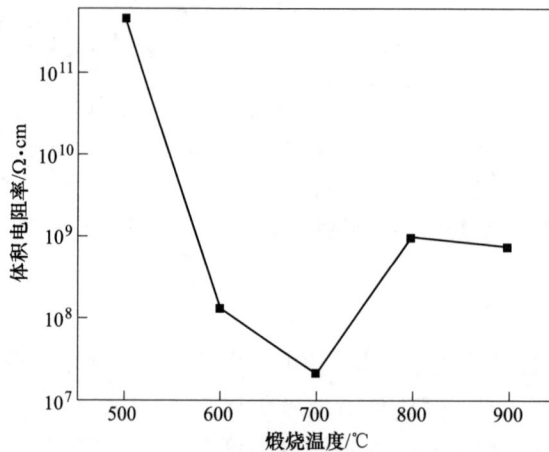

图 3-7　煅烧温度对复合粉体体积电阻率的影响

粉体体积电阻率达到最低，为 $2.06 \times 10^7 \, \Omega \cdot cm$。继续升高煅烧温度复合粉体体积电阻率呈上升趋势。随着煅烧温度的升高 SnO_2 晶型逐渐成形，Sb 能更好地掺杂进氧化锡金红石结构当中，使导电载流子数目增加，体积电阻率下降。当煅烧温度升高至 800 ℃ 以上时，由于粉煤灰和 ATO 导电包覆层的热膨胀系数不同，部分 ATO 包覆层由于和内部核体膨胀速度不一致而脱落[19]，导致导电相变得不完整，抗静电性能受到影响。因此选取最佳煅烧温度为 700 ℃。

3.2.1.4 $SbCl_3$ 与 $SnCl_4 \cdot 5H_2O$ 物质的量之比

表 3-8 为 $SbCl_3$、$SnCl_4 \cdot 5H_2O$ 在不同摩尔比下的实验用量。$SnCl_4 \cdot 5H_2O$ 浓度为 0.4 mol/L，固定包覆量为 30%，粉煤灰的质量为 17.5 g，粉煤灰与水固液比为 1:15，溶液 pH 值为 4，滴加速度为 1 mL/min，滴加完成后反应 30 min，煅烧温度为 700 ℃，煅烧时间为 2 h。表 3-9 为 $SbCl_3$、$SnCl_4 \cdot 5H_2O$ 在不同摩尔比下对复合粉体体积电阻率的影响。

表 3-8 $SbCl_3$、$SnCl_4 \cdot 5H_2O$ 在不同摩尔比下的实验用量

$n(SbCl_3)/n(SnCl_4 \cdot 5H_2O)$	$SbCl_3$ 用量/g	$SnCl_4 \cdot 5H_2O$ 用量/g	NaOH 用量/g
1:4	1.5968	9.8168	10.6512
1:5	1.3230	10.1674	10.2051
1:6	1.1405	10.518	11.11
1:8	0.8839	10.8686	11.3274
1:10	0.7299	11.2168	11.5968

表 3-9 $SbCl_3$、$SnCl_4 \cdot 5H_2O$ 在不同摩尔比下对复合粉体体积电阻率的影响

$n(SbCl_3)/n(SnCl_4 \cdot 5H_2O)$	体积电阻率/$\Omega \cdot cm$
1:4	3.21×10^5
1:5	2.93×10^5
1:6	2.36×10^5
1:8	2.06×10^7
1:10	2.62×10^7

图 3-8 为不同 Sb 含量对复合粉体体积电阻率的影响。由图 3-8 可知，当 $n(SbCl_3) : n(SnCl_4 \cdot 5H_2O)$ 小于 1:8 时，Sb^{5+} 相应较少，形成的载流子浓度较低，氧化锡半导化程度较低[20]，因此复合粉体体积电阻率较大；当 $n(SbCl_3) : n(SnCl_4 \cdot 5H_2O)$ 大于 1:8 时，复合粉体体积电阻率降低。继续增加锑掺杂量，当 $n(SbCl_3) : n(SnCl_4 \cdot 5H_2O)$ 为 1:6 时，复合粉体体积电阻率为 $2.36 \times 10^5 \, \Omega \cdot cm$，体积电阻率降至最低。随着加入 $SbCl_3$ 含量的增加，Sb^{3+} 含量增加，Sb^{5+} 相应增多。Sb^{5+} 距离 SnO_2 导带很近，很小的能量就能激发 Sb^{5+} 取代 Sn^{4+} 形成

施主能级，使载流子浓度增大，且载流子与 SnO_2 在同一晶面运动，运动阻力小，因此复合粉体抗静电性能变好。当 $n(SbCl_3):n(SnCl_4 \cdot 5H_2O)$ 为 $1:4$ 时，复合粉体体积电阻率略微增加。这是由于 Sb^{3+} 距离 SnO_2 价带很近，会形成受主能级，当 Sb^{5+} 与 Sb^{3+} 同时取代 Sn^{4+}，产生复合补偿效应。随着锑掺杂量的不断增加，Sb^{3+} 含量增加，与 Sb^{5+} 复合补偿效应增强，降低了有效载流子的浓度，而且 Sb 与 Sn 摩尔比的增大也会使载流子与杂质碰撞的机会增加，杂质会对载流子起散射作用，影响载流子迁移率[21]，因此 $n(SbCl_3):n(SnCl_4 \cdot 5H_2O)$ 选取 $1:6$。

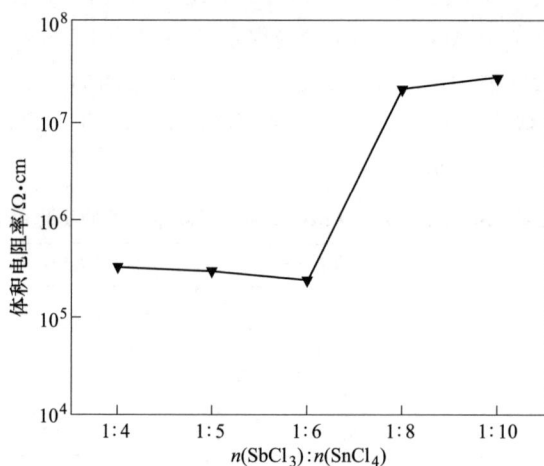

图 3-8 $SbCl_3$ 与 $SnCl_4 \cdot 5H_2O$ 的摩尔比对复合粉体体积电阻率的影响

3.2.1.5   煅烧时间

表 3-10 为煅烧时间对复合粉体体积电阻率的影响。固定包覆量为 30%，溶液 pH 值为 4，$SbCl_3$ 与 $SnCl_4 \cdot 5H_2O$ 的摩尔比为 $1:6$，滴加速度为 1 mL/min，水浴温度为 60 ℃，滴加完成后反应 30 min，煅烧温度为 700 ℃，煅烧时间为 2 h，粉煤灰与水的固液比为 $1:15$。

表 3-10   煅烧时间对复合粉体体积电阻率的影响

煅烧时间/h	体积电阻率/$\Omega \cdot cm$
0.5	1.623×10^6
1	1.053×10^6
1.5	3.38×10^5
2	2.36×10^5
2.5	3.78×10^5
3	1.253×10^6

　　图 3-9 为煅烧时间对复合粉体体积电阻率的影响。由图 3-9 可知，当煅烧时间为 2 h 时，复合粉体体积电阻率达到最低，为 2.36×10^5 $\Omega \cdot cm$。当煅烧时间过短时，固相掺杂反应不充分，粉煤灰表面的 Sb^{3+} 不能完全转化为 Sb^{5+}，因此载流子浓度较低。当煅烧时间超过 2 h 时，ATO 晶体会持续增加，使晶体出现异常长大或者发生二次结晶，导致晶体体积密度降低，导电网络被破坏[22]。故过短或者过长时间煅烧都会导致复合粉体体积电阻率上升。因此最佳煅烧时间为 2 h。

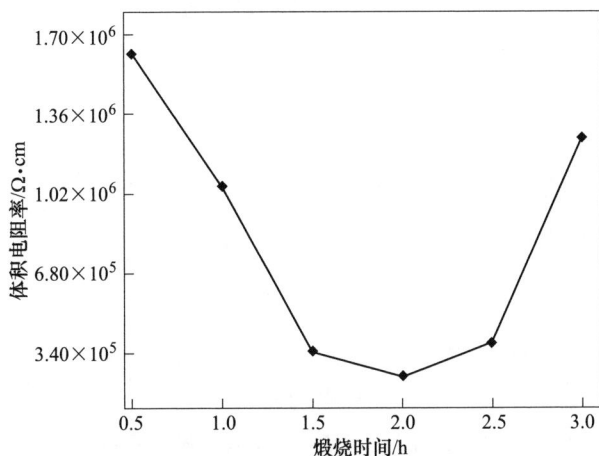

图 3-9　煅烧时间对复合粉体体积电阻率的影响

3.2.1.6　滴加速度

　　表 3-11 为滴加速度对复合粉体体积电阻率的影响。固定包覆量为 30%，溶液 pH 值为 4，$SbCl_3$ 与 $SnCl_4 \cdot 5H_2O$ 摩尔比为 1∶6，水浴温度为 60 ℃，滴加完成后反应 30 min，煅烧温度为 700 ℃，粉煤灰与水的固液比为 1∶15，煅烧时间为 2 h。

表 3-11　滴加速度对复合粉体体积电阻率的影响

滴加速度/mL · min^{-1}	体积电阻率/$\Omega \cdot cm$
0.5	7×10^4
1	2.36×10^5
1.5	2.61×10^8
2	2.68×10^8
2.5	2.15×10^8

　　图 3-10 为滴加速度对复合粉体体积电阻率的影响。由图 3-10 可知，随着滴加速度的增加，复合粉体体积电阻率呈增长趋势。在一定的搅拌速度下，当滴加速度小于或等于 1 mL/min 时，纳米锑掺杂氧化锡能均匀分布在粉煤灰表面，使

得复合粉体体积电阻率降低，溶液中颗粒分散均匀，有利于非均匀形核反应；当滴加速度大于 1 mL/min 时，包覆剂在溶液中的浓度增加较快，使得溶液中局部过饱和浓度较大，出现颗粒的集聚，发生均相成核反应，导致电阻率升高。当滴加速度为 0.5 mL/min 或 1 mL/min 时，复合粉体体积电阻率相差较小。为确保实验高效进行，选取滴加速度为 1 mL/min。

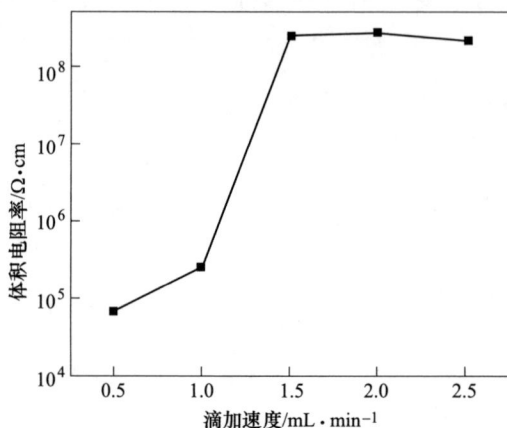

图 3-10　滴加速度对复合粉体体积电阻率的影响

3.2.1.7　固液比

表 3-12 为固液比对复合粉体体积电阻率的影响。固定包覆量为 30%，溶液 pH 值为 4，$SbCl_3$ 与 $SnCl_4 \cdot 5H_2O$ 摩尔比为 1∶6，水浴温度为 60 ℃，滴加完成后反应 30 min，煅烧温度为 700 ℃，煅烧 2 h，滴加速度为 1 mL/min。

表 3-12　固液比对复合粉体体积电阻率的影响

固液比	体积电阻率/Ω · cm
1∶5	4.5×10^4
1∶8	3.9×10^4
1∶10	1.69×10^5
1∶12	2.46×10^5
1∶15	2.36×10^5

图 3-11 为粉煤灰与水不同固液比对复合粉体体积电阻率的影响。由图 3-11 可知，固液比为 1∶8 时复合粉体电阻率达到最低。随着固液比的升高，复合粉体电阻率缓慢上升。降低固液比，即溶液中水的含量增加时，复合粉体体积电阻率存在小幅度的上升。这是由于溶液中水含量相对较高，在刚开始滴加时 ATO 前驱体在大量水中不易于沉积，当滴加到一定量时产生沉积，因此复合粉体体积

电阻率略微升高。因此选择最佳固液比为 1∶8。

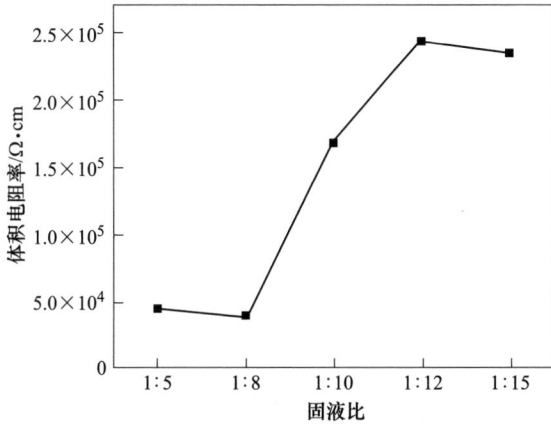

图 3-11 粉煤灰与水固液比对复合粉体体积电阻率的影响

3.2.1.8 水浴温度

表 3-13 为水浴温度对复合粉体体积电阻率的影响。固定包覆量为 30%，溶液 pH 值为 4，$SbCl_3$ 与 $SnCl_4 \cdot 5H_2O$ 摩尔比为 1∶6，滴加速度为 1 mL/min，滴加完成后反应 30 min，煅烧温度为 700 ℃，煅烧 2 h，粉煤灰与水固液比为 1∶8。

图 3-12 为不同水浴温度对复合粉体体积电阻率的影响。由图 3-12 可知，在水浴温度为 20~100 ℃时，复合粉体体积电阻率随着水浴温度先降低后升高，在 60 ℃时体积电阻率达到最低，为 $3.9×10^4$ $\Omega \cdot cm$。水浴温度对晶核形成存在较大的影响[23]。$SbCl_3$ 与 $SnCl_4 \cdot 5H_2O$ 的水解过程为吸热反应，当水解温度升高时，有利于水解反应的进行。当反应温度较低时，离子扩散较慢，$Sn(OH)_4$、$Sb(OH)_3$ 的溶解度较小，且生成的沉淀呈胶质，不易于将沉淀物中的杂质离子洗涤干净，此时复合粉体体积电阻率略微升高。当水浴温度升高到 80 ℃以上时，过高的水浴温度使水解速率过快，晶核长大占主导地位，使得晶粒较大，使制备的粉体粒径分布不均匀，体积电阻率较高。因此水浴温度选择 60 ℃。

表 3-13 水浴温度对复合粉体体积电阻率的影响

水浴温度/℃	体积电阻率/$\Omega \cdot cm$
20	$4.7×10^4$
40	$4.5×10^4$
60	$3.9×10^4$
80	$6.3×10^4$
100	$2.3×10^7$

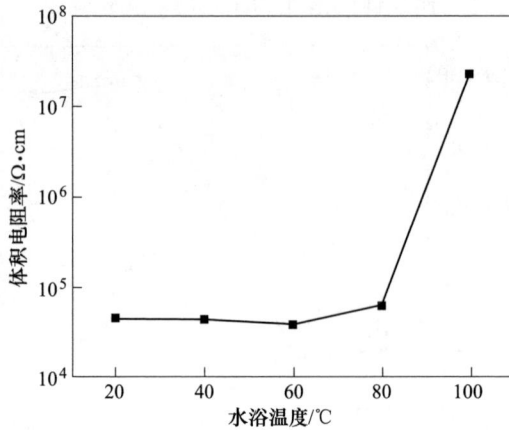

图 3-12　水浴温度对复合粉体体积电阻率的影响

3.2.1.9　反应时间

表 3-14 为反应时间对复合粉体体积电阻率的影响。固定包覆量为 30%，溶液 pH 值为 4，$SbCl_3$ 与 $SnCl_4 \cdot 5H_2O$ 摩尔比为 1:6，固液比为 1:8，滴加速度为 1 mL/min，水浴温度为 60 ℃，煅烧温度为 700 ℃，煅烧 2 h。

图 3-13 为不同反应时间对复合粉体体积电阻率的影响。由图 3-13 可知，在同时滴加完 NaOH、$SbCl_3$ 和 $SnCl_4 \cdot 5H_2O$ 混合溶液后，反应时间在 0~80 min 时复合粉体体积电阻率均在 10^4 $\Omega \cdot cm$ 左右。因此不同反应时间对复合粉体体积电阻率影响不大，也说明表面包覆剂沉积在粉煤灰表面后较为稳定。

表 3-14　反应时间对复合粉体体积电阻率的影响

反应时间/min	体积电阻率/$\Omega \cdot cm$
0	2.2×10^4
10	7.2×10^4
30	3.9×10^4
50	7.7×10^4
70	8.5×10^4

3.2.1.10　SnO_2@粉煤灰与 ATO@粉煤灰体积电阻率的对比

SnO_2@粉煤灰复合粉体制备方法：固定 SnO_2 的包覆量为 30%，溶液 pH 值为 4，700 ℃煅烧 2 h，以 $SnCl_4 \cdot 5H_2O$ 溶液和 NaOH 为包覆剂，溶液滴加速度为 1 mL/min，粉煤灰与水的固液比为 1:8，水浴温度为 60 ℃，溶液中 $SnCl_4$ 浓度为 0.4 mol/L。称取一定量的煅烧粉煤灰配制成悬浮液，放置在水浴锅中，进行水浴加热，采用恒流泵并流双加，向其中滴加 $SnCl_4 \cdot 5H_2O$ 溶液和 NaOH 溶液，

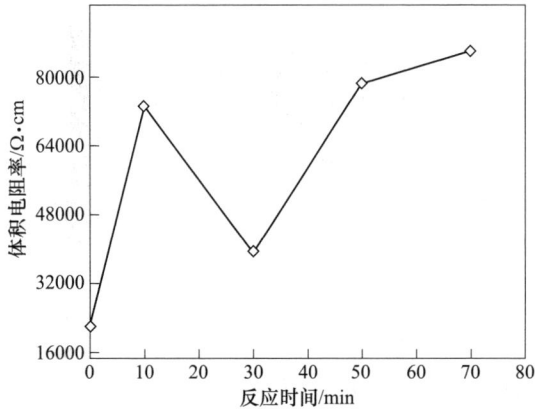

图 3-13　反应时间对复合粉体体积电阻率的影响

滴加完成后调节 pH 值，继续反应 30 min。之后进行多次洗涤，过滤后进行煅烧，即得 SnO_2@ 粉煤灰复合粉体，测量其体积电阻率。

ATO@ 粉煤灰复合粉体制备方法：固定 ATO 的包覆量为 30%，溶液 pH 值为 4，700 ℃煅烧 2 h，以 $SnCl_4 \cdot 5H_2O$ 与 $SbCl_3$ 的混合溶液和 NaOH 溶液为包覆剂，滴加速度为 1 mL/min，粉煤灰与水的固液比为 1∶8，水浴温度为 60 ℃，溶液中 $SnCl_4$ 浓度为 0.4 mol/L。称取一定量的煅烧粉煤灰配制成悬浮液，放置在水浴锅中，进行水浴加热，采用恒流泵并流双加，向其中滴加 $SnCl_4 \cdot 5H_2O$ 与 $SbCl_3$ 的混合溶液和 NaOH 溶液，滴加完成后调节 pH 值，继续反应 30 min。之后进行多次洗涤，过滤后进行煅烧，即得 ATO@ 粉煤灰复合粉体，测量其体积电阻率。

表 3-15 为粉煤灰、SnO_2@ 粉煤灰与 ATO@ 粉煤灰体积电阻率的对比。由表 3-15 可知，未经过包覆的煅烧粉煤灰体积电阻率较高，为 1.72×10^{12} $\Omega \cdot cm$，经过 SnO_2 包覆后体积电阻率下降 3 个数量级，但与 ATO@ 粉煤灰复合粉体体积电阻率 3.9×10^4 $\Omega \cdot cm$ 相比较高。这是因为纯的 SnO_2 也具有一定的导电功能，纯 SnO_2 中氧空位电离出的电子距离导带较近，受到较小的能量激发就会被激发到导带中形成导电载流子[24]，但相比锑掺杂氧化锡导电能力较弱，在 SnO_2 中掺杂锑后，Sb^{5+} 取代 Sn^{4+} 生成的 Sb_{Sn}^x，相当于一个正电中心上束缚着一个电子，较小的能量激发就能跃迁到导带，形成导电载流子[23]。因此 ATO 导电能力较纯的氧化锡较好，相应的 ATO@ 粉煤灰复合粉体体积电阻率较低。

表 3-15　粉煤灰、SnO_2@粉煤灰与 ATO@粉煤灰体积电阻率的对比

样品	体积电阻率/$\Omega \cdot cm$
煅烧粉煤灰	1.72×10^{12}
SnO_2@ 粉煤灰复合粉体	2.44×10^9
ATO@ 粉煤灰复合粉体	3.9×10^4

3.2.1.11　煅烧方式对复合粉体体积电阻率的影响

在单因素实验探究中所采用的基体是煅烧粉煤灰。为探究煅烧方式对粉煤灰体积电阻率的影响程度，进行如下实验：

A：粉煤灰原矿+包覆+煅烧；

B：煅烧粉煤灰+包覆+煅烧；

C：煅烧粉煤灰+包覆；

D：粉煤灰原矿+包覆。

实验 A、B、C、D 条件均为溶液 pH 值为 4，包覆量为 30%，$SbCl_3$、$SnCl_4 \cdot 5H_2O$ 摩尔比为 1:6，滴加速度 1 mL/min，粉煤灰与水的固液比为 1:8，水浴温度为 60 ℃，其中 $SbCl_3$ 与 $SnCl_4 \cdot 5H_2O$ 混合溶液浓度分别为 0.4 mol/L、3.54 mol/L，反应 30 min 后烘干。

A：实验原料粉煤灰不经过煅烧处理，直接进行包覆。在包覆完成后进行煅烧，700 ℃煅烧时间为 2 h，之后测量样品 A 的体积电阻率。

B：实验原料粉煤灰经过 700 ℃煅烧处理后进行包覆。在包覆完成后进行煅烧，700 ℃煅烧时间为 2 h，之后测量样品 B 的体积电阻率。

C：实验原料粉煤灰经过 700 ℃煅烧处理后进行包覆。包覆结束后不经过煅烧直接测量样品 C 的体积电阻率。

D：实验原料粉煤灰不经煅烧处理，直接进行包覆。包覆结束后不经过煅烧直接测量样品 D 的体积电阻率。

表 3-16 为煅烧方式对复合粉体体积电阻率的影响。未经过煅烧的粉煤灰原矿电阻率为 8.53×10^8 Ω·cm，由于含有未燃尽的碳粒，因此体积电阻率较低。粉煤灰在经过煅烧除碳之后，体积电阻率出现明显上升。煅烧粉煤灰和粉煤灰原矿进行填充聚合物时，其电阻率均不能满足要求且粉煤灰原矿颜色较深，因此要对粉煤灰进行改性处理，在煅烧粉煤灰表面包覆抗静电材料纳米锑掺杂氧化锡。方法 A 与方法 B 制备的复合粉体体积电阻率相差不大，起导电作用的主要是粉煤灰表面的包覆层。方法 C 制备的复合粉体在包覆后不进行煅烧，复合粉体体积电阻率较高，这是因为复合粉体未经过高温煅烧时，SnO_2 无明显晶型且 Sb 不能掺杂进 SnO_2，导电载流子产生少，因此对样品包覆后要进行高温煅烧。方法 D 制备的复合粉体在包覆前后均不进行煅烧，其体积电阻率为 1.23×10^8 Ω·cm。样品 D 与样品 A 相比，包覆完成后进行煅烧，锑掺杂氧化锡才能起到抗静电作用。样品 D 与样品 C 相比，包覆前对样品进行煅烧，包覆效果较好。因此，在粉煤灰包覆锑掺杂氧化锡前后都进行煅烧，体积电阻率最低。

表 3-16 煅烧方式对复合粉体体积电阻率的影响

预处理方式	体积电阻率/Ω·cm
粉煤灰原矿	$8.53×10^8$
煅烧粉煤灰	$1.72×10^{12}$
方法 A	$5.3×10^4$
方法 B	$3.9×10^4$
方法 C	$4.5×10^6$
方法 D	$1.23×10^8$

3.2.1.12 无机包覆改性剂添加顺序

在使用化学沉淀法进行反应时，不同加料方式对材料性能影响较大。因此对包覆剂采用 3 种不同的加料方式进行探究。

实验 1：采用恒流泵先将 NaOH 滴加进粉煤灰悬浮液当中，并不断搅拌使其混合均匀。当 NaOH 滴加完成后，滴加 $SnCl_4 \cdot 5H_2O$ 和 $SbCl_3$ 的混合溶液，滴加速度均为 1 mL/min，滴加完成后将 pH 值调至 4，之后将溶液过滤、洗涤后烘干，在马弗炉内 700 ℃煅烧 2 h，测量其体积电阻率。

实验 2：采用恒流泵先将 $SnCl_4 \cdot 5H_2O$、$SbCl_3$ 的混合溶液滴加进粉煤灰悬浮液当中，并不断搅拌使其混合均匀，当混合溶液滴加完成后，滴加 NaOH 溶液，滴加速度均为 1 mL/min，滴加完成后将 pH 值调至 4，之后将溶液过滤、洗涤后烘干，在马弗炉内 700 ℃煅烧 2 h，测量其体积电阻率。

实验 3：采用恒流泵在粉煤灰悬浮液中同时滴加 NaOH 溶液、$SnCl_4 \cdot 5H_2O$ 和 $SbCl_3$ 的混合溶液并不断搅拌，滴加速度为 1 mL/min，待两种溶液同时滴加完成后将 pH 值调至 4，之后将溶液过滤、洗涤后烘干，在马弗炉内 700 ℃煅烧 2 h，测量其体积电阻率。

表 3-17 为包覆剂添加顺序对复合粉体体积电阻率的影响。从表 3-17 中可以看出，当使用不同的加料方式时，复合粉体体积电阻率差距较大。先加入 NaOH 溶液，再加 $SnCl_4 \cdot 5H_2O$ 和 $SbCl_3$ 的混合溶液时，复合粉体体积电阻率为 $1.28×10^8$ Ω·cm；先加入 $SnCl_4 \cdot 5H_2O$ 和 $SbCl_3$ 的混合溶液，再加入 NaOH 溶液时，复合粉体体积电阻率为 $6.06×10^9$ Ω·cm，电阻率较大；同时滴加 $SnCl_4 \cdot 5H_2O$ 和 $SbCl_3$ 的混合溶液与 NaOH 时，反应程度较高，复合粉体体积电阻率达到最低。综上所述，先滴加 $SnCl_4 \cdot 5H_2O$ 和 $SbCl_3$ 的混合溶液或 NaOH 时，复合粉体体积电阻率较高。这是因为采用方式 1 或方式 2 进行加料时，溶液中 NaOH 溶液或 $SnCl_4 \cdot 5H_2O$ 与 $SbCl_3$ 混合溶液过饱和浓度较大，再滴加进另一种包覆剂后，不能快速分散，会使沉淀在某地迅速产生，造成多层包覆或包覆不完全。且采用方

式 1 进行加料时，溶液中的高浓度的碱液会对粉煤灰进行化学激发，在粉煤灰表面生成硅酸盐[25]，粉煤灰表面被破坏，因此复合粉体体积电阻率升高。

表 3-17　包覆剂添加顺序对复合粉体体积电阻率的影响

实验	体积电阻率/Ω·cm
方式 1	$1.28×10^8$
方式 2	$6.06×10^9$
方式 3	$3.9×10^3$

3.2.2　正交实验

不同实验条件下，复合粉体体积电阻率呈现不同的变化规律。为探究溶液过饱和浓度对复合粉体体积电阻率的影响程度，选取 4 个与溶液过饱和浓度有关的因素：包覆量、滴加速度、Sb∶Sn 摩尔比、粉煤灰与水的固液比进行正交实验。表 3-18、表 3-19 为正交实验设计表。

表 3-18　正交实验表表头设计

水平	因素			
	A：包覆量/%	B：滴加速度 /mL·min^{-1}	C：$n(Sb)∶n(Sn)$	D：固液比
1	10	0.5	1∶4	1∶4
2	20	1	1∶5	1∶5
3	30	1.5	1∶6	1∶8

表 3-19　正交实验表

因素	A	B	C	D
实验 1	3	2	3	1
实验 2	3	3	1	2
实验 3	2	1	3	2
实验 4	2	3	2	1
实验 5	2	2	1	3
实验 6	1	3	3	3
实验 7	1	1	1	1
实验 8	3	1	2	3
实验 9	1	2	2	2

（1）极差分析。

表3-20 为 $L_9(4^3)$ 正交实验表结果。K_{1j}、K_{2j}、K_{3j} 为水平 1、2、3 所对应列电阻率之和。k_{1j}、k_{2j}、k_{3j} 为其平均数。M 为实验顺序。

表 3-20 $L_9(4^3)$ 正交实验表结果

所在列	1	2	3	4	M
因素	包覆量/%	滴加速度 /mL·min⁻¹	$n(Sb):n(Sn)$	固液比	体积电阻率 /Ω·cm
实验 1	30	1	1:6	1:4	$1×10^4$
实验 2	30	1.5	1:4	1:5	$1.2×10^4$
实验 3	20	0.5	1:6	1:5	$8.63×10^5$
实验 4	20	1.5	1:5	1:4	$2.56×10^5$
实验 5	20	1	1:4	1:8	$1.46×10^5$
实验 6	10	1.5	1:6	1:8	$7.24×10^9$
实验 7	10	0.5	1:4	1:4	$4.79×10^7$
实验 8	30	0.5	1:5	1:8	$2.8×10^4$
实验 9	10	1	1:5	1:5	$1.24×10^9$
K_{1j}	$8.5309×10^9$	$4.8791×10^7$	$4.8058×10^7$	$4.8166×10^7$	
K_{2j}	$1.265×10^6$	$1.2431×10^9$	$1.2432×10^9$	$1.2438×10^9$	
K_{3j}	$5×10^4$	$7.2402×10^9$	$7.2408×10^9$	$7.2401×10^9$	
k_{1j}	$2.8436×10^9$	$1.6263×10^7$	$1.6019×10^7$	$1.6055×10^7$	
k_{2j}	$4.2166×10^5$	$4.1438×10^8$	$4.1442×10^8$	$4.1462×10^8$	
k_{3j}	$1.6666×10^4$	$2.4134×10^9$	$2.4136×10^9$	$2.4133×10^9$	
R_j	$2.8436×10^9$	$2.3971×10^9$	$2.3976×10^9$	$2.3973×10^9$	

$$K_{11} = M_6+M_7+M_9 = 7.24×10^9+4.79×10^7+1.243×10^9 = 8.5309×10^9$$

$$K_{21} = M_3+M_4+M_5 = 8.63×10^5+2.56×10^5+1.46×10^5 = 1.2650×10^6$$

$$K_{31} = M_1+M_2+M_8 = 1×10^4+1.2×10^4+2.8×10^4 = 5×10^4$$

……

$$K_{34} = M_5+M_6+M_8 = 1.46×10^5+7.24×10^9+2.8×10^4 = 7.2401×10^9$$

$$k_{11} = K_{11}/3 = 2.8436×10^9$$

$$k_{21} = K_{21}/3 = 4.2166×10^5$$

$k_{31} = K_{31}/3 = 1.6 \times 10^4$

……

$k_{34} = K_{34}/3 = 2.4133 \times 10^9$

极差分析：

$R_1 = 2843633333 - 16666.66667 = 2.8436 \times 10^9$

$R_2 = 2413422667 - 16263666.667 = 2.3971 \times 10^9$

$R_3 = 2413624333 - 16019333.33 = 2.3976 \times 10^9$

$R_4 = 2413391333 - 16055333.333 = 2.3973 \times 10^9$

R_j 为第 j 列所对应的极差，极差值越大，因素对体积电阻率影响越大。通过极差分析可以看出 R_1 值最大，因此因素 1 对电阻率影响最大。因素 1、2、3、4 对体积电阻率的影响大小顺序为：1>3>4>2。影响程度由大到小依次是包覆量，Sb、Sn 摩尔比，固液比，滴加速度。

（2）因素-指标关系趋势图。

图 3-14 为体积电阻率因素指标图。由图 3-14 可知，包覆量影响最为显著。

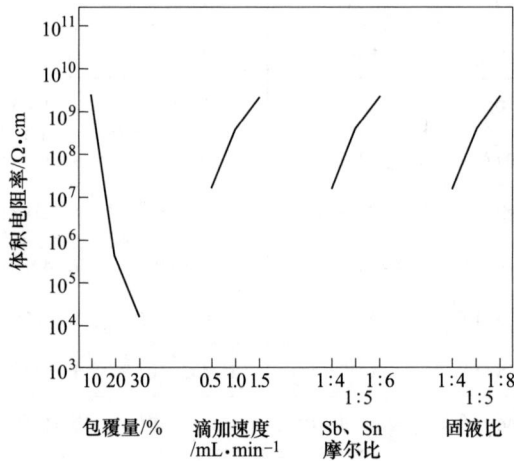

图 3-14　体积电阻率因素指标图

实验 1 在包覆量 30%，滴加速度 1 mL/min，Sb、Sn 摩尔比为 1：6，粉煤灰与水的固液比为 1：4 时，复合粉体体积电阻率达到最低，为 1×10^4 Ω·cm。在包覆量为 20%，滴加速度 1 mL/min，Sb、Sn 摩尔比为 1：4，粉煤灰与水的固液比为 1：8 时，复合粉体体积电阻率为 1.46×10^5 Ω·cm。通过极差分析可知，包覆量对复合粉体体积电阻率影响最大。因此在 1 号试样实验条件下进行探究，降低包覆量进行优化实验，以达到降低成本的目的。

选取包覆量为 25%，滴加速度 1 mL/min，Sb、Sn 摩尔比为 1:6，粉煤灰与水的固液比为 1:4，此时复合粉体体积电阻率为 $6×10^3$ $\Omega\cdot cm$。相比正交 1 号实验，体积电阻率降低。继续降低包覆量，探究最优包覆量。选取包覆量为 22%、滴加速度 1 mL/min、Sb、Sn 摩尔比为 1:6、粉煤灰与水的固液比为 1:4，得到复合粉体的体积电阻率为 $4×10^4$ $\Omega\cdot cm$。

因此正交实验优化的最佳制备条件为包覆量为 25%，滴加速度 1 mL/min，Sb、Sn 摩尔比为 1:6，粉煤灰与水的固液比为 1:4，得到的复合粉体体积电阻率最低为 $6×10^3$ $\Omega\cdot cm$。

3.2.3 ATO@粉煤灰复合粉体的表征

3.2.3.1 不同煅烧温度 XRD 分析

为研究不同煅烧温度对复合粉体体积电阻率的影响，将 ATO 前驱体包覆粉煤灰在不同煅烧温度下进行煅烧。图 3-15 为不同煅烧温度下复合粉体与煅烧粉煤灰的 XRD 对比图。图 3-15 中包覆后的粉煤灰（b~f）与煅烧粉煤灰（a）相比出现新的衍射峰。图 3-16 是复合粉体衍射峰与 SnO_2 标准卡片对比图（JCPDS No. 41-1445）。由图 3-16 可知，复合粉体与 SnO_2 的衍射峰相对应。在（110）、（101）、（211）晶面出现 SnO_2 晶相，且并未出现 Sb 的晶

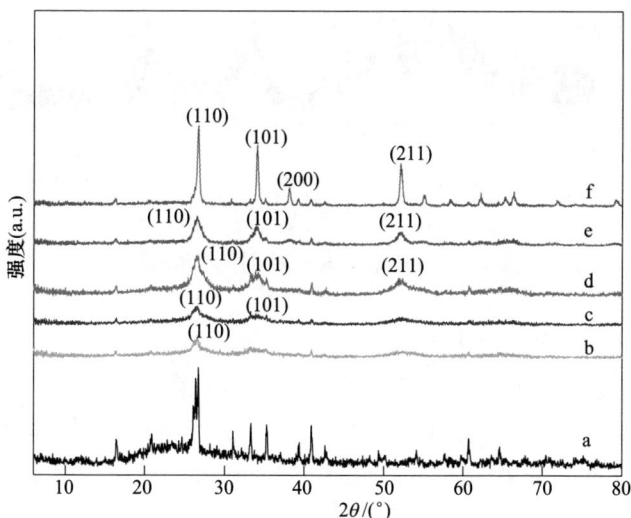

图 3-15 不同煅烧温度复合粉体 XRD 图

a—煅烧粉煤灰；b—500 ℃复合粉体；c—600 ℃复合粉体；d—700 ℃复合粉体；
e—800 ℃复合粉体；f—900 ℃复合粉体

相，说明 Sb 的掺杂并没有带来新的物相。随着温度升高衍射峰逐渐变窄，说明随着煅烧温度的升高结晶度增加，SnO_2晶相出现明显的衍射峰，衍射峰逐渐尖锐且强度增加，具有较好的结晶性。图 3-15 中 f 是复合粉体在煅烧温度为 900 ℃ 的 XRD 图，SnO_2 晶相出现明显的衍射峰。在（110）、（101）、（211）、（200）等晶面检测到 $Sn_{0.918}Sb_{0.109}O_2$固溶体，固熔体晶胞参数为 $a = b = 0.4737$，$c = 0.3.182$，SnO_2晶胞参数为 $a = b = 0.4738$ nm，$c = 0.3187$ nm。Sb^{5+}、Sb^{3+}、Sn^{3+} 离 子 半 径 分 别 为 0.062 nm、0.090 nm、0.072 nm，Sb^{5+}离子半径小，说明主要是 Sb^{5+}进入 SnO_2中。在复合粉体中无明显的 Sb_2O_3或 Sb_2O_5峰，表明掺杂完全。利用 Scherrer 公式[26]计算样品平均晶粒度，500 ~ 900 ℃ 表面 ATO 粒子平均晶粒度分别为 0.50983 nm、0.54181 nm、0.668051 nm、1.2161 nm、4.972891 nm。随着煅烧温度的升高，晶粒成核和生长速率加快。在煅烧温度超过 800 ℃时，复合粉体会出现结块现象，体积电阻率升高。

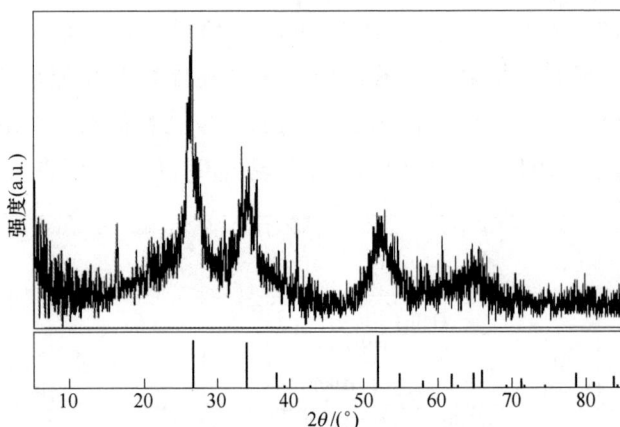

图 3-16　复合粉体与 SnO_2对比 XRD 谱图

3.2.3.2　不同包覆量复合粉体 SEM 分析

对不同包覆量，Sb、Sn 摩尔比为 1∶6，pH 值为 4，煅烧温度为700 ℃，煅烧时间 2 h，粉煤灰与水固液比为 1∶8 时制备的复合粉体和粉煤灰进行 SEM 和 EDS 分析，结果如图 3-17 和图 3-18 所示。图 3-17（a）（b）为未经过处理粉煤灰的 SEM 图，粉煤灰原样为表面光滑的球状颗粒，存在少量未燃尽的碳粒。图 3-17（c）（d）为 700 ℃煅烧 2 h 的粉煤灰，其球形状态并未发生塌陷和产生裂缝，与未煅烧粉煤灰相比，煅烧粉煤灰表面较为粗糙，存在针状的莫来石。图 3-17（e）~（g）为包覆量为 30%的复合粉体，复合粉体仍保持球状，粉煤灰表面被锑掺杂氧化锡颗粒覆盖，覆盖完整，很少有裸露的表面。图 3-17（g）为放大倍数 20000 时复合粉体的 SEM 图，粉煤灰表面负载着纳米级别的锑掺杂氧化锡颗粒，纳米颗粒分散性较好。采用软件 Image J 对粉煤灰的粒径进行测量，经过测量可知，未改性粉煤灰的平均粒径为 3.58 μm。经过表面包覆后的粉煤灰平均粒径为 5.38 μm。粒径增加，说明纳米锑掺杂氧化锡成功包覆在粉煤灰表面。当包覆量增加到 50% 时，如图 3-17（h）所示，复合粉体表面出现粒子的团聚。

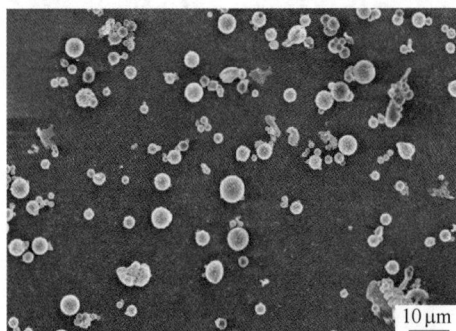

(a)

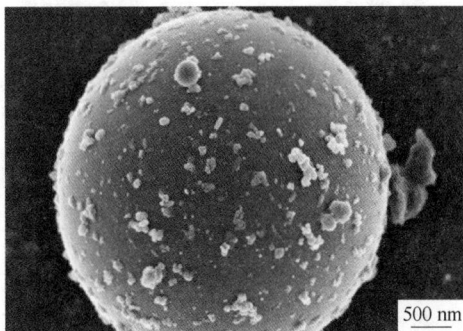

(b)

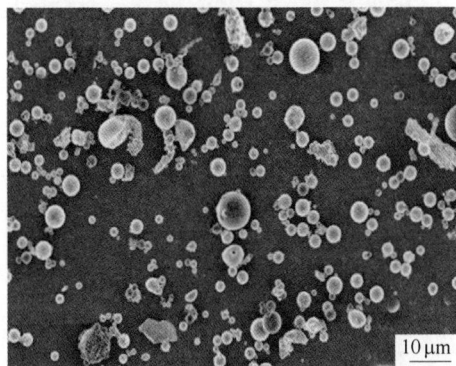

(c)

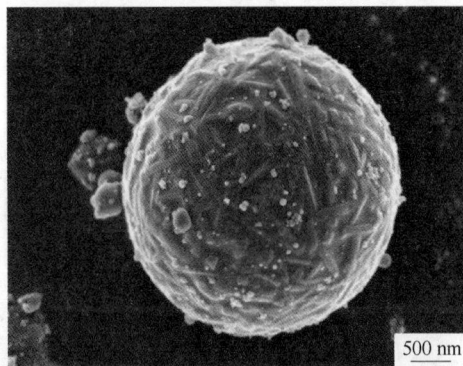

(d)

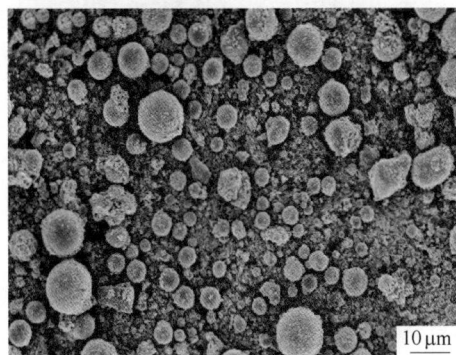

(e)

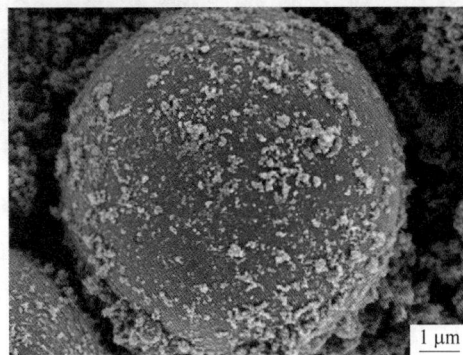

(f)

(g)　　　　　　　　　　　　　　　　　　(h)

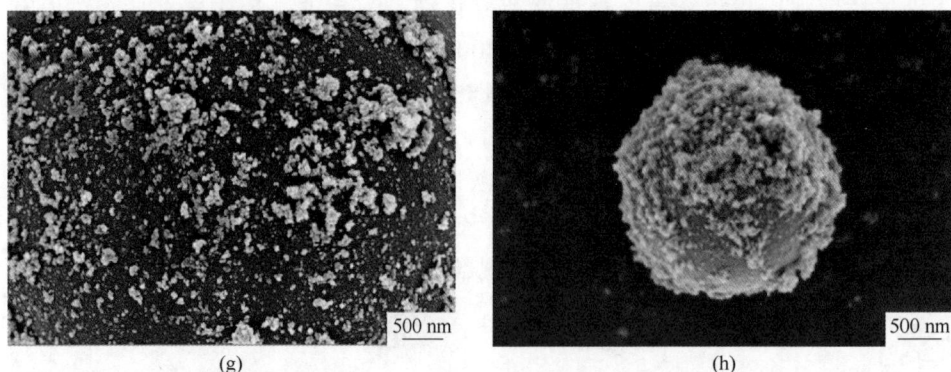

图 3-17　粉煤灰（a）（b）；700 ℃煅烧粉煤灰（c）（d）；包覆量 30%
复合粉体（e）~（g）；包覆量 50%复合粉体（h）的 SEM 图

图 3-18 为包覆量为 30%时锑掺杂氧化锡在粉煤灰表面的元素分布情况。如图 3-18 所示，复合粉体表面出现了 Sn、Sb 元素，且分布均匀。通过 Sn 元素与 Sb 元素含量可知，$n(Sb):n(Sn)$ 接近 1:6，与添加量相近，说明多数锑掺杂氧化锡成功地负载到粉煤灰表面，从而降低了复合粉体体积电阻率。

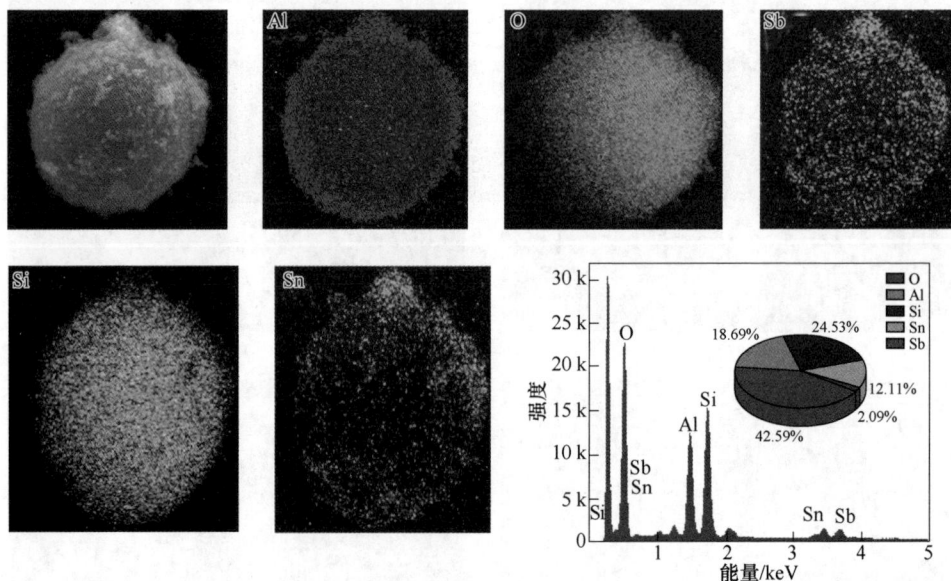

图 3-18　复合粉体 EDS 图

3.2.3.3　TEM 分析

图 3-19 为 ATO@粉煤灰的透射电镜图。球状粉煤灰呈黑色，

彩图

与外层的 ATO 明暗交错，包覆完整。通过 Image J 测量图晶格间距为 $d =$ 0.29 nm，与氧化锡的晶格间距一致，在图 3-19 EDS 图中可以看出粉煤灰表面均匀地分布了 Sb 元素，因此粉煤灰表面成功包覆上 ATO，并且在图 3-19 中出现明显的 SnO_2 晶格，与 XRD 的峰相对应。

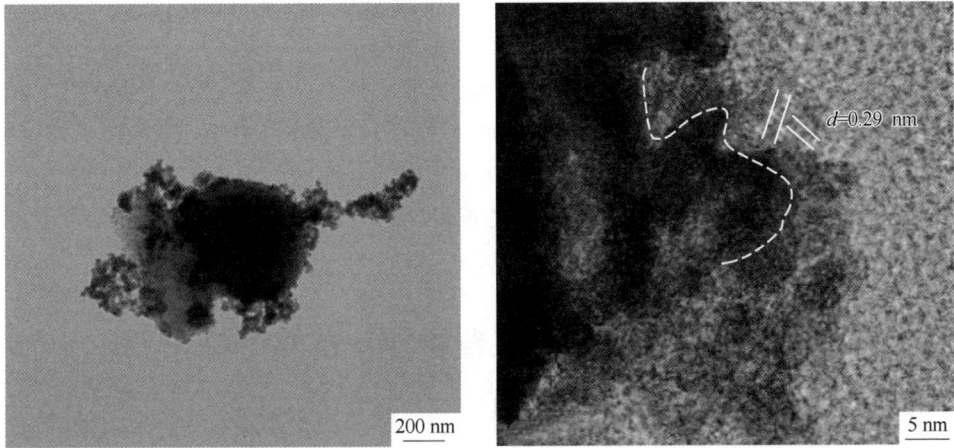

图 3-19　ATO@ 粉煤灰的透射电镜图

3.2.3.4　FTIR 分析

图 3-20 是煅烧粉煤灰和复合粉体的红外吸收光谱图。煅烧粉煤灰红外光谱如图 3-20（a）所示。在波数为 559.32 cm^{-1} 时出现了 Si—O 的弯曲振动，1089.72 cm^{-1} 时出现 Si—O—Si 伸缩振动[27]，1618.19 cm^{-1} 和 3433.12 cm^{-1} 分别出

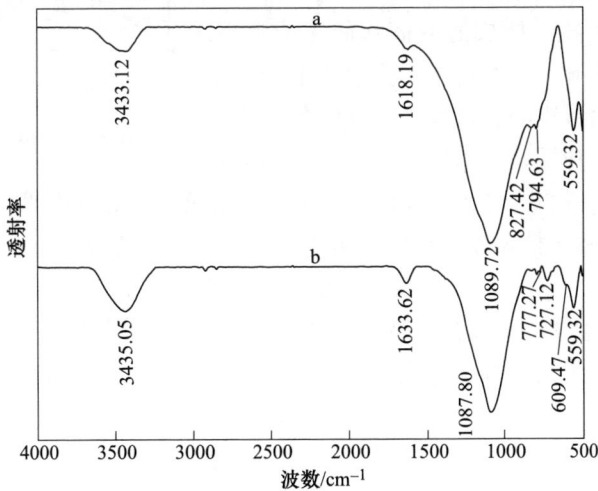

图 3-20　煅烧粉煤灰和复合粉体 FTIR 谱图
a—煅烧粉煤灰；b—复合粉体

现 O—H 的弯曲振动和伸缩振动[28]。复合粉体红外吸收光谱如图 3-20 中曲线 b 所示。在 609.47 cm^{-1} 出现 SnO_2 的 Sn—O—Sn 反对称峰，与 XRD 出现的 SnO_2 晶相相对应。在波数为 727.12 cm^{-1} 处出现了新峰，反映了无定型 SiO_2 和 SnO_2 之间的相互作用。Si—O—Si 的伸缩振动吸收峰由 1089.72 cm^{-1} 处移动到 1087.80 cm^{-1}，伸缩振动强度减小。O—H 的伸缩振动峰由 3433.12 cm^{-1} 移动到 3435.05 cm^{-1}，复合粉体 O—H 的伸缩振动强度增加。

由于反应在水溶液中进行，粉煤灰中 Si—O—Si 键会发生电离生成 (Si—O)$^-$ 和 Si$^+$，他们会分别吸附水中的 H$^+$ 和 OH$^-$ 生成 Si—OH，其中的 O—H 键会部分电离，变成 (Si—O)$^-$，使粉煤灰带负电，从而吸引溶液中带正电的 Sn^{4+}、Sb^{3+}，导致包覆后 Si—O—Si 伸缩振动强度减小。此外，剩余的 Si—OH 会与 Sb—Sn 水解物的表面基团 Sn(Sb)—OH 缩合生成 Si—O—Sn(Sb) 键[29]。

3.3　粉煤灰表面包覆机理及抗静电机理

3.3.1　粉煤灰表面抗静电层形成机理

SnO_2 的晶体结构如图 3-21 所示，其属于四方晶系，具有金红石结构[30]。晶胞晶格常数为 $a = b = 0.4738$ nm，$c = 0.3187$ nm。氧化锡晶胞的体心是正交平行六面体，Sn 原子占据体心和顶角。由图 3-21 可知，锡离子在八面体的空隙中，氧离子为六方最密堆积。一个 SnO_2 晶胞由 2 个锡离子和 4 个氧离子构成。单个锡离子在 6 个氧离子构成的近似八面体的中心，锡离子配位数为 6。单个氧离子位于 3 个锡离子构成的等边三角形中心，氧离子的配位数为 3。

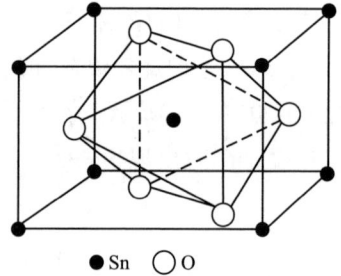

图 3-21　SnO_2 晶体结构图

在晶核形成初期，体系的体积自由能 ΔG_V 是从高自由能转向低自由能，故 ΔG_V 为负值。在新核形成时体系界面自由能 ΔGs 值为正值。ΔG 为整个体系所需要的自由能，计算公式见式 (3-3)：

$$\Delta G = V\Delta G + S\Delta Gs \tag{3-3}$$

式中，V 为形成新相的体积；S 为形成新相与液面之间形成新界面面积。在新相形成要跨过一定的成核势垒，成核势垒计算公式见式 (3-4) 和式 (3-5)：

$$\Delta G_{r*} = \frac{16\pi\gamma_{LS}^3}{3(\Delta g_v)^2} \tag{3-4}$$

$$\Delta G_{h*} = \frac{16\pi\gamma_{LS}^3}{3(\Delta g_v)^2}f(\theta) = \Delta G_{r*}f(\theta) \tag{3-5}$$

$$f(\theta) = \frac{2 + \cos\theta + (1 + \cos\theta)^2}{4} \leqslant \frac{3}{4} < 1 \quad (3-6)$$

式中，γ_{LS} 为新生成相与液面的界面张力；Δg_v 为单位体积自由能的变化值；ΔG_{r*} 为均相成核所需势垒；ΔG_{h*} 为异相成核势垒；θ 为接触角。由式（3-6）可知均相成核势垒大于异相成核势垒。因此在相同条件下，基体先以异相成核的方式沉淀[31]。

当水浴温度为 60 ℃时，同时滴加两种溶液，NaOH 会释放 OH⁻ 使溶液 pH 值稳定在恒定范围内。Sn^{4+} 和 Sb^{3+} 在刚滴加于悬浮液时生成 SbO^+ 沉积在粉煤灰表面，见式（3-7）。继续滴加混合溶液，当溶液 pH 值较低时，会进行式（3-8）和式（3-9）所示反应，生成 $Sb_4O_5Cl_2$ 和 $Sb_8(OH)_6O_8Cl_2$[20]。经过洗涤、沉淀、过滤后式（3-8）所示的反应产物会转化成 Sb_2O_3。Sn^{4+} 经过水解生成 $Sn(OH)_{4-n}^{n+}$，见式（3-12）。$Sn(OH)_{4-n}^{n+}$ 在经过洗涤、沉淀、过滤后生成 $SnO_2 \cdot 2H_2O$，见式（3-13）。当溶液 pH 值为 4 时，溶液中会进行式（3-7）及式（3-11）～式（3-13）所示反应，粉煤灰表面的包覆剂大多以 Sb_2O_3 和 $SnO_2 \cdot 2H_2O$ 的形式存在。通过 XRD 分析可知，复合粉体表面存在着 SnO_2 晶相，高温煅烧后生成具有导电功能的金红石结构的 $Sb\text{-}SnO_2$。粉煤灰表面抗静电层锑掺杂氧化锡形成过程具体见反应方程式（3-7）～式（3-13），粉煤灰表面抗静电层形成机理如图 3-22 所示。

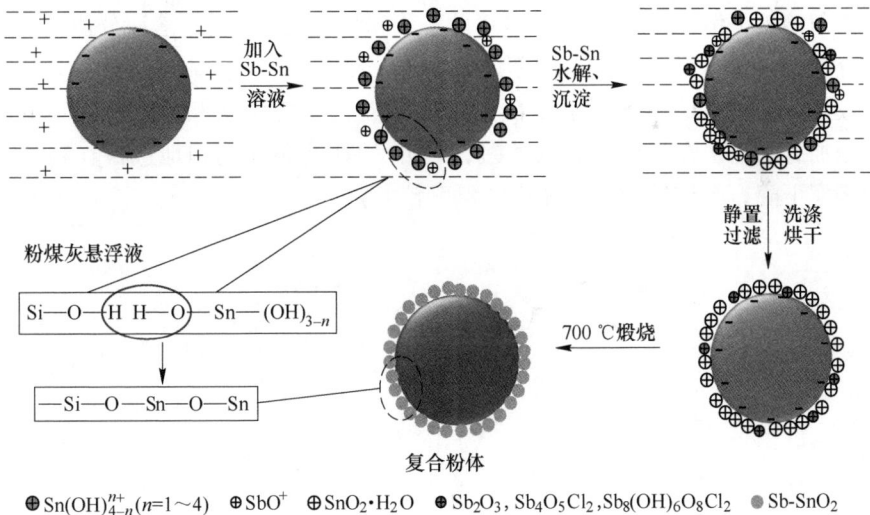

图 3-22 粉煤灰表面抗静电层形成机理

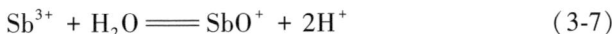

$$Sb^{3+} + H_2O \Longrightarrow SbO^+ + 2H^+ \quad (3-7)$$

$$4SbCl_3 + 5H_2O \Longrightarrow Sb_4O_5Cl_2 + 10HCl \quad (3-8)$$

$$8SbCl_3 + 14H_2O \Longrightarrow Sb_8(OH)_6O_8Cl_2 + 22HCl \quad (3-9)$$

彩图

$$Sb_4O_5Cl_2 + H_2O \Longrightarrow 2Sb_2O_3 + 2HCl \tag{3-10}$$

$$2SbOCl + H_2O \Longrightarrow Sb_2O_3 + 2HCl \tag{3-11}$$

$$Sn^{4+} + (4-n)H_2O + (n-4)H^+ \Longrightarrow Sn(OH)_{4-n}^{n+} \quad (n = 1 \sim 4) \tag{3-12}$$

$$Sn^{4+} + 4H_2O \Longrightarrow SnO_2 \cdot 2H_2O + 4H^+ \tag{3-13}$$

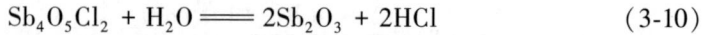

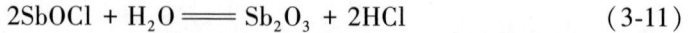

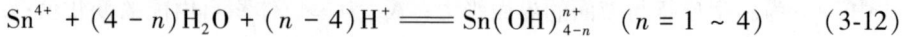

3.3.2 ATO@粉煤灰表面作用机理

图 3-23 为煅烧粉煤灰和 ATO 前驱体的 Zeta 电位。由图 3-23 可知，煅烧粉煤灰 pH 值为 2~5.6 时，粉煤灰带正电。ATO 前驱体在 pH 值为 2~3.5 时带正电，pH=3 时 Zeta 电位值为 6.79 mV，接近 Zeta 电位的等电位点，当电位值低时，粒子间相互排斥力较小，容易团聚。煅烧粉煤灰在 pH<3 时带正电，ATO 前驱体与煅烧粉煤灰之间存在静电斥力，作用力较弱，因此体积电阻率较高。煅烧粉煤灰在 pH=4 时 Zeta 电位值为 12.529 mV，ATO 前驱体在 pH=4 时 Zeta 电位值为 -6.706 mV，粉煤灰与 ATO 间以静电吸引力相结合，ATO 均匀地包覆在粉煤灰表面。在 pH=7 时，粉煤灰和 ATO 前驱体 Zeta 电位值均为负值，且绝对值较大，因此静电斥力较大。粉煤灰表面包覆 ATO 颗粒需要克服较大的静电斥力，不利于表面沉淀的发生。当粉煤灰 pH>7 时，Zeta 电位绝对值逐渐减小。粉煤灰为亲水性固体颗粒，表面 Zeta 电位值的大小与溶液分散性具有很大的关系，Zeta 电位绝对值与溶液分散性成正比[32]。基于此，当粉煤灰 pH>7 时，溶液分散性逐渐变差，分散体系越不稳定。ATO 前驱体在 pH>7 时，Zeta 电位值逐渐增大，溶液分散性较好，使得 ATO 前驱体较少团聚[33]，但是由于粉煤灰与 ATO 前驱体静电斥力的增加且粉煤灰在水中的分散性差，因此 ATO 前驱体均匀地包覆在粉煤灰表面的概率下降，导致复合粉体体积电阻率较大。

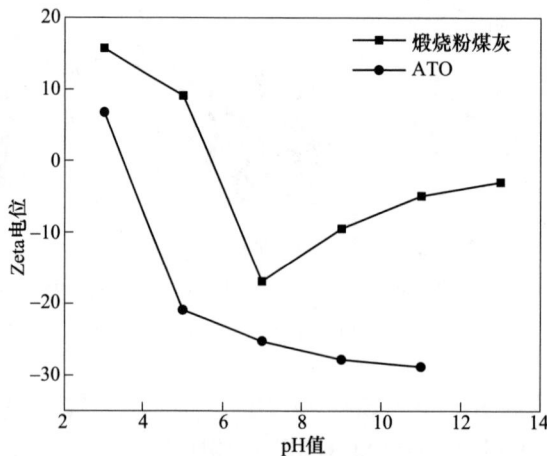

图 3-23　煅烧粉煤灰和 ATO 前驱体的 Zeta 电位

3.3.3 ATO@粉煤灰抗静电机理

SnO_2导电性由其自身微结构和粉体特性决定，假设 SnO_2 为离子键，会发生式（3-14）反应：

$$Sn(4d^{10}5s^25p^2) + 2O(2s^22p^4) \longrightarrow Sn^{4+}(4d^{10}5s^0) + 2O^-(2s^22p^6) \quad (3\text{-}14)$$

Sn^{4+}中 $5 s^0$构成导带，O^{2-}中 p^6构成价带[34]。在 SnO_2中存在氧空位，氧空位 $V_O^{\times}$ 的电离过程见式（3-15）。杨建广等人[35]认为，在掺杂 Sb 后 SnO_2晶格存在两种价态 Sb^{3+} 和 Sb^{5+}，缺陷反应见式（3-16）和式（3-17）。

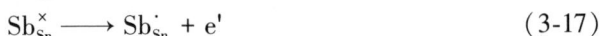

$$V_O^{\times} \longrightarrow V_O^{\cdot\cdot} + 2e' \quad (3\text{-}15)$$

$$Sb_{Sn}^{\times} \longrightarrow Sb_{Sn}' + h^{\cdot} \quad (3\text{-}16)$$

$$Sb_{Sn}^{\times} \longrightarrow Sb_{Sn}^{\cdot} + e' \quad (3\text{-}17)$$

在纯 SnO_2中氧空位电离出的电子距离导带较近，在受到较小的能量激发就会被激发到导带中形成导电载流子。氧空位相当于施主能级[36]，纯的 SnO_2也具有一定的导电功能。在 SnO_2中掺杂锑后，Sb^{3+}取代 Sn^{4+}生成的 $Sb_{Sn}^{\times}$，相当于一个负电中心束缚着一个价带中的空穴，形成受主能级，因此 Sb^{3+}取代 Sn^{4+}也可以进行导电。Sb^{5+}取代 Sn^{4+}生成的 $Sb_{Sn}^{\times}$，相当于一个正电中心上束缚着一个电子，较小的能量激发就能跃迁到导带，形成导电载流子。

在 $Sb\text{-}SnO_2$中同时存在 Sb^{3+} 和 Sb^{5+}，Sb^{3+}取代 Sn^{4+}形成的受主能级能量低于 Sb^{5+}取代 Sn^{4+}形成的施主能级[37]。根据能量最低原理，施主能级的电子会落在受主能级上，使电子和空穴均消失，形成杂质补偿效应。氧空位所提供的电子数目高于 Sb^{5+}，出现补偿效应时氧空位形成的电子会优先进入受主能级的空穴，剩余的电子会与 Sb^{5+}取代 Sn^{4+}形成的施主能级形成导电载流子进行导电[38]。在探究锑掺杂量的单因素实验中，当锑掺杂量大于 1∶5 时，复合粉体的体积电阻率较大，这是由于 Sb^{3+}增多，出现杂质补偿效应。当施主能级浓度大于受主能级时补偿效应并不明显，主要为 n 型半导体。

综上所述，ATO 的导电载流子主要取决于 Sb^{5+}和 SnO_2形成的氧空位，使得被包覆粉煤灰体积电阻率降低。

3.4 复合粉体应用实验

3.4.1 复合粉体填充 EVA 的制备及性能测试

3.4.1.1 制备方法

将煅烧粉煤灰、ATO@ 粉煤灰均以 30% 的质量分数与 EVA 在双螺杆挤出机上共混，使其分散均匀，螺杆转速为 300 r/min，加料转速为 30 r/min，挤出机从下料口到出料口共 10 个加热段，温度为 110 ℃、115 ℃、120 ℃、125 ℃、130 ℃、135 ℃、140 ℃、145 ℃、150 ℃、155 ℃。之后进行注塑，采用单螺杆注塑剂进行注塑，注塑温度为 110~150 ℃，注塑压力为 50~60 MPa，将材料置于室温24 h 后备用。测试材料的拉伸强度、断裂伸长率、熔融指数、电阻，每组共测试 5 个样条，取 5 次测量值的平均值。

3.4.1.2　测试方法

力学性能：根据《电子式万能试验机》（GB/T 16491—2022），采用 CMT6104 万能实验机测试材料的拉伸强度和断裂伸长率。

熔融指数：根据 Standard Test Methed for Melt Flow Rates of Thermoplastics by Extrusion Plastometer（ASTM D 1238），采用 CZ-6001B 熔体流动速率仪测试测量材料的熔融指数。

电阻测量：根据《静电学　第 2-3 部分：防静电固体平面材料电阻和电阻率的测试方法》（GB/T 37977.23—2019），电阻测试范围为 $1 \times 10^3 \sim 2 \times 10^{19}$ Ω，仪器型号为 HIOKI SM7110 的高阻计测试材料的表面电阻 R_s，采用式（3-2）可计算出材料的表面电阻率。

拉伸断面形貌：采用蔡司 Sigma 300 观察材料的拉伸断面形貌。

3.4.1.3　性能分析

A　复合粉体填充 EVA 力学性能分析

为研究 ATO@粉煤灰对 EVA 力学性能的影响程度，对 EVA 复合材料进行拉伸强度和断裂伸长率的测试。拉伸强度主要是测试在拉伸实验当中，材料能够承受的最大拉伸力[39]，其单位为 MPa。断裂伸长率是指材料在拉断时的位移值与材料原来长度之间的比值，可以体现出材料的韧性和延展性，以%表示。

表 3-21 为纯 EVA、煅烧粉煤灰/EVA、ATO@粉煤灰/EVA 样品的拉伸强度及断裂伸长率的测试结果。由表 3-21 可以看出，纯 EVA 拉伸强度为 6.1 MPa，煅烧粉煤灰、ATO@粉煤灰填充 EVA 复合材料的拉伸强度与纯 EVA 相比增强。这是因为粉煤灰本身具有高强的性能特点，包覆后的粉煤灰比表面积增大，增强了粉煤灰与 EVA 之间的作用力[40]，材料能够承受的最大拉伸力增大，因此拉伸强度升高。纯 EVA 的断裂伸长率为 434%，当煅烧粉煤灰、ATO@粉煤灰填充 EVA 时，其断裂伸长率均减小。煅烧粉煤灰填充 EVA 时，断裂伸长率为 323.6%，对 EVA 影响最大，这是由于煅烧粉煤灰表面未进行改性，分散性较差造成局部应力集中[41]，使材料局部断裂。在粉煤灰表面包覆 ATO 后，其表面粗糙度增大，因此断裂伸长率得以提高。

表 3-21　复合粉体填充 EVA 力学性能

样品	纯 EVA	煅烧粉煤灰/EVA	ATO@ 粉煤灰/EVA
拉伸强度/MPa	6.10	6.38	6.50
断裂伸长率/%	434	323.6	409.23

B　复合粉体填充 EVA 熔融指数分析

表 3-22 为复合粉体填充 EVA 熔融指数。由表 3-22 可以看出，纯 EVA 的熔融指数为 2.9 g/10 min，当煅烧粉煤灰填充 EVA 后熔融指数明显提高，这是由于煅烧粉煤灰表面为光滑的球形，使得 EVA 的流动性提高，熔融指数提高；ATO@ 粉煤灰和 $Mg(OH)_2$@ ATO@ 粉煤灰填充 EVA，与纯 EVA 相比熔融指数出现明显的降低，这是由于粉煤灰表面 ATO 或 ATO 和 $Mg(OH)_2$ 使得粉体表面变得粗糙，与 EVA 之间的黏结力增强，因此填充 EVA 后流动性降低，熔融指数降低。

表 3-22　复合粉体填充 EVA 熔融指数

样品	纯 EVA	煅烧粉煤灰/EVA	ATO@ 粉煤灰/EVA
熔融指数/(g/10 min)	2.90	5	2.50

C　复合粉体填充 EVA 电阻率分析

表 3-23 为复合粉体填充 EVA 表面电阻率。纯 EVA 表面电阻率为 6.0×10^{14} Ω·cm。煅烧粉煤灰的体积电阻率为 1.72×10^{12} Ω·cm，填充 EVA 后，煅烧粉煤灰/EVA 表面电阻率为 1.95×10^{14} Ω·cm，表面电阻率仅产生微小变化；ATO@ 粉煤灰体积电阻率为 6×10^{3} Ω·cm，ATO@ 粉煤灰填充 EVA 后，表面电阻率为 4.0×10^{8} Ω·cm，填充后的 EVA 表面电阻率明显降低，EVA 具有很好的抗静电性能。

表 3-23　复合粉体填充 EVA 表面电阻率

样品	纯 EVA	煅烧粉煤灰/EVA	ATO@ 粉煤灰/EVA
表面电阻率/Ω·cm	6.0×10^{14}	1.95×10^{14}	4.0×10^{8}

D　复合粉体填充 EVA 断面形貌分析

图 3-24 为纯 EVA 及不同填料填充 EVA 拉伸断面图。图 3-24（a）和（b）为纯 EVA 的拉伸断面形貌，图 3-24（c）和（d）为煅烧粉煤灰填充 EVA 的断面形貌，图 3-24（e）和（f）为 ATO@ 粉煤灰填充 EVA 的拉伸断面形貌，粉体填充量均为 30%。

由图 3-24（a）和（b）可以看出，EVA 纵向沟壑明显，断面拔丝现象较为严重，说明基体分子间相互作用力较强；煅烧粉煤灰填充 EVA 后，EVA 断面出现了大量球状颗粒，说明煅烧粉煤灰与 EVA 之间的相互作用力远远小于 EVA 自

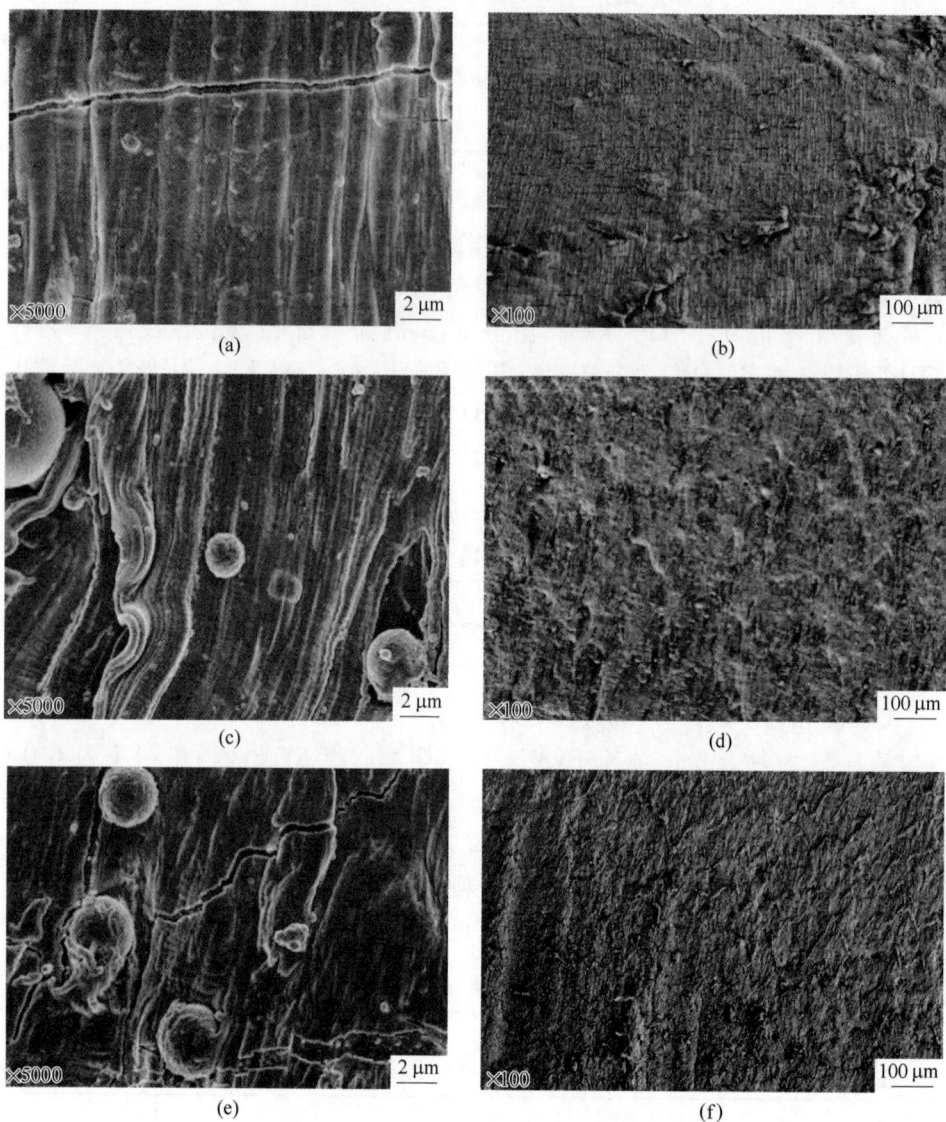

图 3-24   纯 EVA 及不同填料填充 EVA 拉伸断面图
(a)(b) 纯 EVA; (c)(d) 煅烧粉煤灰/EVA; (e)(f) ATO@ 粉煤灰/EVA

身作用力,复合材料更容易在煅烧粉煤灰和 EVA 界面处断裂,因此与纯 EVA 相比断裂伸长率减小。煅烧粉煤灰填充 EVA (见图 3-24 (c) 和 (d))后表面拉丝现象增强,因此在力学性能测试中拉伸强度略微增大;ATO@ 粉煤灰填充 EVA 的断面形貌如图 3-24 (e) 和 (f) 所示,由图可知 ATO@ 粉煤灰填充 EVA 后,断面出现少量的球状颗粒,这是由于粉煤灰表面包覆上纳米级别的锑掺杂氧化锡表面较为粗糙且分散性较好，因此与 EVA 有较好的相容性。图 3-24（e）和（f）表面与纯 EVA 相比出现更明显的拉丝现象，因此在力学性能测试中拉伸强度明显增强。表明制备的 ATO@ 粉煤灰分散性好，能与基体很好地相容，对 EVA 拉伸强度有所提升。该抗静电粉体在填充高分子材料中具有较好的应用前景。

3.4.2　复合粉体填充涂料的制备及性能测试

3.4.2.1　制备方法

首先，将一定量的去离子水、分散剂、润湿剂、消泡剂，将它们置于容器中，混合搅拌 10 min；然后，向混合液中加入粉煤灰和可膨胀石墨（EG），将容器放置在高速搅拌机上，以 1000 r/min 的转速搅拌 10 min；接着，加入聚磷酸铵（APP）、季戊四醇（PER）、三聚氰胺（MEL）和氯化石蜡，继续在高速搅拌机上以 1500 r/min 的转速搅拌 1 h；随后，加入成膜物质环氧树脂乳液、纯丙树脂乳液及成膜助剂，再以 1000 r/min 的转速搅拌 10 min；完成搅拌后，将所得混合物制成 2 cm×1 cm×0.5 cm 的特定形状；最后，将制好的样品在室温下晾干，然后使用 GEST-121A 体积表面电阻测量仪对其进行测试，测量并记录其体积电阻率。

3.4.2.2　测试结果分析

表 3-24 为国内外涉及抗静电涂料相关的标准及规范的电阻率指标（ρ_s 为表面电阻率，ρ_v 为体积电阻率）。表 3-25 为抗静电粉体作填料填充涂料，样品 C 为 ATO@ 粉煤灰抗静电粉体填充涂料，其填充量为 14.5%，不添加膨胀石墨。样品 D 为 ATO@ 粉煤灰抗静电粉体填充涂料，其填充量为 10%，膨胀石墨填充量为 4.5%。样品 C 体积电阻率为 $7.9×10^6$ $\Omega \cdot cm$，样品 D 体积电阻率为 $5.4×10^6$ $\Omega \cdot cm$，样品 C 与样品 D 均符合涂料行业标准。样品 C 与样品 A 相比，样品 C 作填料时体积电阻率下降程度较高。样品 D 与样品 C 相比，体积电阻率相近，这说明粉煤灰基抗静电粉体可部分替代膨胀石墨作为抗静电剂。

表 3-24　国内外抗静电涂料指标[42]

国别	标准规范	指标	制定部门
美国	MIL-STD-883B	$\rho_v < 10^8$ $\Omega \cdot m$	美国军用标准
美国	DOD-HDBK-263	10^5 $\Omega \cdot m < \rho_s < 10^9$ $\Omega \cdot m$	美国国防部
中国	GB 6950—2001	10^5 $\Omega \cdot m < \rho_s < 10^9$ $\Omega \cdot m$	石油罐导静电检测规范技术指标静电安全规程国家标准管理组
中国	CNCIA-HG/T0001-2006	10^5 $\Omega \cdot m < \rho_s < 10^9$ $\Omega \cdot m$	中国涂料协会

表 3-25　抗静电粉体填充制备涂料

样品	C	D
抗静电粉体/%	14.5	10
环氧树脂/%	15	15
纯丙乳液/%	15	15
APP/%	22	22
PER/%	6	6
MEL/%	12	12
去离子水及助剂/%	12.5	12.5
膨胀石墨/%	0	4.5
氯化石蜡/%	3	3
体积电阻率/$\Omega \cdot cm^{-1}$	7.9×10^6	5.4×10^6

参 考 文 献

[1] LIU W, WANG Y, GE M, et al. One-dimensional light-colored conductive antimony-doped tin oxide@ TiO_2 whiskers: Synthesis and applications [J]. Journal of Materials Science-Materials in Electronics, 2017, 29 (1): 619-627.

[2] 霍小平. 复合导电高分子材料的改性及应用研究进展 [J]. 中国胶黏剂, 2016, 25 (6): 57-61.

[3] ZHANG J, ZUO J, JIANG Y, et al. Synthesis and characterization of composite conductive powders prepared by Sb-SnO_2-coated coal gasification fine slag porous microbeads [J]. Powder Technology, 2021, 385: 409-417.

[4] 张榜, 郑占申, 阎培起. 锑掺杂二氧化锡 (ATO) 导电粉体的研究进展 [J]. 中国陶瓷, 2009, 45 (3): 3-6.

[5] 高桂兰, 段学臣. 锑掺杂二氧化锡纳米新型导电材料的制备 [J]. 化工新型材料, 2004 (1): 16-18.

[6] 马涛涛, 何小芳, 许明路, 等. 纳米 ATO 在聚合物改性中的应用研究 [J]. 化工新型材料, 2017, 45 (3): 7-9.

[7] 王海, 黄选明, 朱明诚, 等. 基于高掺量粉煤灰防渗墙的露天矿水资源保护技术 [J]. 煤炭学报, 2020, 45 (3): 1160-1169.

[8] CARREÑO NLV, NUNES MR, RAUBACH CW, et al. SnO_2 nanoparticles functionalized in amorphous silica and glass [J]. Powder Technology, 2009, 195 (2): 91-95.

[9] YANG H, DU C, JIN S, et al. Preparation and characterization of SnO_2 nanoparticles incorporated into talc porous materials (TPM) [J]. Materials Letters, 2007, 61 (17):

3736-3739.

[10] 贺洋，沈红玲，白志强，等．SnO$_2$/硅灰石抗静电材料的制备及性能［J］．硅酸盐学报，2012，40（1）：121-125.

[11] HU Y, ZHANG H, YANG H. Synthesis and electrical property of antimony-doped tin oxide powders with barite matrix［J］. Journal of Alloys and Compounds，2008，453：292-297.

[12] 曹新鑫，霍国洋，王优，等．不同配比粉煤灰/聚丙烯复合材料的性能［J］．机械工程材料，2014，38（4）：35-38.

[13] 王栋．纳米 Sb-SnO$_2$/硅灰石复合粉体的制备及应用研究［D］．太原：太原理工大学，2015.

[14] 党欢，赵晓伟，陈群，等．Sb 掺杂 SnO$_2$（ATO）的制备及表面电荷对粉体导电性影响［J］．功能材料，2012，43（22）：3058-3062.

[15] KUENZEL C, RANJBAR N. Dissolution mechanism of fly ash to quantify the reactive aluminosilicates in geopolymerisation［J］. Resources, Conser-vation and Recycling, 2019, 150：104421.

[16] 王亚男，马坤怡，王佳爽，等．酒石酸辅助均匀沉淀法制备 TiO$_2$/氧化锡锑［J］．中南大学学报（自然科学版），2020，51（3）：600-607.

[17] 张家豪．载锆粉煤灰的制备及其对含氟焦化废水的除氟性能研究［D］．北京：中国矿业大学（北京），2021.

[18] 荆洁颖，李泽，杨志奋，等．SiO$_2$包覆对 Ni$_2$P/Al$_2$O$_3$催化剂结构和萘加氢性能的影响［J］．煤炭学报，2021，46（4）：1088-1098.

[19] 王彩丽．核壳结构无机复合粉体的制备技术及其应用［M］．北京：冶金工业出版社，2021.

[20] WANG C, WANG D, YANG R Q, et al. Preparation and electrical properties of wollastonite coated with antimony-doped tin oxide nanoparticles［J］. Powder Technology, 2018, 342：397-403.

[21] MONTILLA F, MORALLÓN E, DE BATTISTI A, et al. Preparation and characterization of antimony-doped tin dioxide electrodes. 3. XPS and SIMS Characterization［J］. Journal of Physical Chemistry B, 2004, 108（41）：15976-15981.

[22] 王英．掺锑氧化锡导电复合材料的性能研究［D］．天津：天津大学，2014.

[23] 杨建广，唐谟堂，杨声海，等．配合-共沉淀法制备锑掺杂二氧化锡（ATO）粉［J］．中国有色金属学报，2005，15（6）：966-974.

[24] 尹大鹏，朱协彬，汪海涛．ATO 粉体的制备工艺及其导电性能的研究［J］．安徽工程大学学报，2011，26（2）：51-54.

[25] 王彩丽，邢波．粉煤灰的表面改性研究现状与应用前景［J］．中国非金属矿工业导刊，2006（54）：115-118.

[26] SOARESMA F, TATUMI S H, ROCCA R R, et al. Morphological and luminescent properties of H$_2$O nanoparticles synthesized by precipitation method［J］. Journal of Luminescence, 2020, 219：116866.

[27] 魏征，杨冰，赵鸣，等．盐酸沉淀法制备纳米 SiO$_2$/粉煤灰微珠复合颗粒［J］．中国矿

业大学学报，2014，43（3）：472-477.

[28] 王栋，王彩丽，王兆华. 锑掺杂氧化锡-硅灰石复合粉体的制备与表征 [J]. 中国粉体技术，2015，21（1）：61-65.

[29] 任小明，赵辉，朱妍娇，等. 纳米二氧化硅粒子的改性研究 [J]. 湖北大学学报（自然科学版），2016，38（6）：522-526.

[30] 王云，王虹，孙光爱，等 . SnO_2 纳米颗粒的制备及其发光性能 [J]. 材料研究学报，2014，28（6）：420-426.

[31] 戈明亮，曹罗香，杜明艺，等. 氧化锆瓷珠对麦羟硅钠石结晶的影响 [J]. 硅酸盐学报，2018，46（10）：1469-1474.

[32] 王明序，高强，高春霞，等. 六偏磷酸钠对制备 ATO@ TiO_2 导电晶须的影响研究 [J]. 化工新型材料，2019，47（11）：120-124.

[33] HU P，YANG H. Sb-SnO_2 nanoparticles onto kaolinite rods：Assembling process and interfacial investigation [J]. Physics and Chemistry of Minerals，2012，39：339-349.

[34] WU X，CHEN Z，HUANG P. Influences of dehydrating process on properties of ATO nano-powders [J]. Transactions of Nonferrous Metals Society of China，2004，14（6）：1123-1128.

[35] 杨建广，唐谟堂，杨升海，等. 锑掺杂二氧化锡（ATO）导电机理及制备方法研究现状 [J]. 材料导报，2004，18（3）：17-20.

[36] ZHANG G，WEI Y，TAO J. Fabrication and thermal insulating properties of ATO/PVB nanocomposites for energy saving glass [J]. Journal of Wuhan University of Technology（Materials Science），2013，28（5）：384-393.

[37] LI X，QIAN J，XU J，et al. Synthesis characterization and electrical properties of TiO_2 modified with SiO_2 and antimony doped tin oxide [J]. Journal of Materials Science：Materials in Electronics，2018，29（14）：705-715.

[38] 薄占满. 掺 Sb 二氧化锡半导体导电机理的实验探讨 [J]. 无机材料学报，1990，4：324-329.

[39] 杨念，况守英，岳蕴辉. 几种常见无水碳酸盐矿物的红外吸收光谱特征分析 [J]. 矿物岩石，2015，35（4）：37-42.

[40] PHAM T H N，LE T M H，ZHANG X W. Effect of ethylene vinyl axetate（EVA）on the mechanical properties of low-density polyethylene/EVA blends [J]. Applied Mechanics and Materials，2019，4714：223-230.

[41] 刘立新，田海山，郑水林，等. 硅烷/铝酸酯复合改性水菱镁石粉填充 EVA 性能研究 [J]. 硅酸盐通报，2016，35（9）：2950-2955.

[42] 周福根. 关于"钢质石油储罐防腐蚀工程技术规范"浅识 [J]. 上海涂料，2009，47（8）：33-35.

4 SnO_2@粉煤灰抗静电复合粉体的制备及其应用

功能型环氧树脂涂料是以环氧树脂为成膜助剂、固化剂、功能填颜料及其他助剂组成的固态物质[1]，在现实生活中以薄膜的形式在物体表面覆盖形成潜在的功能层，根据实际使用需求，薄膜厚度从纳米到毫米不等。因此添加型涂料是否在实际研究中发挥功能性效用与内部成分组成密切相关，主要有以下两个影响因素。

（1）功能型填料。抗静电涂料中的抗静电性能是由抗静电填料决定的，这类抗静电涂层主要是依靠足够浓度的填料处于互相接触或是较短的距离（≤10 nm）的情况下，通过颗粒间的渗流与隧道效应的协同作用，在涂层中形成连续导电网络，使电子能在涂料内部进行迁移，从而改变成膜物质的绝缘性质[2]。只有添加足够多的填料，分散在环氧树脂内部形成导电网络区域才能发挥抗静电性能。但填料也并不是越多越好，环氧树脂本身黏稠，过多的填料会在环氧物质内造成堆积或沉降，对环氧涂料的机械性能具有负面影响。

（2）填料与成膜物质的相容性。填料和环氧树脂界面性质差异越小，相容性越好，形成涂料越均匀，填料在涂料中发挥的功能化效应越理想。而无机填料与成膜有机物质的界面自由能差异导致相容性不高，通常必须改性才能增强与环氧树脂的相容性。硅烷偶联剂是最广泛使用的改性剂，具有在有机相和无机相之间容易形成 Si—O—Si 或 Si—O—M 键和三维网络结构的优良特性，能够提高两相间的相容性。黄丽等人[3]使用偶联剂 KH-550 和 CH 超分散剂共同对纳米粒子 SiO_2 有机化改性，研究发现改性后粉体可以保留原有特性，当改性纳米粒子用量为 2%时，FT-IR 图谱显示改性后的纳米粒子能够与树脂更加有效地复合，并提出了纳米二氧化硅、偶联剂及环氧树脂间的交联机理。

由于锑具有一定的毒性，长期接触或大量暴露于锑及其化合物可能导致中毒。因此本章采用无毒环保的氧化锡代替锑掺杂氧化锡抗静电材料，以粉煤灰为基体，以氢氧化钠溶液和结晶四氯化锡为原料，探索化学共沉淀法下制备二氧化锡@粉煤灰抗静电粉体的最佳条件。在化学共沉淀法的基础上，以氨水和结晶四氯化锡为原料，探索水热法下制备不同二氧化锡形貌@粉煤灰抗静电粉体的最佳条件，得到不同方法下粉体的最佳体积电阻率；通过 SEM、XPS、XRD、FTIR 手段表征比较水热法和共沉淀法下制备的最佳复合粉体异同点，探究粉体的表面包覆机理和抗静电机理；对制备的最佳粉体使用硅烷偶联剂进行干法改性，采用单因素实验探究了偶联剂用量、改性时间、改性温度对改性粉体活化指数、润湿热、吸油值的影响，确定了改性的最佳条件，得出有机改性机理；将改性完后的粉体作为抗静电填料，填充入环氧树脂中，制备得到环保的添加型抗静电环氧树脂涂料，探究了填料填充量、固化剂用量、水含量、固化时间对涂层抗静电性能及耐候性能的影响。

4.1　实验方法及表征

4.1.1　实验原料

原料粉煤灰由上海格润亚纳米材料有限公司提供，目数大小为 5000 目（0.4 μm），粉煤灰的化学成分见表 4-1，粉煤灰化学成分中主要成分 SiO_2 和 Al_2O_3 的含量（质量分数）分别为 51.85% 和 37.06%，其余氧化物成分占比 11.09%，属于 ASTM C618 的 F 类灰渣，该类灰渣化学成分含量的标准为 $w(SiO_2)+w(Fe_2O_3)+w(Al_2O_3)>50.0\%$，$w(CaO)<18\%$。粉煤灰的矿物组成如图 4-1 所示，粉煤灰外层有 I 型玻璃体结构，为非晶体矿物，粉煤灰内部的主要晶体矿物包括石英、莫来石和少量赤铁矿等晶相。

表 4-1　粉煤灰的化学组成

化学成分	SiO_2	Al_2O_3	CaO	Fe_2O_3	K_2O	TiO_2	MgO	Na_2O	其他
含量/%	51.85	37.06	3.04	2.37	1.36	1.32	1.13	0.69	1.18

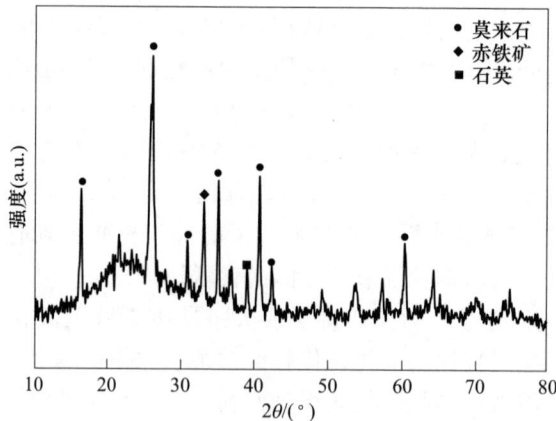

图 4-1　粉煤灰的 XRD 图

4.1.2　实验试剂

本章所用化学试剂及来源见表 4-2，本实验所用仪器见表 4-3。

表 4-2 实验化学试剂及来源

试剂名称	规格	生产厂家
氢氧化钠	分析纯	上海阿拉丁生化科技股份有限公司
结晶四氯化锡	分析纯	上海阿拉丁生化科技股份有限公司
氨水	25%~28%	上海迈瑞尔生化科技有限公司
十二烷基三乙氧基硅烷	分析纯	上海阿拉丁生化科技股份有限公司
环氧乳液	工业级	山东赛德丽漆业集团
固化剂	工业级	山东赛德丽漆业集团
分散剂 5040	工业级	广州润宏化工有限公司
消泡剂	工业级	广州润宏化工有限公司
润湿剂 X-405	工业级	广州润宏化工有限公司
增稠剂	工业级	广州润宏化工有限公司
流平剂	工业级	广州润宏化工有限公司
邻苯二甲酸二丁酯	分析纯	上海阿拉丁生化科技股份有限公司
液体石蜡	分析纯	天津市富宇精细化工有限公司

表 4-3 实验所用仪器

仪器名称	型号	生产厂家
恒温磁力搅拌器	T09-1s	上海司乐仪器有限公司
体积表面电阻测量仪	GEST-121A	北京冠测精电仪器设备有限公司
Zeta 电位仪	JS94H	上海中晨数字技术有限公司
X 射线荧光光谱仪	ARL Perform'X	赛默飞世尔科技有限公司
发射扫描电子显微镜	ZEISS Sigma 300	德国卡尔蔡司公司
X 射线衍射仪	MiniFlex 600	日本 Rigaku 公司
傅里叶变换红外光谱仪	TENSOR 27	德国布鲁克公司
X 射线光电子能谱仪	K-Alpha	赛默飞世尔科技有限公司
微量热仪	C80-Ⅱ	法国 Setaram 公司

4.1.3 实验材料的制备及表征

4.1.3.1 复合粉体制备

本章分别使用化学沉淀法和水热法两种不同液相化学法制备核壳结构复合粉体，两种方法均需要对原料粉煤灰在 700 ℃下进行煅烧 2 h 的预处理，预处理的目的在于通过煅烧的物理手段除去粉煤灰中未燃尽的炭以提高粉体白度和激发粉煤灰活性[4]。

（1）使用化学共沉淀法制备核壳结构复合粉体的实验装置如图 4-2 所示，具体实验步骤如下。

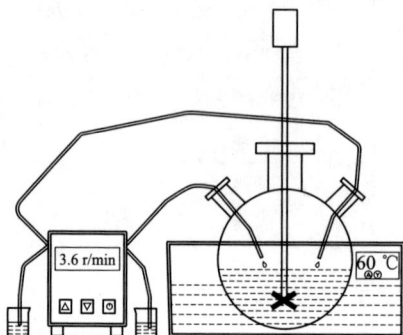

图 4-2　化学共沉淀法制备 SnO$_2$@粉煤灰复合粉体

1）化学溶液配置：前驱体溶液是将适量的 SnCl$_4$·5H$_2$O 在去离子水中搅拌溶解，基于前期笔者课题组内的相关实验[5]，将其浓度配置在 0.4 mol/L，NaOH 溶液浓度配置在 1.6 mol/L。粉煤灰悬浊液是将煅烧后的粉煤灰按照一定固液比加入去离子水形成分散液后转入三颈烧瓶中。

2）水浴条件的控制：当装有粉煤灰溶液的三颈烧瓶在水浴锅中预热到指定温度后，按一定速率同时向三颈烧瓶滴加二氧化锡前驱体溶液和 NaOH 溶液，在此过程中，持续进行水浴加热搅拌至滴加完成，调节 pH 值，继续反应 30 min，自然冷却溶液。

3）溶液冷却过程中出现沉淀，收集沉淀通过多次洗涤除杂、过滤后在鼓风干燥箱中 90 ℃下干燥 6 h，煅烧后得到 SnO$_2$@粉煤灰的淡黄色粉末。

（2）使用水热法制备核壳结构复合粉体的实验装置如图 4-3 所示，具体实验步骤如下。

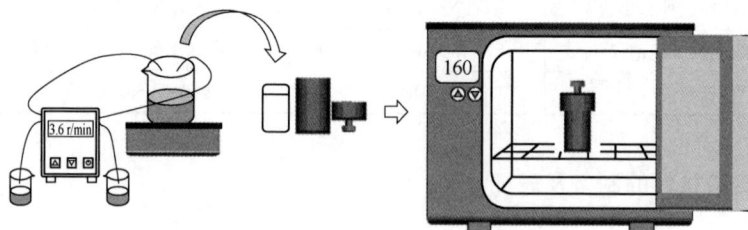

图 4-3　水热法制备 SnO$_2$@粉煤灰复合粉体

1）化学溶液配置：前驱体溶液是将 SnCl$_4$·5H$_2$O 在适量的水中搅拌溶解，粉煤灰悬浊液是将煅烧后的粉煤灰以 1∶1 的固液比加入去离子水形成分散液后转入烧杯中。

2）水热条件的控制：将装有粉煤灰溶液的烧杯放置在磁力搅拌器上，同时向粉煤灰溶液中滴加结晶四氯化锡溶液和氨水溶液（滴加结晶四氯化锡溶液最终形成的二氧化锡理论生成质量为粉煤灰质量的 26%），并在磁力搅拌器上以 680 r/min 高速旋转混合搅拌，待两种溶液滴加完成后，调节 pH = 11，将混合的溶液装入聚四氟乙烯内衬里高压消解罐中，在烘箱中进行一段时间高温水热反应后取出。

3）将取出液体通过多次洗涤除杂、过滤后在鼓风机中 90 ℃下干燥 6 h，得到 SnO$_2$@粉煤灰的淡黄色粉末。

4.1.3.2 复合粉体表征

A 扫描电子显微镜

扫描电子显微镜简称 SEM，用于测定样品包覆前后的形貌分析，为了更清晰地确定表面包覆的二氧化锡形貌，对粉体提前使用喷金处理，本研究使用 ZEISS Sigma 300 电子显微镜，显微镜上配备了 OXFORD Xplore 30 能谱探测仪（EDS）用于表面元素成像分析。

B X 射线衍射仪

X 射线衍射仪简称 XRD，用于测定样品中的晶体矿物物相组成，本实验使用 MiniFlex 600 型衍射仪，此外还可以根据 XRD 图谱中峰强的半高宽计算平均晶粒大小，具体计算公式为 Debye-Scherer 公式[6]，表达式见式（4-1）：

$$D = \frac{k\lambda}{\beta\cos\theta} \qquad (4-1)$$

式中，D 为晶粒尺寸；λ 为 X 射线波长；θ 为衍射角；β 为半高宽；$k = 0.89$。

C 傅里叶变换红外光谱仪

傅里叶变换红外光谱仪简称 FTIR，用于分析样品包覆前后表面官能团变化，本研究采用 TENSOR 27 型红外光谱仪，根据官能团变化结果初步探究包覆机理。

D X 射线光电子能谱仪

X 射线光电子能谱仪简称 XPS，用于进行样品元素结合态分析，本研究使用 Thermo Scientific K-Alpha X 射线光电子能谱仪，根据不同元素结合态的变化说明成键变化从而验证包覆机理。

E 体积电阻率分析

将复合粉体放入中间凹槽为 1 cm×1 cm×10 cm 的长方体不锈钢模块中，测量工具如图 4-4 所示，本研究使用 GEST-121A 体积表面电阻仪对粉体进行电阻测试，测量得到的数据为体积电阻，体积电阻率需通过公式（4-2）进行换算。

$$\rho = \frac{RA}{h} \qquad (4-2)$$

式中，ρ 为复合粉体的体积电阻率，$\Omega \cdot cm$；R 为测量电阻，Ω；h 为模具中样品的厚度，cm；A 为样品的横截面积，cm^2。

图 4-4　粉体抗静电测试模块

4.1.3.3　改性复合粉体制备

由于无机复合粉体与涂料中的有机黏结剂的界面化学性质的差异，两者之间的相容性有待提高，使用十二烷基三乙氧基硅烷（DTES）对复合粉体进行简单、方便的干法改性，改性具体步骤如下。

（1）硅烷偶联剂的预水解：首先将水使用盐酸溶液调节成 pH = 4 的水溶液，向硅烷偶联剂中加入酸性水溶液进行水解，1 g 的硅烷偶联剂加入 0.2 g 水溶液，搅拌静置 6 h 后使用。

（2）干法改性：称取 10 g 烘干后的 SnO_2@ 粉煤灰复合粉体放入烧杯中，在磁力搅拌器中直接水浴加热至指定温度后，按照改性剂用量向烧杯中滴入水解后的改性剂，反应一段时间后得到改性完成的复合粉体。

4.1.3.4　改性复合粉体表征

改性的目的是降低粉体的表面张力，与有机物质能够更好地相容。

（1）活化指数：通过粉体在水面上的漂浮数量将表面张力大小做简略的相对比较，无机复合粉体因其较大的表面张力会直接沉积在水溶液底部。硅烷偶联剂是最常用的一种改性剂，因其一侧会与粉体无机基团结合，而另一侧有机的 CH_2、CH_3 基团面向外部排列，导致改性后的粉体受到更弱的表面张力，疏水性增强，在水表面上漂浮。具体测试方式为称取 1 g 改性粉体倒入装有 100 mL 水溶液的烧杯中，搅拌静置 30 min 后，将溶液上层粉体干燥后称量，所得数值与原粉体质量比值为活化指数。粉体活化指数可由式（4-3）表示：

$$H = \frac{m_0}{m} \times 100\% \tag{4-3}$$

式中，H 为活化指数；m_0 为漂浮在水面上的粉体质量，g；m 为称取样品的质量，g。

（2）润湿热：指的是单位质量粉体被液体润湿后的热量变化，在数值上可以用焓变来表示，计量单位为 J/g，通过吸放热量的大小可以比较样品的亲疏水性强弱，润湿热越小，所对应的粉体疏水性越强。本研究使用 C80 微热量仪，在 50~60 mg 的样品中，用 2 mL 的水作为润湿剂，实验测试完毕，导出实验数据在 5~100 ℃的变化温度下作积分曲线，最终积分结果即为润湿热值。

（3）吸油值检测：吸油值说明溶质颗粒吸收溶剂的能力，特别是当颗粒作为填料填充入有机高聚物中，未改性的无机粉体颗粒间的缝隙较大，涂料中的化学溶剂与粉体相容时会增加对有机乳液的需求，造成乳液浪费。经过有机改性后的粉体会表现出更高的亲油性，更低的表面能和吸油值[7]。获得较小吸油值的改性粉体对后续涂料的用量及性能也具有重要影响。吸油值的测定方法为：称取 2 g 粉体，精确至 0.001 g，将粉体置于干净的大理石板上，将邻苯二甲酸二丁酯滴定液装入带有体积刻度的 A 级酸式滴定管中。测试时，调节滴管阀门缓慢向粉体滴加苯二甲酸二丁酯滴定液，滴定过程中，不停地使用玻璃棒将两者研磨混合，起初粉体会呈现分散状，随着滴定的进行，粉体逐渐被 DTES 润湿成团，当大理石板上所有粉体被 DTES 充分润湿，能全部黏附在玻璃棒上时，到达滴定终点。吸油值单位用每克吸收的滴定液体积表示，按式（4-4）计算：

$$A_0 = \frac{V}{M} \tag{4-4}$$

式中，A_0 为粉体吸油值，mL/g；V 为滴定终点时液体滴加的体积，mL；M 为粉体的质量，g。

（4）FTIR：根据粉体改性前后的官能团变化探究偶联剂对粉末改性的机理。

（5）XRD：根据粉体改性前后的晶型变化探究偶联剂与粉末间的作用机理。

（6）液体石蜡沉降实验：粉体因其表面性质、密度等差异在不同介质中会出现不同的沉降表现。一般来说，粉体的沉降时间长短反映样品在介质中的沉降速度快慢，沉降时间越短，沉降越快，说明粉体在该介质中的分散稳定性越差。为了说明粉体在有机乳液中的分散稳定性，本研究中沉降介质选用液体石蜡，取 2 g 粉体样品，在装有 50 mL 液体石蜡的量筒中倒入样品，充分搅拌后计时进行沉降实验，根据一定时间下的沉降表现来评价粉体改性后的分散效果。

4.1.3.5 抗静电涂料制备

环氧涂料本身并不带有抗静电性能，因其绝缘性，未添加填料的体积电阻率通常在 10^{12} Ω·cm 以上，对抗静电涂料的制备必须考虑填料含量、固化剂比例等因素，具体制备过程为将改性后的复合粉体加入去离子水和 1/3 的消泡剂在磁力搅拌器中 1000 r/min 转速进行高速分散 10 min 后，再加入环氧乳液及其他助剂（剩余的 2/3 消泡剂、润湿剂、分散剂）在搅拌器上以 500 r/min 的转速混合 45 min，再加入流平剂等其他助剂调节搅拌 15 min 制得均匀的水溶性抗静电乳液。抗静电乳液加入固化剂在磁力搅拌器上均匀混合 5 min 后形成可常温固化的抗静电浆料，再将浆料在 100 mm×30 mm 模具中进行刷涂固化，自然风干后最终得到厚度 2 mm±0.1 mm 的薄片。

4.1.3.6　抗静电涂料表征

考察抗静电涂料在不同填料量、不同水含量、不同固化剂含量及不同固化时间下的理化性质，合格的抗静电涂料理化性质均需符合国家规定标准。

（1）电阻率测试：涂料为制成形的 100 mm×30 mm×2 mm 薄片，在两长方形电极之间进行测量，测量工具如图 4-5 所示，测试仪器与测试粉末体积电阻仪器一致，测得的涂料电阻结果用公式（4-2）进行换算得到体积电阻率。

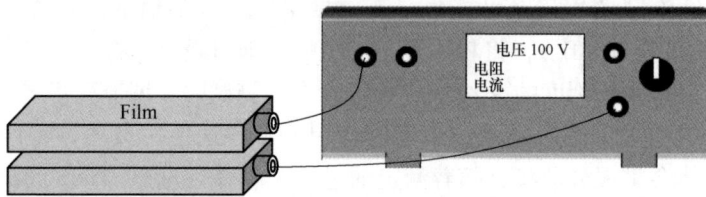

图 4-5　薄膜抗静电测试模块

（2）硬度：参考《色漆和清漆　铅笔法测定漆膜硬度》（GB/T 6739—2022），以用铅笔在涂料上是否刻出划痕为标准，铅笔的硬度等级按照 B、HB、F、H 依次上升，从低到高进行硬度测量，刻出划痕说明低于该硬度，取该硬度的前一个等级为涂料的硬度，涂料的硬度在 F 以上为合格，达到 H 则为优等。

（3）附着力：根据 *Tape Adhesion Test for Paint Finishes*（GMW 14829—2012），将涂料涂在打磨过后的洁净钢板上，采取十字划格法，划格间距 3 mm，每个方向划痕 6 条，使用规定胶带在划格部位粘贴，等待一段时间后，撕下胶带，观察涂料上的剥落面积占总涂料面积的百分比，剥落面积百分比与附着力间的对应等级见表 4-4。

表 4-4　剥落面积百分比与附着力的对应等级

剥落面积百分比/%	0	(0,5]	(5,15]	(15,35]	(35,65]	≥65
等级	0	1	2	3	4	5
是否合格	合格		不合格			

（4）耐候性能测试。

1）耐酸性：参照《色漆和清漆　耐液体介质的测定》（GB/T 9274—1988），用 3% 的盐酸对涂料进行浸泡，一段时间后目测涂料表面变化，浸泡超过 240 h 无异常即为合格。

2）耐碱性：参照《色漆和清漆　耐液体介质的测定》（GB/T 9274—1988），用 5% 的氢氧化钠对涂料进行浸泡，一段时间后目测涂料表面变化，浸泡超过

168 h 无异常即为合格。

3）耐水性：参照《漆膜耐水性测定法》（GB/T 1733—1993），用自来水对涂料进行浸泡，一段时间后目测涂料表面变化。

4.2　粉煤灰表面无机改性

4.2.1　化学共沉淀法

此项研究中，探索了预处理温度、pH 值、固液比、包覆量、滴加速率、水浴温度、煅烧温度、煅烧时间、反应时间、煅烧方式 10 个因素对 SnO_2@粉煤灰复合粉体（TOFA）体积电阻率的影响规律。其中，化学共沉淀法的包覆剂为结晶四氯化锡，碱液为氢氧化钠，结晶 $SnCl_4$ 水溶液的浓度为 0.4 mol/L，氢氧化钠溶液浓度为 1.6 mol/L，整个化学反应过程中，两种溶液均以同样速率向粉煤灰溶液滴加。

4.2.1.1　预处理温度

预处理温度是指在进行化学沉淀反应前对粉煤灰原样进行高温煅烧的温度，预处理温度对 TOFA 体积电阻率的影响如图 4-6 所示。

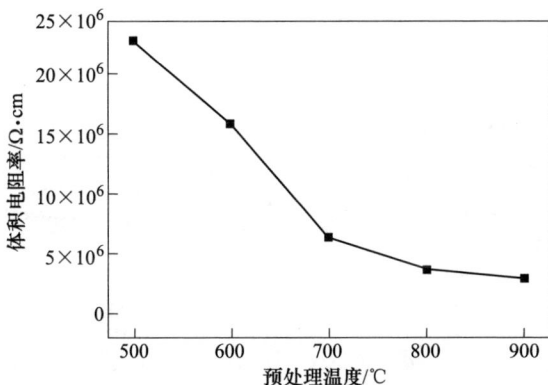

图 4-6　预处理温度对 TOFA 体积电阻率的影响

粉煤灰的预处理目的在于破坏粉煤灰表面存在的玻璃体，激发粉煤灰活性，除去有机物与炭杂质，提高粉煤灰白度。随着预处理温度升高，体积电阻率一直呈现下降趋势，说明高温有利于提高粉煤灰的活性，促使粉煤灰基体与二氧化锡前驱体结合。粉煤灰处理后颜色如图 4-7 所示，未处理的原始粉煤灰为灰色，700 ℃下的粉煤灰为淡黄色，而粉煤灰煅烧温度在 800 ℃后，颜色明显变黄，这是煅烧的粉煤灰中的无定形部分被破坏，生成莫来石晶相和赤铁矿晶相，且较高的温度煅烧需要大量热能，不利于节能生产。因此最终选择 700 ℃作为预处理温度。

(a)　　　　　　　　　　　(b)　　　　　　　　　　　(c)

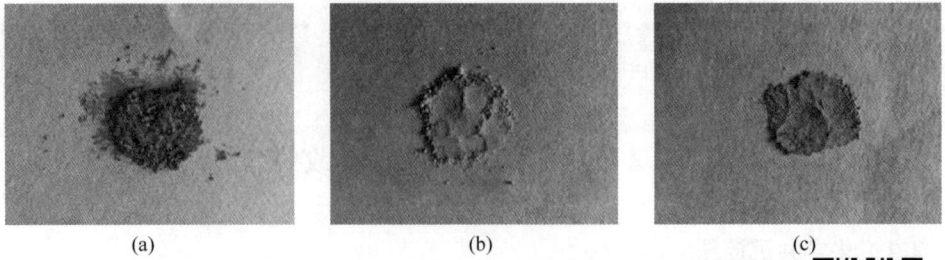

图 4-7　未处理、700 ℃及 800 ℃煅烧温度下粉煤灰颜色
（a）未处理；（b）700 ℃；（c）800 ℃

彩图

4.2.1.2　固液比

图 4-8 为固液比对 TOFA 体积电阻率的影响。从图 4-8 中可知，当固液比在 1∶8 时，复合粉体体积电阻率达到最低值。当固液比较高时，粉煤灰的水溶液浓度较高，粉煤灰分散性不够，阻碍二氧化锡前驱体分散在粉煤灰表面；而在低固液比中，粉煤灰在溶液中表现出良好的分散性，在粉煤灰表面的二氧化锡前驱体沉积得比较均匀，即使伴随着固液比的降低，体积电阻率的变化幅度也不明显。

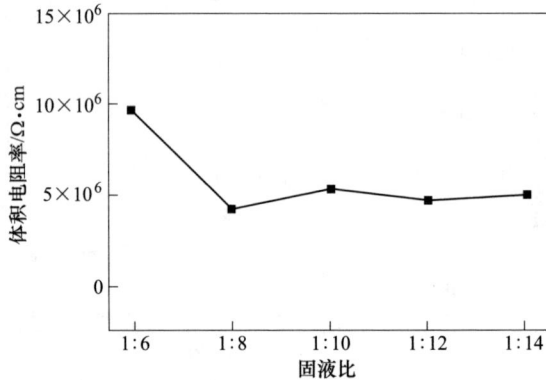

图 4-8　固液比对 TOFA 体积电阻率的影响

4.2.1.3　包覆量

图 4-9 反映了包覆量对 TOFA 体积电阻率的影响。由图 4-9 可知，复合粉体体积电阻率随包覆量的增加先降低后上升，当包覆量在 26%时达到最低点。较高浓度的 SnO_2 会促进 SnO_2 在粉煤灰表面形核的成熟和晶粒的生长[8]。此外，随着 SnO_2 含量不断升高，SnO_2 颗粒逐渐在粉煤灰基体表面排列紧密，形成导电通路变密，导电载流子浓度和迁移率增加[9]，电阻率显著降低。当包覆量过大时，Sn^{4+}

浓度过高，生成较多的纳米颗粒，较强的短程吸引力使这些颗粒连接在一起，在矿物表面外自行形成团聚大颗粒，此时在粉煤灰表面沉积所需的成核堆动力增大，阻碍了粉煤灰表面的成核反应[10]。

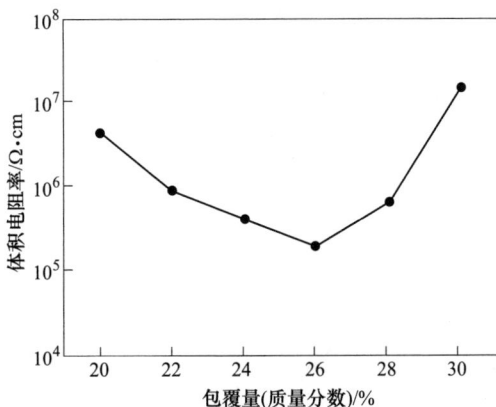

图 4-9 包覆量对 TOFA 体积电阻率的影响

4.2.1.4 滴加速率

图 4-10 为滴加速率对 TOFA 体积电阻率的影响。在化学共沉淀法中，控制水解反应对复合粉体合成至关重要，其直接影响纳米粒子沉积在粉煤灰上的成核效果，主要体现在水解速率会改变纳米 SnO_2 颗粒粒径大小和位置分布。通过改变结晶 $SnCl_4 \cdot 5H_2O$ 和 NaOH 滴入粉煤灰溶液中速度可以控制溶液中的水解速率，从图 4-10 可以看出，当滴加速率在 $0.5 \sim 1.5$ mL/min 时，复合粉体体积电阻率趋势呈现平缓状态，变化较小。当滴加速率超过 1.5 mL/min 时，复合粉体体积电阻率迅速升高，这时水解速度过快，溶液中的 Sn^{4+} 迅速形成氢氧化合物，煅烧后的 SnO_2 颗粒粒径较大并大量团聚，最终在粉煤灰基体表面不能形成均匀完全包覆。

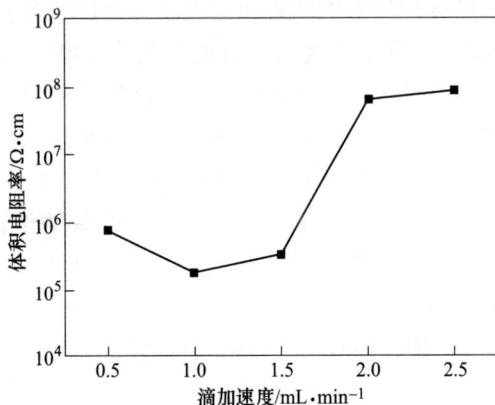

图 4-10 滴加速率对 TOFA 体积电阻率的影响

4.2.1.5 水浴温度

图 4-11 为水浴温度对 TOFA 体积电阻率的影响。由图 4-11 可知，随水浴温度的变化，复合粉体体积电阻率先降低后升高，在 60 ℃下达到最低值，水解反应是吸热反应，较低的反应温度下，水解程度不完全，且低温下的锡离子在粉煤灰水溶液中的扩散速率较慢，降低了二氧化锡前驱体与粉煤灰表面活性物质的碰撞概率。当水浴温度过高时，水解反应剧烈，产物聚集体快速形成，不利于沉积。

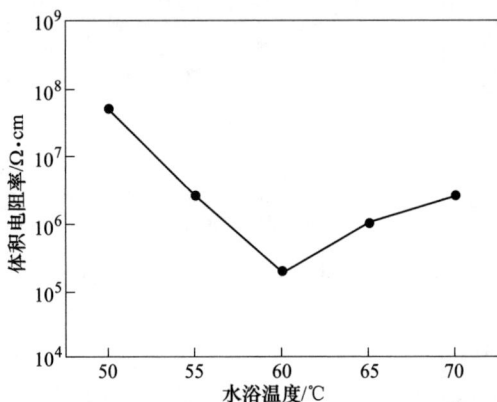

图 4-11　水浴温度对 TOFA 体积电阻率的影响

4.2.1.6 pH 值

图 4-12 为 pH 值对 TOFA 体积电阻率的影响。由图 4-12 可知，pH 值对复合粉体体积电阻率的影响曲线变化趋势呈 W 形，在 pH=4 和 pH=12 的条件下均出现极低值。当 pH 值小于 4 时，溶液中的酸性较强，抑制锡离子的水解过程，水解产物形成不足，最终较少的 SnO₂ 仅提供少量的自由电子和氧空位。当 pH 值大于 12，碱性过强，会破坏已经生成的表面沉积层，过量的 NaOH 还会腐蚀粉煤灰外层玻璃体，暴露出内部孔隙，孔隙在传导时作为非导电空穴，对导电性能具有负面影响[11]。在 pH=4 到 pH=12 之间条件的变化需要用到 Zeta 电位图来解释，图 4-13 为经过 700 ℃高温煅烧后的粉煤灰和氧化锡前驱体的 Zeta 电位值随 pH 值改变的变化趋势图。图中曲线 1、曲线 2 分别对应煅烧粉煤灰和二氧化锡前驱体样品，Zeta 电位的绝对值与分散性呈正相关[12]。从图 4-13 中看出，在 pH=4 时，二氧化锡前驱体的 Zeta 电位值为 −1.414 mV，为负值，煅烧粉煤灰的 Zeta 电位值为 2.335 mV，为正值。两种物质的表面电位相反，静电吸引力将两种物质结合到一起，但两种物质电位绝对值较低，在液体中颗粒分散性较差，会形成明显的团聚。当 pH 值大于 4.3 时，两种物质呈现负电性，物质之间的静电斥力不利于结合，让两者物质结合的是比静电斥力更强的化学键力[13]。此时的粉煤灰作为

核物质，Zeta 电位绝对值越高，稳定性和分散性越好，小颗粒二氧化锡才越容易黏附在单个粉煤灰球体表面，均匀地将粉煤灰包覆完全，所以在 pH = 12 时也呈现低体积电阻率。

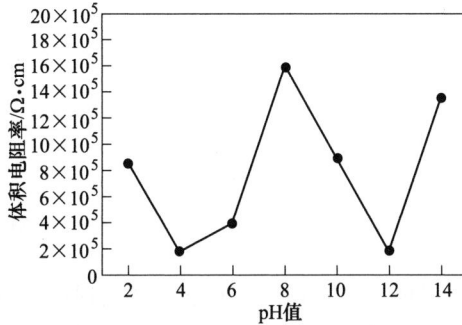

图 4-12 pH 值对 TOFA 体积电阻率的影响

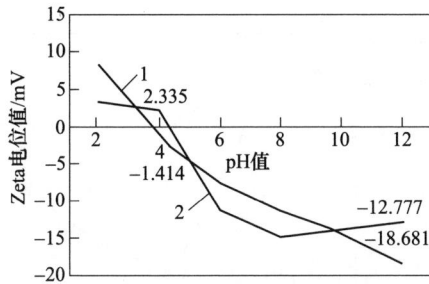

图 4-13 二氧化锡前驱体和煅烧粉煤灰的 Zeta 电位
1—煅烧粉煤灰；2—二氧化锡前驱体

4.2.1.7 煅烧温度

图 4-14 为煅烧温度对 TOFA 体积电阻率的影响。由图 4-14 可知，当煅烧温度在 500~700 ℃ 的范围内时，随煅烧温度的升高，SnO_2 的结晶度增加[14]，结晶化的 SnO_2 会产生更多的自由电子，体积电阻率降低。当煅烧温度超过 700 ℃，由于高温的影响，二氧化锡快速生长，生长过程伴随表面扩散和晶界位移[15]，粉煤灰和 SnO_2 具有不同的热膨胀速率[16]，部分 SnO_2 脱离粉煤灰核体，导电通路被破坏，导致体积电阻率急剧上升，而在 900 ℃，出现轻微下降可能是因为纳米颗粒粒径急剧增大[16]，晶体结构完整且缺陷对载流子的散射作用减弱有关[17]。

4.2.1.8 煅烧时间

图 4-15 为煅烧时间对 TOFA 体积电阻率的影响。由图 4-15 可知，随煅烧时间增加，TOFA 体积电阻率先降低后增加，取时间 2 h 为最佳值，此时体积电阻

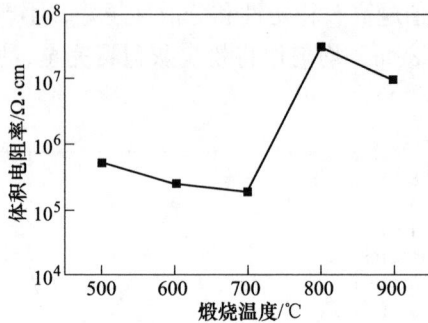

图 4-14　煅烧温度对 TOFA 体积电阻率的影响

率为 $1.82×10^5 \ \Omega \cdot cm$。煅烧时间过短，部分二氧化锡前驱体没有充分转变为氧化锡，未在粉煤灰表面形成晶体致密包覆，载流子浓度较低，而煅烧时间过长，二氧化锡晶粒在生长过程中可能出现二次长大或异常结晶[18]，这对完整的导电通路具有负面影响。

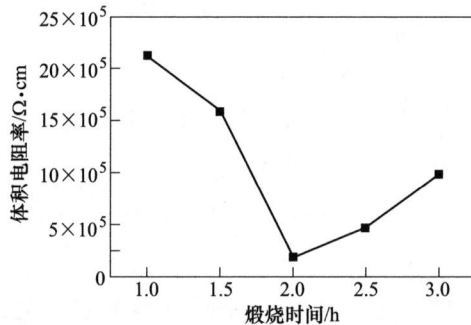

图 4-15　煅烧时间对 TOFA 体积电阻率的影响

4.2.1.9　反应时间

图 4-16 为反应时间对 TOFA 体积电阻率的影响。由图 4-16 可知，在滴加完氢氧化钠和二氧化锡前驱体溶液后直接进行下一个实验步骤，体积电阻率较高可能是因为没有充分反应，而在 15~60 min，反应一段时间后的体积电阻率一直稳定在 $10^5 \ \Omega \cdot cm$ 以内，说明二氧化锡包覆在粉煤灰表面的这种复合粉体的抗静电性能相对稳定，最终选择在滴定完毕后进行 30 min 的反应时间粉体体积电阻率最低。

4.2.1.10　煅烧方式对 TOFA 的影响

在前述单因素实验中，在化学沉淀法的前后都进行了煅烧流程，为探究煅烧方式对 TOFA 的抗静电性能的影响效果，做了以下实验：

（1）A 方法：粉煤灰原矿+包覆+煅烧；

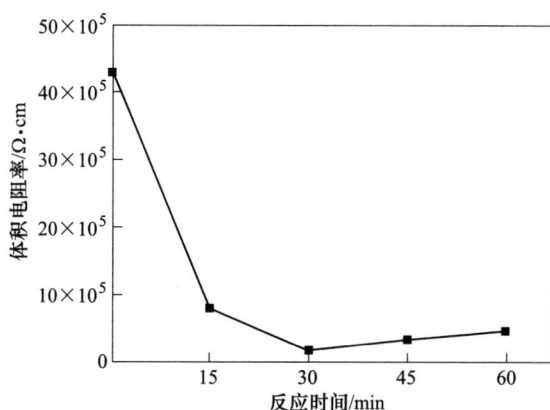

图 4-16 反应时间对 TOFA 体积电阻率的影响

（2）B 方法：煅烧粉煤灰+包覆+煅烧；

（3）C 方法：煅烧粉煤灰+包覆。

A 方法采用未经过处理的粉煤灰原矿，在 pH＝12，滴加速率 1 mL/min，水浴温度 60 ℃，固液比 1∶8，包覆量 26%、水浴时间 30 min 的条件下，使用化学共沉淀法包覆，然后 700 ℃下高温煅烧 2 h，测量得到样品 1 的体积电阻率。

B 方法采用预先在 700 ℃下煅烧 2 h 的粉煤灰，在 pH＝12，滴加速率 1 mL/min，水浴温度 60 ℃，固液比 1∶8，包覆量 26%、水浴时间 30 min 的条件下，使用化学共沉淀法包覆，然后 700 ℃下煅烧 2 h，测量得到样品 2 的体积电阻率。

C 方法采用预先在 700 ℃下煅烧 2 h 的粉煤灰，在 pH＝12，滴加速率 1 mL/min，水浴温度 60 ℃，固液比 1∶8，包覆量 26%、水浴时间 30 min 的条件下，使用化学共沉淀法包覆，不进行煅烧，测量得到样品 3 的体积电阻率。

A、B、C 三种煅烧方式下测得的最终复合粉体的体积电阻率见表 4-5。

表 4-5　A、B、C 三种煅烧方式下测得的最终复合粉体的体积电阻率

煅烧方式	体积电阻率/$\Omega \cdot cm$
粉煤灰	7.32×10^9
煅烧粉煤灰	5.66×10^9
样品 1	6.43×10^7
样品 2	1.82×10^5
样品 3	7.69×10^7

由表 4-5 可知，原始粉煤灰最初体积电阻率为 7.32×10^9 $\Omega \cdot cm$，粉煤灰经过

煅烧后的体积电阻率为 $5.66×10^9\ \Omega\cdot cm$，煅烧过程对粉煤灰体积电阻率的影响不大，但沉淀反应前后都进行煅烧的复合粉体（样品2）的效果却最好，对比粉体样品1和样品3认为有以下原因：（1）在水浴加热前不进行煅烧，直接将原始粉煤灰作为载体，本身的活性没有完全激发；（2）在水浴加热后不进行煅烧，仅仅在水浴加热条件下，粉煤灰表面难形成具有导电性的二氧化锡，形成的是锡的氢氧化合物，但其并不具备较强的导电性能[19]，在高温煅烧后脱水才会形成导电的氧化物。

4.2.2 水热法

用化学共沉淀法未能探索氧化锡形貌对复合粉体的体积电阻率的影响规律，前人提出，水热反应中，氨水不仅仅是作为反应溶剂，铵盐在无机化合物形成过程中还具有模板作用[20]，这种模板作用可以制备所需形貌晶体。本节使用水热法，通过改变反应条件因素，在粉煤灰基体上形成纳米氧化锡时进行形貌结构控制，进而改变抗静电性能。在水热法中将化学共沉淀法的碱液 NaOH 调整为氨水，其余原料成分不变。

4.2.2.1 水热温度

图 4-17 为水热温度对 TOFA 体积电阻率的影响。从图 4-17 中可以看出，在 160 ℃的水热温度下制备的复合粉体（TOFA）体积电阻率最低，而后随温度升高，体积电阻率先上升再下降，在 200 ℃时达到最高点，而 220 ℃又下降，这种体积电阻率不规律变化趋势可能是形貌产生的影响。对水热温度在 160 ℃、200 ℃、220 ℃的复合粉体分别进行了 SEM 表征分析，结果如图 4-18 所示。由图 4-18 可知，在 160 ℃下，二氧化锡呈现颗粒状排列，在粉煤灰表面呈现致密包覆；在 200 ℃下，氨水发挥了其模板作用使二氧化锡呈现棒状排列；而在 220 ℃下，可能是高温让 NH_4^+ 挥发，使 NH_4^+ 作用弱化[21]，粉体的形貌发生了改

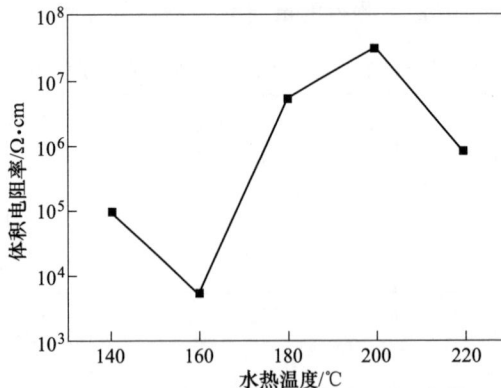

图 4-17　水热温度对 TOFA 体积电阻率的影响

变，形成的是大小不均的短棒状和块状的聚集体。由图 4-17 的水热温度对体积电阻率的影响趋势可以发现，160 ℃（$5×10^3$ Ω·cm）和 220 ℃（$6.42×10^5$ Ω·cm）相对于 200 ℃（$3.28×10^7$ Ω·cm）具有较低的体积电阻率，它们的共同点在于粉煤灰表面形成了完整的包覆形式，为二氧化锡提供了良好的导电通路。在 160 ℃ 下二氧化锡晶体以纳米颗粒状排列紧密，比聚集体更好发挥氧空位效应。而在 200 ℃ 的情况下，粉煤灰表面具有杂乱排列的棒状二氧化锡，导电通路被切断，不能形成完整的网络结构，对电阻率具有负面作用。

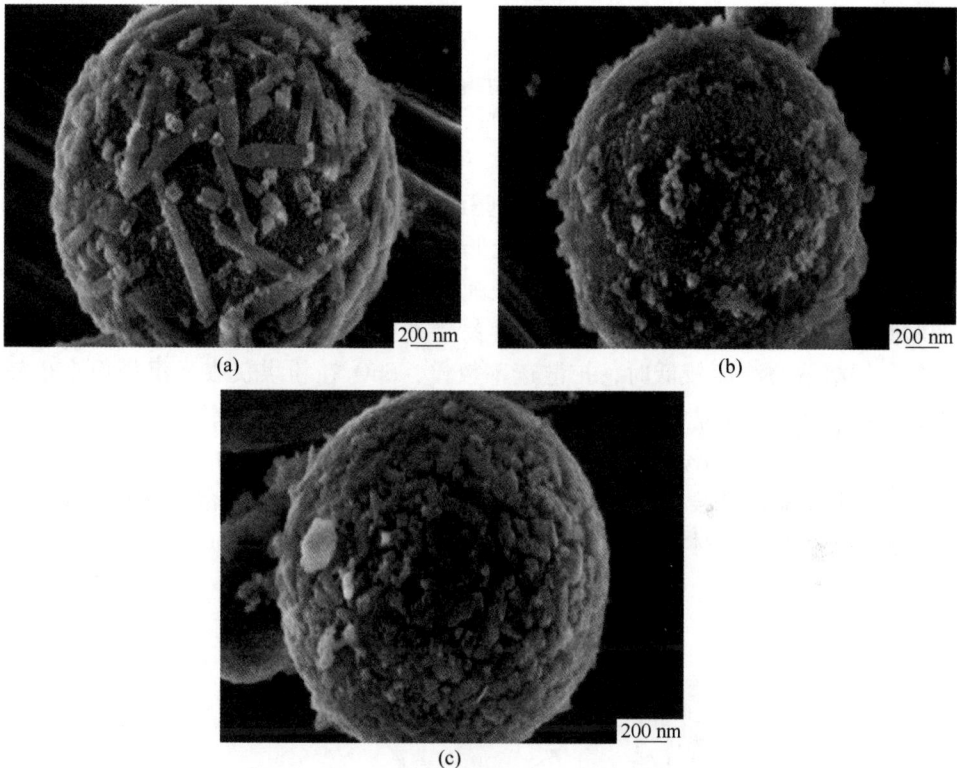

图 4-18　不同水热温度下 TOFA 的 SEM 图
(a) 160 ℃；(b) 200 ℃；(c) 220 ℃

4.2.2.2　水热时间

图 4-19 为水热时间对 TOFA 体积电阻率的影响。由图 4-19 可知，复合粉体的体积电阻率随时间的变化先降低后升高再趋向于稳定，在水热反应过程中，晶粒随时间的变化不停进行溶解-沉积过程，影响粒径的尺寸大小，在一定的时间内，晶粒的尺寸可以表现为时间的函数，时间过于短暂，形成的晶粒较小或不稳定；而时间过长，晶粒会形成聚集[22]，可能有部分大晶粒脱离粉煤灰的表面。

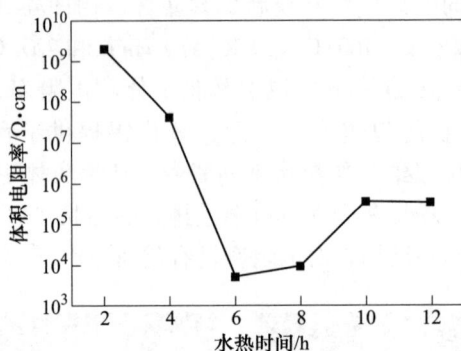

图 4-19　水热时间对 TOFA 体积电阻率的影响

4.2.2.3　溶液浓度

图 4-20 为溶液浓度对 TOFA 体积电阻率的影响。由图 4-20 可知，复合粉体的体积电阻率在浓度为 1 mol/L 达到最低值，此时体积电阻率为 5×10^3 $\Omega \cdot$ cm。溶液浓度的影响主要体现在成核和生长速率[22]。第一步成核过程通常会在较短的时间内形成，第二步生长的过程则容易受到扩散、沉淀及团聚的影响[23]。当四氯化锡溶液的浓度较低时，扩散速率较慢，SnO_2 在粉煤灰表面沉积速率也较慢，在粉煤灰表面可能不完全结晶或结晶较小，而当 Sn^{4+} 浓度较高时，部分原子核可能直接在溶液中形成，游离于粉煤灰表面，导致复合粉体的体积电阻率快速上升，保持合适的浓度可能更有利于在粉煤灰表面形成良好包覆，进而形成具有良好的抗静电性能粉体，选择包覆剂四氯化锡浓度为 1 mol/L。

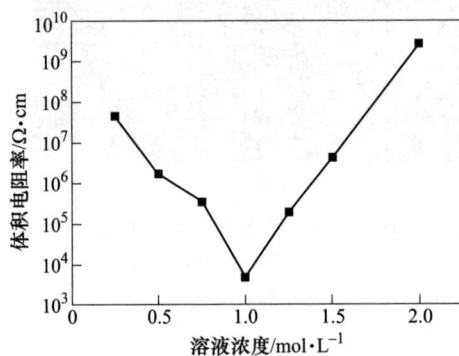

图 4-20　四氯化锡浓度对 TOFA 体积电阻率的影响

4.2.3　化学共沉淀法和水热法复合粉体表征

为了方便区分两种方法制备的复合粉体（TOFA），将化学共沉淀法和水热法粉体分别标记为 TOFA 1 和 TOFA 2。

4.2.3.1　SEM 分析

图 4-21 是粉煤灰及复合粉体的 SEM 图，图 4-21（a）和（b）分别为未经处理和 700 ℃下煅烧 2 h 的粉煤灰，从图中可以看出未煅烧粉煤灰表面有很多小突起的球形颗粒，这些小突起主要是粉煤灰中的碳杂质，煅烧后粉煤灰呈现出清晰可见的圆形轮廓，小突起消失，表面开始出现裸露的棒状的莫来石晶体。图 4-21（c）和（d）分别为化学共沉淀法在 pH=4 和 pH=12 时在煅烧粉煤灰的基础上包覆质量分数为 26% 的二氧化锡，TOFA 1 整体球形规则度变化不大，在 pH=4 的条件下，二氧化锡出现明显团聚，粉煤灰表面出现少量裸露地带，颗粒平均直径从原粉煤灰的 1.97 μm 扩大到了 2.06 μm。在 pH=12 的条件下，粉煤灰表面则被大量二氧化锡颗粒覆盖完全，颗粒分布均匀，没有出现团聚现象，两个样品的 SEM 图谱表征均与前述的 Zeta 电位结果一致。图 4-21（e）为水热法最佳条件下的 TOFA 2，在水热法的碱性条件下，粉煤灰表面也分布着均匀的纳米二氧化锡颗粒，二氧化锡的分散性良好。

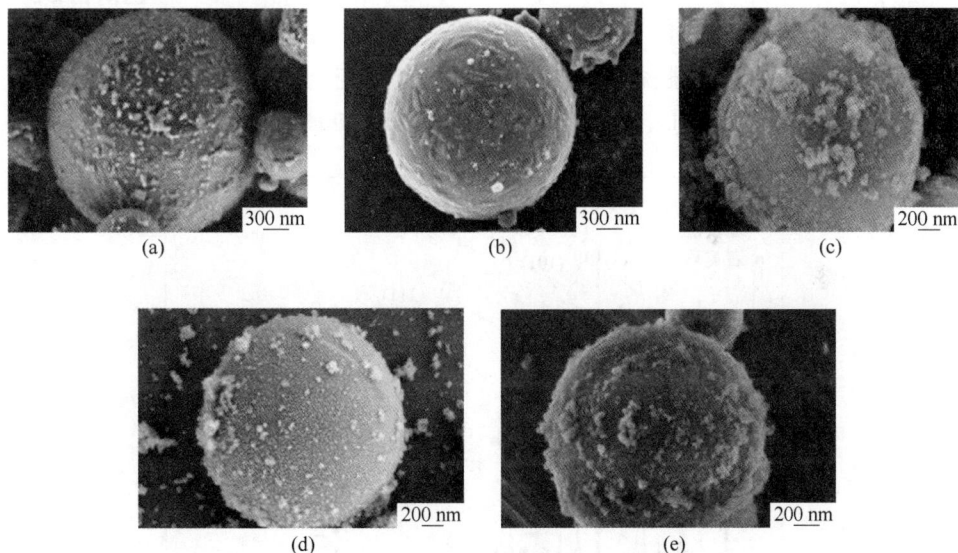

图 4-21　粉体及复合粉体的 SEM 图
（a）粉煤灰；（b）煅烧粉煤灰；（c）pH=4 条件下的 TOFA 1；
（d）pH=12 条件下的 TOFA 1；（e）pH=12 条件下的 TOFA 2

使用 EDS 面扫对化学共沉淀法（pH=12）和水热法最佳条件下制备的复合粉体进行元素成分含量分析如图 4-22 所示，两种方法制备的复合粉体除粉煤灰本身含有的 O、Si、Al、Ca 的存在外，都清晰显示了 Sn 元素在样品表面的显色，其中，化学共沉淀法的 O 占 46.03%、Al 占 13.71%、Si 占 22.44%、Ca 占

2.15%、Sn 占 15.67%。水热法的 O 占 39.64%、Al 占 8.93%、Si 占 42.02%、Ca 占 1.12%、Sn 占 8.29%。

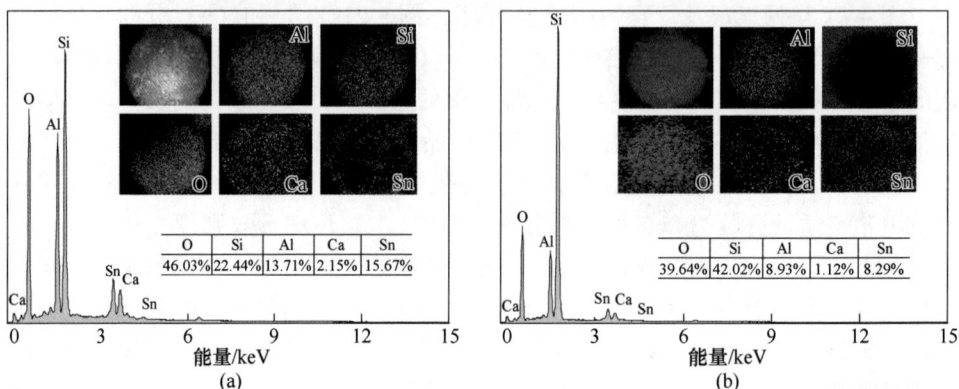

图 4-22　粉体表面的 EDS 图
(a) TOFA 1；(b) TOFA 2

彩图

4.2.3.2　XRD 分析

使用 X 射线衍射仪器探明包覆前后的物相组成变化，将两种方法制备的最佳样品与原粉煤灰进行表征，最终分别得到 XRD 图谱如图 4-23 所示。

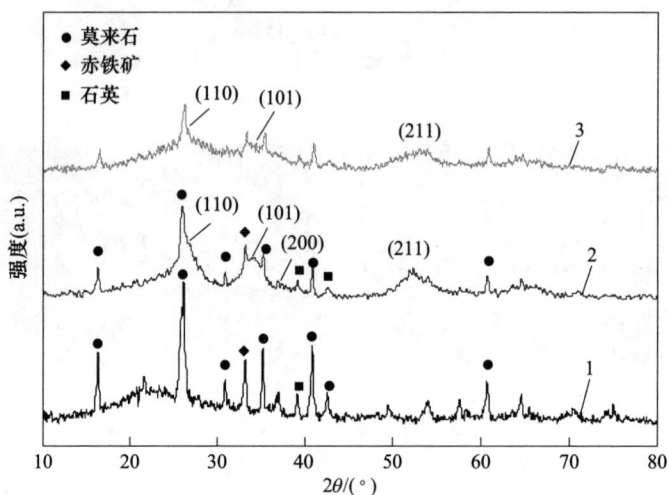

图 4-23　粉煤灰、TOFA 1 及 TOFA 2 的 XRD 图
1—粉煤灰；2—TOFA 1；3—TOFA 2

从图 4-23 中可知，两种方法制备的复合粉体中出现的典型的莫来石、石英晶相，以及少量的赤铁矿晶相，这些峰位均与原粉煤灰峰位一致，其他衍射峰与

锡石标准卡片号 41-1445 的峰位相对应。二氧化锡的 XRD 晶面峰出现在 $2\theta =$ 26.7°、33.7°、37.8°和51.8°附近，分别归因于二氧化锡的（110）、（101）、（200）和（211）晶面。这些衍射峰的位置说明生成的 SnO_2 晶体为四方金红石结构，它的特征是在（110）晶面处具有最低表面能，在该峰位反应最强烈，在（101）、（211）、（200）晶面峰位强度依次减弱[24]，使用 Debye-Scherer 公式计算化学共沉淀法和水热法制备的复合粉体表面二氧化锡平均颗粒大小为 3.78 nm 和 4.45 nm。

4.2.3.3　FTIR 分析

图 4-24 是 TOFA 1、TOFA 2 与原粉煤灰的 FT-IR 图谱，曲线 1 是粉煤灰的 FTIR 图谱，粉煤灰中 3016 ~ 3408 cm^{-1} 处宽带和 1618.20 cm^{-1} 峰分别是粉煤灰表面吸附水造成的羟基拉伸振动和弯曲振动[25]。波数 1099.37 cm^{-1} 和 563.19 cm^{-1} 处是 Si—O—Si 基团的伸缩振动和弯曲振动所产生的。曲线 2、曲线 3 分别是化学沉淀法 TOFA 1 粉体和水热法 TOFA 2 粉体的 FTIR 图，在化学沉淀法中，599.83 cm^{-1} 处峰是 Sn—O—Sn 拉伸振动，标志着 SnO_2 结晶相的形成[26]，Sn—O—Sn 键振动峰强较弱是因为 SnO_2 在复合粉体中作为外包覆物质，相比粉煤灰，SnO_2 对红外吸收光谱吸收较少。在水热法和化学共沉淀法的样品中，羟基峰出现明显宽化，这是新生成的二氧化锡表面存在羟基造成的，相比化学共沉淀法，水热法中的归属于粉煤灰羟基宽峰段强度减少更明显，可能是与氧化锡之间发生更多化学键价反应有关。此外，两种方法制备出复合粉体的 Si—O—Si 基团伸缩和弯曲两个振动峰强度均明显减弱，可认为粉煤灰在进行整个反应过程中，Si—O—Si 基团发生以下变化：Si—O—Si 键先在水溶液中电离生成（Si—O）$^-$ 和 Si$^+$，电离产物再与水溶液中 H$^+$、OH$^-$ 结合成 Si—OH。此时的硅羟基会出现两种反应，一部分硅羟基会电离成（Si—O）$^-$，呈现负电性，吸引溶液中的正价 Sn 离子。另一部分 Si—OH 会与锡盐溶液的水解物质 Sn—OH 发生缩合形成 Si—O—Sn 键[16]，有利于 SnO_2 沉积在粉煤灰表面。曲线 2、曲线 3 与曲线 1 相比，在 727.12 cm^{-1} 处出现一条新峰，说明二氧化锡 Sn—O 新键的加入影响 Si—O 键，粉煤灰中的无定形 SiO_2 和 SnO_2 之间发生了相互作用[27]，在水热法最佳条件下的 727.12 cm^{-1} 处峰强明显比化学共沉淀最佳条件下（pH = 12）高，认为在水热法条件下，化学键力的影响作用更强，粉煤灰与二氧化锡间的结合作用更倾向化学键力。

4.2.3.4　XPS 分析

为了进一步确定两种方法中粉煤灰与二氧化锡颗粒相互作用的方式，对粉煤灰包覆前后粉体的元素变化进行了 XPS 分析，如图 4-25 所示，从图 4-25（a）的 XPS 全谱中可见，粉煤灰中有 O 1s、Si 2p、Al 2p 和用于校准的 C 1s 峰，两种方法制备的 TOFA 粉体除均含有粉煤灰的元素峰外，还出现了新峰，即 Sn 3d 峰。

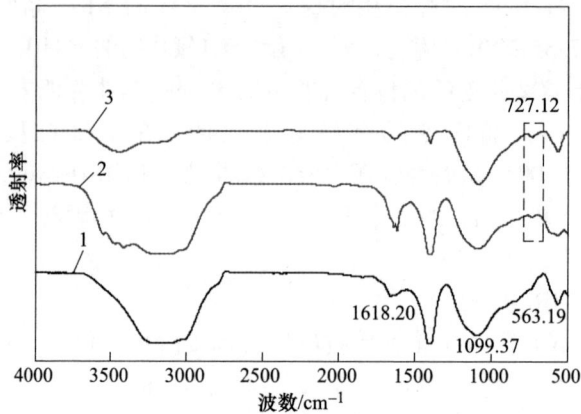

图 4-24　粉煤灰、TOFA 1 及 TOFA 2 的 FTIR 图
1—粉煤灰；2—TOFA 1；3—TOFA 2

对 Sn 3d 峰进行数据分析，如图 4-25（b）所示，元素 Sn 出现的是具有代表性的双特征峰，可划分为 Sn $3d_{5/2}$ 和 Sn $3d_{3/2}$，在化学共沉淀法中，Sn 元素的 Sn $3d_{5/2}$ 和 Sn $3d_{3/2}$ 的结合能分别位于 494.78 eV 和 486.38 eV 处，在水热法中，Sn $3d_{5/2}$ 和 Sn $3d_{3/2}$ 的结合能分别位于 495.06 eV 和 486.66 eV，这两种方法形成的锡元素均呈现四价氧化态[28]。将两种方法下共有的 O 1s、Si 2p、Al 2p 结合能与粉煤灰样品进行对比发现，结合能数据分别如图 4-25 中（c）~（e）所示，O、Si、Al 3 种元素结合能在总体上均向低结合能偏移。化学沉淀法中样品氧元素从 531.82 eV 偏移到 530.68 eV，结合能改变了 1.14 eV，水热法氧元素从 531.82 eV 偏移到 531.07 eV，结合能改变了 0.75 eV，这种偏移主要是在粉煤灰上新生成的氧化锡存在影响导致的，再对 O 1s 进行精细分峰拟合发现，两种方法制备的复合粉体中与 Sn 结合的 O 原子均可以分成两个高强度子峰，代表氧的两种不同化学状态。化学沉淀法和水热法分别在 530.16 eV 和 530.61 eV 结合能较低处的 O 元素属于晶格氧，对应上晶体中金红石型结构中的 O^{2-}。化学沉淀法和水热法分别在 531.74 eV 和 531.87 eV 结合能较高处的氧元素则与二氧化锡导电机制中的大量氧空位缺陷的存在有关[29]。此外，还有一条较弱的峰位于更高的结合能处，在化学共沉淀法和水热法中分别在 532.79 eV 和 533.36 eV，这可能是试样测量过程中表面吸附水[30]或羟基氧[31]造成的。对两种方法制备的复合粉体中氧元素中不同氧类型进行面积占比分析，结果见表 4-6，TOFA 1 和 TOFA 2 的氧空位峰面积在总体氧面积占比分别为 0.41 和 0.44，说明水热法制备的复合粉体具有更多的氧空位，体积电阻率更低。对 Si 元素进行分析发现，复合粉体 TOFA 1 和 TOFA 2 中 Si 2p 元素均从 102.63 eV 偏移到 102.13 eV，结合能改变了 0.5 eV，说明 Sn^{4+} 对粉煤灰中的二氧化硅产生了影响，两者间形成 Si—O—Sn 键，而化学

沉淀法的元素 Al 2p 的结合能从 74.13 eV 偏移到 73.87 eV，化学沉淀法结合能改变了 0.26 eV，有可能形成 Al—O—Sn 键[32]。而水热法元素 Al 2p 的结合能从 74.13 eV 偏移到 74.05 eV，结合能仅改变 0.08 eV，没有明显改变，说明水热法制备的复合粉体表面二氧化锡对粉煤灰中氧化铝的影响较低。

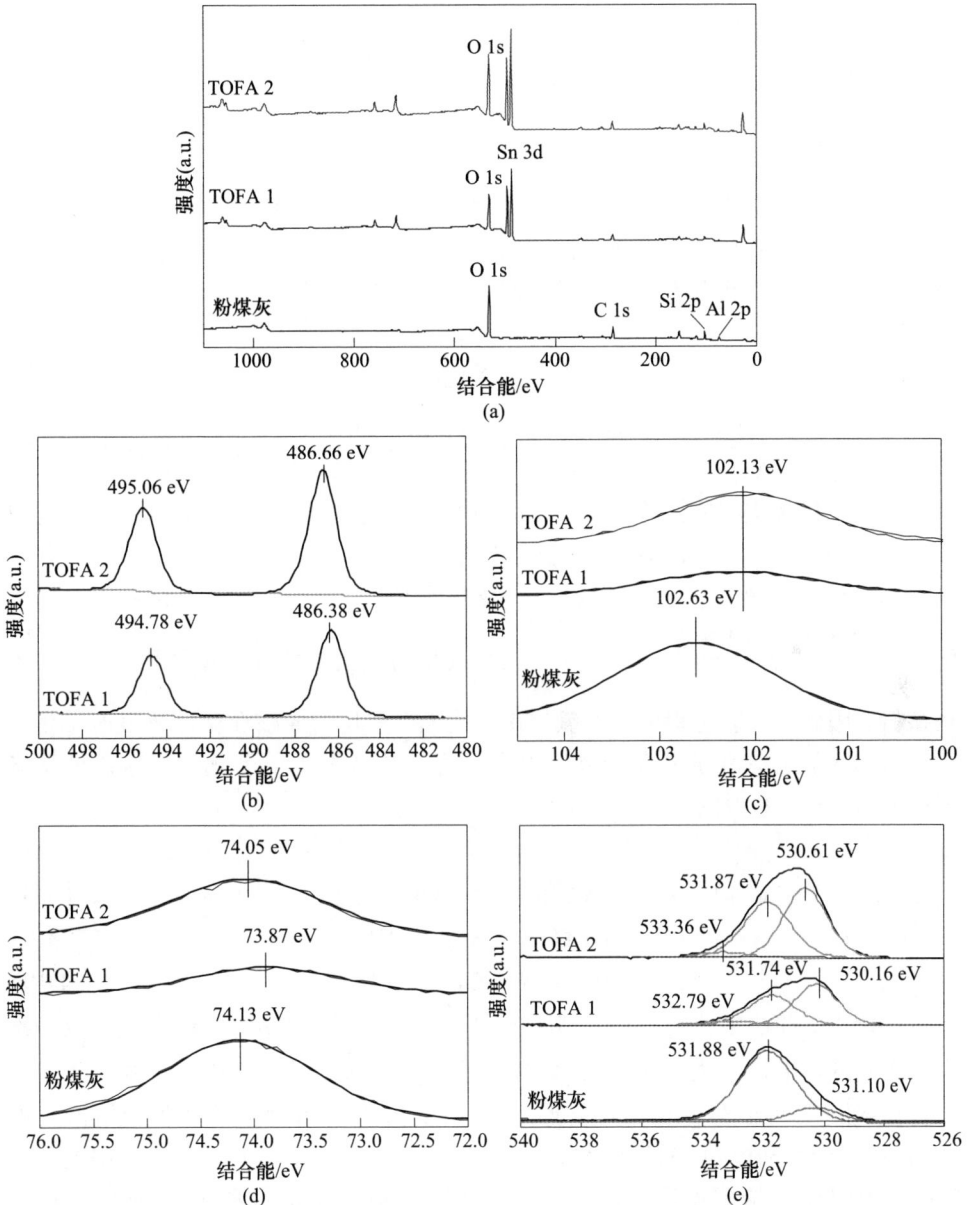

图 4-25 粉煤灰、TOFA 1 及 TOFA 2 的 XPS 图

(a) Sn 3d；(b) Sn 3d；(c) Si 1s；(d) Al 2p；(e) O 1s

表 4-6　氧元素的精细分峰

粉体类型	项目	晶格氧	氧空位	羟基氧或吸附水
TOFA 1	结合能/eV	530.16	531.74	532.79
	面积占比/%	53	41	6
TOFA 2	结合能/eV	530.61	531.87	533.36
	面积占比/%	49	44	7

4.2.4　复合粉体表面包覆机理

无机物质在基体面的表面生长必须形成新相，新相的形成需要跨过成核势垒，基于无机物质在基体表面成长方式的差异，成核势垒可分为均相成核势垒和非均相成核势垒，两者方程表达式分别由式（4-5）和式（4-6）表示。

$$\Delta G_{r*} = \frac{16\pi\gamma_{LS}^3}{3(\Delta g_v)^2} \tag{4-5}$$

$$\Delta G_{h*} = \frac{16\pi\gamma_{LS}^3}{3(\Delta g_v)^2}\left[\frac{(2+\cos\theta)(1-\cos\theta^2)}{4}\right] = \frac{16\pi\gamma_{LS}^3}{3(\Delta g_v)^2}f(\theta) = \Delta G_{r*}\cdot f(\theta) \tag{4-6}$$

式中，ΔG_{r*} 代表均相成核势垒；ΔG_{h*} 代表非均相成核势垒；γ_{LS} 代表新生成相与液面的界面张力；Δg_v 代表体积自由能变化值；θ 代表接触角。

非均相成核势垒值等同于均相成核势垒值与接触角关系式的乘积，其中 $f(\theta) = \frac{(2+\cos\theta)(1-\cos\theta^2)}{4} < 1$，得出的均匀成核势垒值永远大于非均匀成核势垒值。因此在反应过程中，二氧化锡更优先以非均匀成核在粉煤灰表面，化学沉淀法和水热法在制备复合粉体的整个过程中均会发生以下化学反应，见反应式（4-7）~式（4-10）：

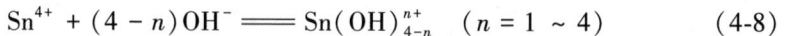

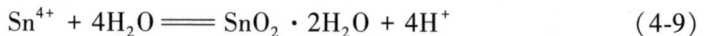

$$OH^- + H^+ = H_2O \tag{4-7}$$

$$Sn^{4+} + (4-n)OH^- = Sn(OH)_{4-n}^{n+} \quad (n = 1 \sim 4) \tag{4-8}$$

$$Sn^{4+} + 4H_2O = SnO_2 \cdot 2H_2O + 4H^+ \tag{4-9}$$

$$SnO_2 \cdot 2H_2O = SnO_2 + 2H_2O \tag{4-10}$$

在化学沉淀法中，当 $SnCl_4 \cdot 5H_2O$ 和 NaOH 溶液同时滴入粉煤灰分散液，粉煤灰表面的负电性会通过静电吸引力吸引溶液中的 Sn^{4+} 和 Na^+。化学共沉淀法中，在水浴搅拌加热阶段，Sn^{4+} 开始水解，此时的 NaOH 不仅作为反应溶液，也充当 pH 调整剂控制整个体系，在最佳条件下生成适量的 $Sn(OH)_{4-n}^{n+}$ 和 $SnO_2 \cdot 2H_2O$，反应式见式（4-8）和式（4-9）。据文献报道和 FTIR 证实，粉煤灰在高温水溶液中会释放出自由羟基，此时沉淀物和粉煤灰同时存在羟基，两者之间的界面能较低，在高温下，粒子碰撞过程中，很容易跨过成核势垒，使得

$Sn(OH)_{4-n}^{n+}$ 非均匀沉积在粉煤灰表面。同时，粉煤灰溶液中的部分羟基会与 $Sn(OH)_{4-n}^{n+}$ 发生键缩聚结合生成 Sn—O—Si 键，让沉淀物质与粉煤灰牢固的结合在一起。经过过滤、洗涤、干燥等流程除去对电阻率有负面影响的杂质 Na^+ 后，粉煤灰表面只剩下 $SnO_2 \cdot 2H_2O$，由于 $SnO_2 \cdot 2H_2O$ 不具有导电性，因此将得到的粉体在马弗炉中进行高温煅烧，最终经过式（4-10）反应过程，得到能导电的 SnO_2 物质作为壳结构生长在粉煤灰基体上的复合粉体，整个反应过程中的包覆机理如图 4-26 所示。

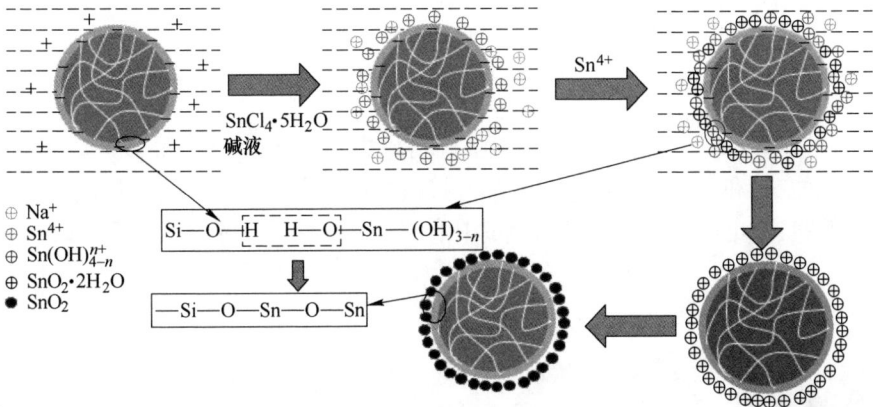

$\oplus$ Na^+
$\oplus$ Sn^{4+}
$\oplus$ $Sn(OH)_{4-n}^{n+}$
$\oplus$ $SnO_2 \cdot 2H_2O$
$\bullet$ SnO_2

图 4-26　TOFA 复合粉体的包覆机理图

水热法的过程与化学共沉淀法的反应方程式一致，水热法在溶液滴定完成时发生式（4-7）和式（4-8）所示反应，式（4-9）和式（4-10）的反应过程均在水热反应釜中直接生成二氧化锡@粉煤灰悬浊液，在水热反应釜过程中伴随着二氧化锡晶体形貌的控制进行，将再经过多次过滤除杂，干燥形成复合粉体。

4.2.5　复合粉体抗静电机理

在内部，优异的 SnO_2 抗静电性能来源于其自身的非化学计量学特性形成的锡间隙和氧空位[33]。

从能带理论分析，能带中包括导带、禁带、价带三种，如果认为 SnO_2 是离子型的，Sn^{4+} 的外层可表示为 $4d^{10}5s^0$，O^{2-} 的外层可表示为 $2s^2 2p^6$，那么此时 Sn^{4+} 的 $5s^0$ 轨道可以被认为是导带，O^{2-} 的 $2p^6$ 可以被认为是价带，SnO_2 能带模型如图 4-27 所示。

图 4-28 是原始状态、存在锡间质、同时存在锡间质和氧空位的二氧化锡晶胞图，图 4-28（b）首先说明了锡原子进入晶体结构间隙部位的过程，这会引起轻微的晶格畸变，并且只需要很低的能量就可以发生。氧空位形成的点缺陷方程

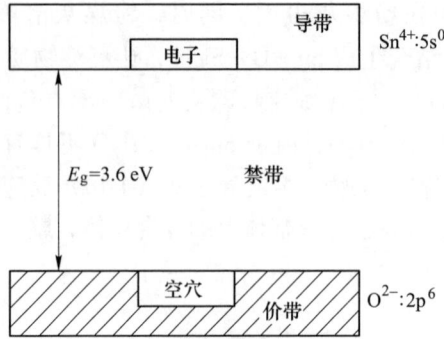

图 4-27　SnO_2能带模型图

见式（4-11）。如果双电离氧空位形成，自由电子将被释放。如图 4-28（c）所示，当氧空位和锡间质合作时，锡间质将在导带中产生供体能级，并且在氧空位上形成的自由电子容易被激发到导带中形成导电载流子，导致电阻率降低。

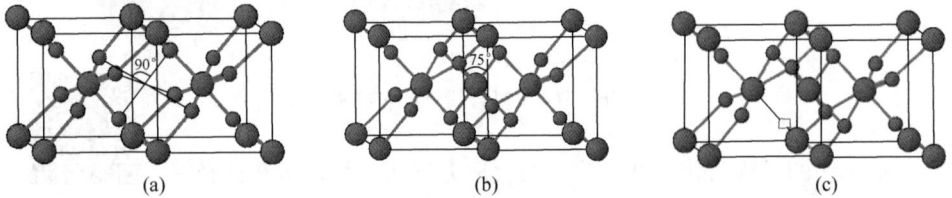

$$O_o = V_o^{\cdot\cdot} + 2e + \frac{1}{2}O_2 \tag{4-11}$$

图 4-28　二氧化锡晶胞图

（a）氧化锡；（b）锡间质存在；（c）氧空位和锡间质

4.3　粉煤灰表面无机-有机复合改性

纳米二氧化锡包覆在粉煤灰的表面有效地提高了二氧化锡的分散性，但其无机粉体的特性，与有机聚合物之间的相容性还没有得到解决，对粉体进行表面改性是解决相容性的手段。干法改性可以克服传统湿法改性中液相中偶联剂使用大的缺点，本章研究通过简单的干法改性手段，将偶联剂十二烷基三乙氧基硅烷（DTES）作用于无机粉体上改变其表面性质，根据润湿热、活化指数、吸油值 3 个指标判断改性时间、偶联剂用量及改性温度对复合粉体改性效果的影响，得到最佳改性条件。使用液体石蜡进行沉降实验说明粉体的分散性和相容性，使用 XRD 和 FTIR 表征说明改性剂 DTES 与 SnO_2@粉煤灰复合粉体（TOFA）间的作用方式，并探明有机偶联剂对无机粉体的改性机理。

4.3.1 有机改性工艺条件

4.3.1.1 改性时间

改性时间与活化指数、吸油值、润湿热之间的关系曲线如图 4-29 所示。活化指数越高，说明疏水性越强，由图 4-29（a）可知，活化指数随时间的变化先上升后下降，时间过短，偶联剂与粉体间反应不完全，当改性时间在 15 min 时，疏水性达到最好。润湿热可以体现固-液相面的结合力大小，当润湿介质为水时，润湿热越大，说明复合粉体越容易被水润湿，亲水性越强；润湿热越小，越难被水润湿，疏水性越强[34]，改性粉体在水中的润湿热为负值，说明在水中放出热量，在 15 min 时润湿热也达到了最小值，趋势与活化指数的亲疏水趋势一致。吸油值反映出同种情况下，单位质量所需要树脂的填充量，吸油值越低，则越节省树脂，在 15 min 时，吸油值也达到了最低值，因此选取恰当的改性时间为 15 min。

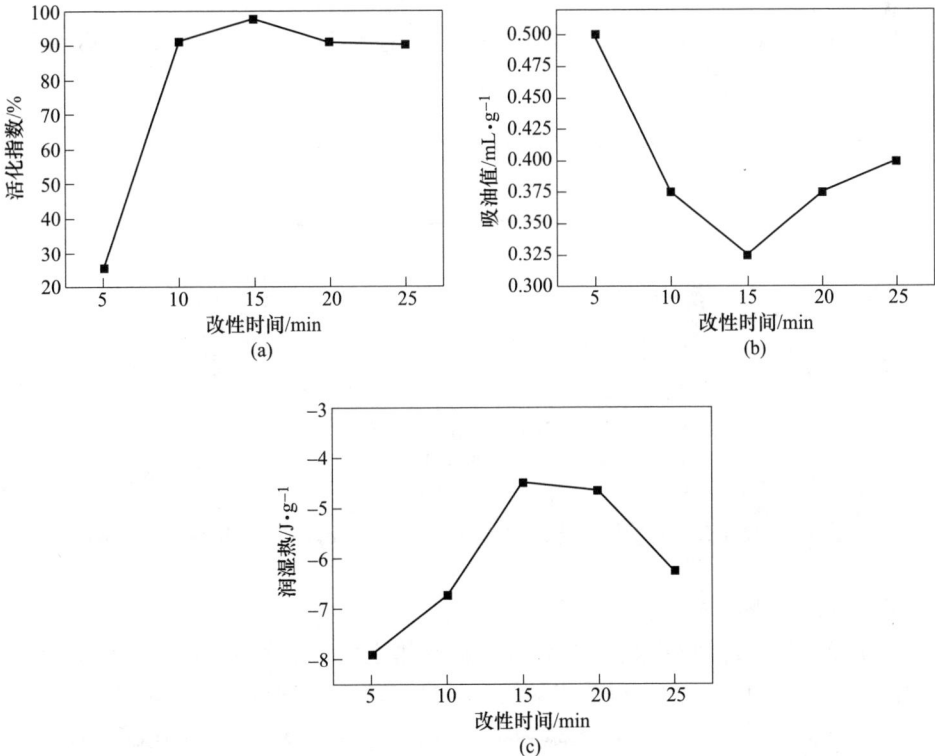

图 4-29 改性时间对粉体活化指数（a）、吸油值（b）、润湿热（c）的影响

4.3.1.2 改性温度

改性时间与活化指数、吸油值、润湿热之间的关系曲线如图 4-30 所示。随

着改性温度的升高，活化指数先上升后小幅度下降，吸油值先降低后升高，润湿热保持在较为稳定状态，在 50 ℃ 的低温度下，水解的硅烷偶联剂上的羟基与复合粉体表面的羟基反应程度不高，反应效率低，在复合粉体外部暴露的疏水基团不足，疏水性较差。当温度升高到 60 ℃ 以后，反应程度较强，两物质间具有较多的羟基脱水结合，足够的疏水基团向外排列，活化指数均达到 90% 以上，在 70 ℃ 达到顶点，因此选择 70 ℃ 为最佳反应温度。

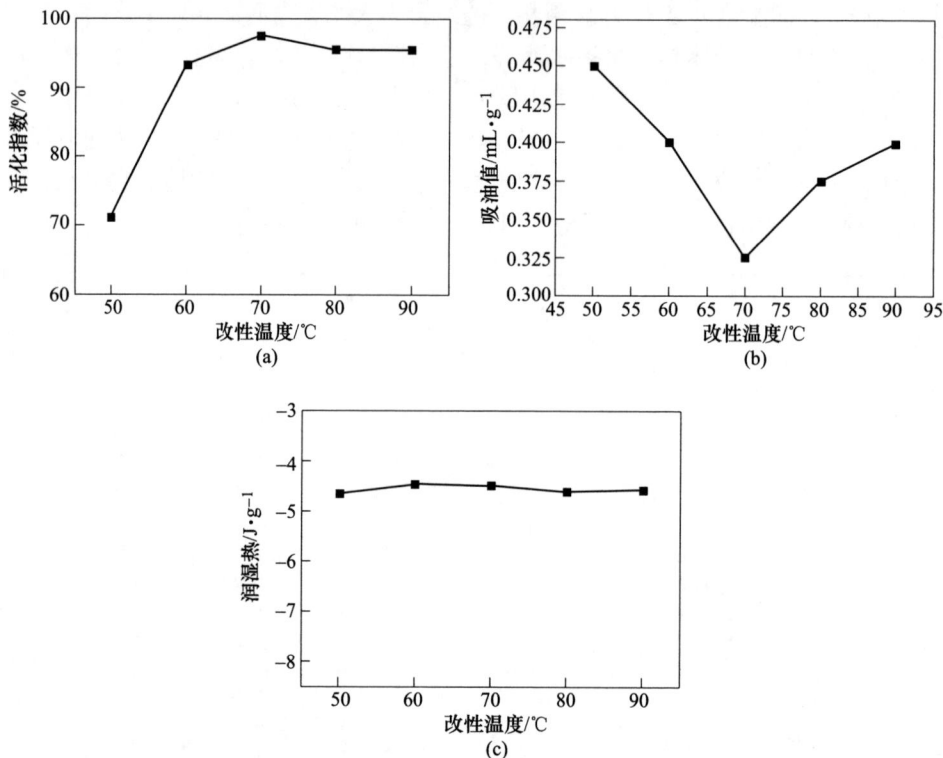

图 4-30　改性温度对粉体活化指数（a）、吸油值（b）、润湿热（c）的影响

4.3.1.3　偶联剂用量

偶联剂用量与活化指数、吸油值、润湿热之间的关系曲线如图 4-31 所示。由图 4-31（a）可知，活化指数先随用量升高而降低，润湿热和吸油值则随用量升高先降低后升高，当偶联剂用量为 2.5% 时，二氧化锡羟基与偶联剂的羟基反应较为完全，此时改性效果达到最好，活化指数为 99.3%，接近完全疏水，吸油值达到 0.325 mL/g，润湿热为 −0.963 J/g，继续加大用量，改性剂疏水基团间较强的范德华力，在粉体表面形成多层物理吸附，过量的偶联剂与单层吸附偶联剂两端亲油基团向内连接，亲水基团向外[35]，疏水性下降，活化指数降低，吸油值升高、润湿热升高。

综上所述，复合粉体的改性的最佳工艺条件为改性时间 15 min，改性温度 70 ℃，偶联剂用量为 2.5%。在最佳条件下对改性复合粉体进行体积电阻率测试，最终结果在 9×10^3 Ω·cm，改性对体积电阻率影响不大。

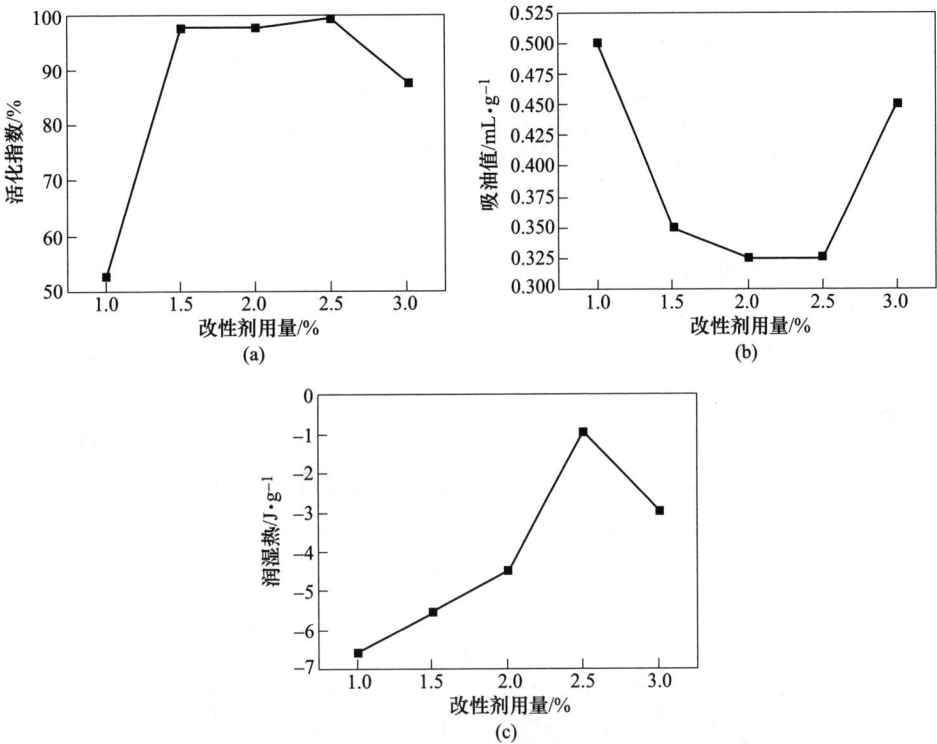

图 4-31　偶联剂用量对粉体活化指数（a）、吸油值（b）、润湿热（c）的影响

4.3.2　改性效果分析

为了说明改性效果，分别将 2 g 改性前后的粉体倒入 200 mL 烧杯中，观察粉体是否被水润湿，结果如图 4-32 所示，可以看出未改性的复合粉体放在水中无须进行搅拌，粉体自动落下沉底，而改性后的粉体基本全部漂浮在水溶液的表面，说明复合粉体从亲水性变为疏水性，通过玻璃棒搅拌、烧杯晃荡静置一段时间后仍然漂浮在水面上，说明改性粉体的效果比较稳定。

4.3.2.1　FTIR 分析

为了进一步探究偶联剂 DTES 与复合粉体间的作用方式，对最佳改性粉体与复合粉体前后官能团变化进行分析，FTIR 测试图结果如图 4-33 所示。曲线 1 是未改性的 TOFA，曲线 2 是经过改性后的 TOFA，从图中的曲线 2 可以看出，改性后的粉体明显出现了两条新峰，2923.95 cm^{-1} 和 2852.58 cm^{-1} 的存在分别是由

图 4-32　最佳改性条件前后粉体在水中的润湿状态

CH₃和 CH₂基团的伸缩振动造成的[36]，说明 DTES 成功作用于复合粉体上。此外，位于 3540 cm⁻¹左右宽带处属于二氧化锡表面羟基的峰强减弱，说明偶联剂与粉煤灰外包覆的二氧化锡发生反应，致使羟基数量减少。在 727.12 cm⁻¹属于 Si—O—Sn 共价键特征峰强度的增强，可能是因为 DTES 的硅羟基与二氧化锡的表面羟基之间的脱水缩合反应生成 Si—O—Sn 键，Si—O—Sn 共价键的数量增多。而在 563.19 cm⁻¹处的 Si—O—Si 弯曲振动键的增强可能来源于偶联剂自身的 Si—OH 的彼此缩合形成的 Si—O—Si。

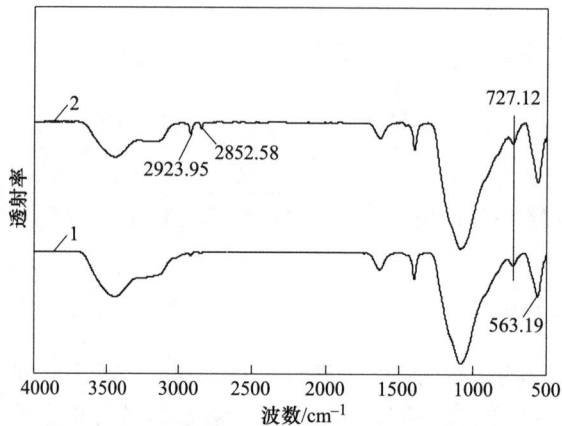

图 4-33　改性与未改性粉体的 FTIR 图
1—TOFA；2—改性后的 TOFA

4.3.2.2　沉降实验

通过在液体石蜡介质中静置沉降实验来说明改性复合粉体在有机聚合物中的分散性和相容性，分别取 2 g 改性前后粉体投放于 50 mL 的液体石蜡中混匀后，静待沉降，粉体沉降体积随时间变化如图 4-34 所示。从图 4-34 中可见，未改性粉体在 15 min 的时间内就已经沉降超过液体石蜡的一半体积，出现明显分层，在 30 min 时基本已沉降完全。快速沉淀一是因为液体石蜡为非极性液体，而未改性的二氧化锡@ 粉煤灰复合粉体为极性物质，两者之间的表面性质差异不相容。二是因为未改性的粉体，复合粉体本身表面能较大，更容易在相容性差的介质中自发形成聚集加速下沉。而改性后的复合粉体从 0~120 min 的沉降过程中，几乎没有沉降体积，量筒中色泽分布均匀，没有明显的分层现象，且粉体在量筒底部也不会出现聚集，说明体系间相对均一稳定。这是因为在 DTES 的作用下，改性粉体上有十二烷基长链，与液体石蜡均为有机物质，相对较为互溶，且作用后粉体表面极性减弱，偶联剂的存在使颗粒与颗粒之间的空间位阻变大[37]，分散性更好，减少自发聚集下沉的可能性。

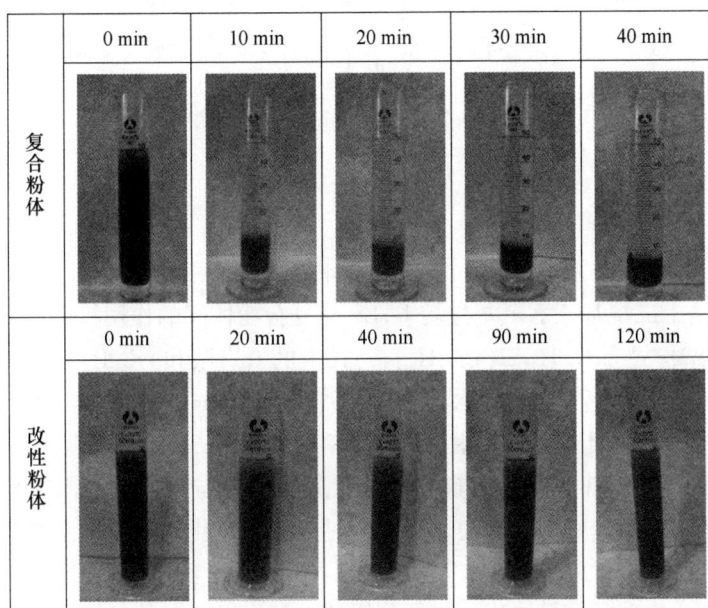

图 4-34 改性与未改性复合粉体在液体石蜡中的沉降图

4.3.2.3 XRD 分析

偶联剂 DTES 改性对复合粉体晶型影响如图 4-35 所示，图中曲线 1 为未改性的 TOFA 粉体，从曲线 1 中可以看出，在 $2\theta = 26.7°$、$33.7°$ 和 $51.8°$ 附近具有明显的二氧化锡（110）、（101）和（211）晶面；曲线 2 为经过干法改性后的 TOFA 粉体，对比曲线 1，没有新的结晶峰形成，说明偶联剂并没有破坏二氧化锡的内部晶体结构，仅作用于复合粉体表面。此外，粉煤灰晶型和二氧化锡各个晶面的衍射峰强均减弱，说明偶联剂在复合粉体上实现了包覆，其中包覆在粉煤灰表面的二氧化锡的晶面峰减弱更为明显，说明硅烷成功将复合粉体表面极性减弱，实现了有机改性。

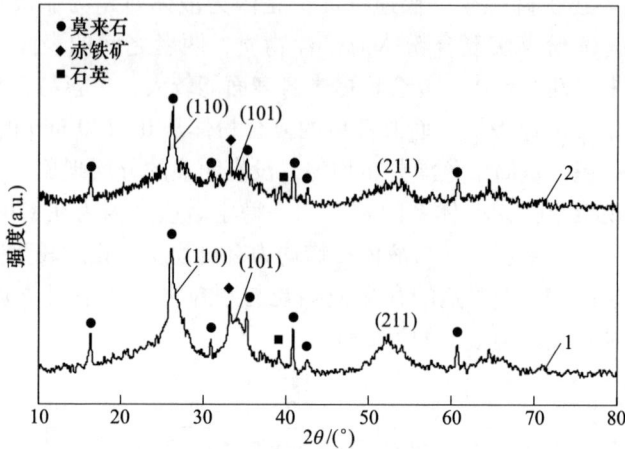

图4-35　复合粉体改性前后的 XRD 图
1—TOFA；2—改性后的 TOFA

4.3.3　改性机理

图4-36 是十二烷基三乙氧基硅烷 DTES 与复合粉体间的作用机理图，偶联剂 DTES 的分子结构式为 $C_{12}H_{25}Si(OC_2H_5)_3$，式中的 $C_{12}H_{25}$ 和 OC_2H_5 分别为两种反应特性不同的基团，在少量酸性水存在的情况下，OC_2H_5 可水解为 OH，水解过程中还会生成醇类，具体过程如图4-36 中第一个式子，根据化学式计算，1 g DTES 与 0.163 g 的水就可完全水解，水解后羟基容易与粉煤灰表面无机物质二氧化锡中的羟基产生良好的结合力，在改性过程与二氧化锡表面羟基结合发生图中第二、第三个式子对应的反应：反应的初期，偶联剂与偶联剂之间的部分硅醇脱水缩合，剩余的硅醇与粉体表面二氧化锡的羟基先以微弱的氢键作用力进行结合，随着反应的进行，两种物质间脱水缩合，与粉体表面形成 Si—O—Sn。式中的 M 基团即十二烷基基团则向外排列，呈现疏水性。同时十二烷基基团也更容易与后续实验试剂环氧乳液中的有机物质产生较好的结合力，将 DTES 作为中间媒介有利于达到通过增强复合粉体填料与有机涂料之间的结合力来提高它们的相容度的目的，改性机理可以总结为改性剂 DTES 在水解时三乙氧基破坏生成 Si—OH，在高温改性过程中，部分 Si—OH 脱水缩合形成 Si—O—Si 键，游离的部分 Si—OH 与粉煤灰表面 Si—OH 反应形成 Si—O—Sn 键，最终在复合粉体表面形成包覆。

4.3.4　抗静电环氧涂料制备

水性环氧树脂具有高耐化学性和耐热性、优异的机械性能、对材料的良好附

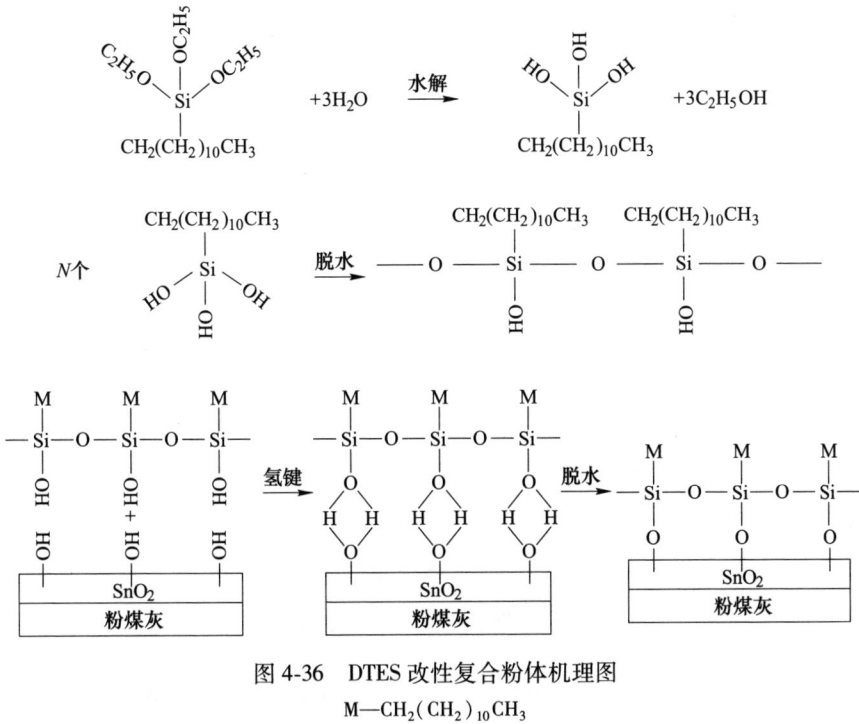

图 4-36 DTES 改性复合粉体机理图

M—CH$_2$(CH$_2$)$_{10}$CH$_3$

着力，作为一种低 VOCs 涂料，还具有环境友好性，常被涂覆在各类材料表面，使用的局限性在于环氧树脂作为绝缘物质电阻率高[38]。然而，绝缘的环氧树脂只需要向内部引入足够浓度的抗静电填料就可赋予其良好的抗静电性能。但环氧抗静电涂料的最终效果不仅会受到抗静电填料的影响，还与各种化学物质的配比有关。在本章中，使用环氧树脂作为黏合剂，改性复合粉体作为抗静电填料，通过单因素实验分析了固化剂用量、填料的含量、含水量及固化时间对水性抗静电涂料性能的影响，测试了抗静电涂料硬度、附着力及耐候性能，并探究填料在涂料中的导电机制。

4.3.4.1 工艺条件影响

A 填料含量

抗静电涂料 A 组分由 DTES 改性复合粉体、环氧乳液（固含量 42%，环氧当量 1000）、水、各类化学助剂（润湿剂、消泡剂、流平剂、分散剂）组成。助剂含量为助剂质量占环氧乳液的质量百分比，固定润湿剂、消泡剂、流平剂、分散剂含量分别为 1.8%~2.4%、1.5%~2%、0.9%~1.3%、2%~2.8%，B 组分为固化剂（含量 100%，活泼氢当量 325），当 A 和 B 组分混合后可形成直接使用的涂料。在具体操作时，选取了 10 g 环氧乳液作为标准基底，其余物质即按照化学配方比值添加，A 组分和 B 组分混合在模具成型。

A 组分乳液初始条件为水与环氧乳液的比例为 1∶1，化学助剂在标准范围内。B 组分固化剂与 A 组分中环氧乳液比例为 1∶4，考察填料（DTES 改性复合粉体）按环氧乳液质量的 1%、2%、3%、4%、5%、7.5%、10%、15%、20% 质量分数对涂膜的抗静电效果，结果如图 4-37 所示。

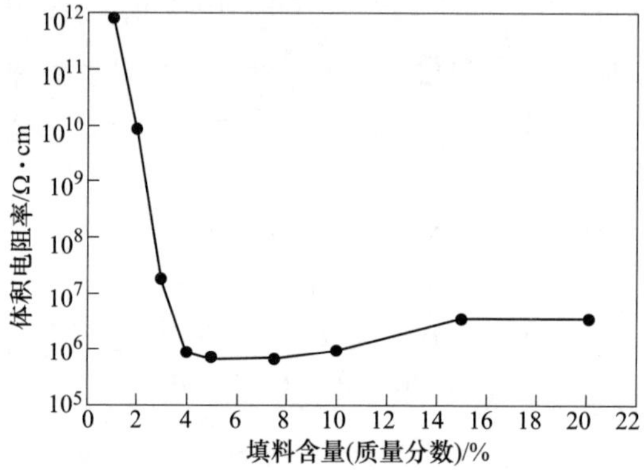

图 4-37　填料含量对涂料体积电阻率的影响

随着填料在环氧乳液中比例的升高，体积电阻率先降低再趋向于平稳，当涂料填料含量低于 2% 时，具有较大的曲线斜率，这时粒子间独立分布，不能形成导电网络[39]，体积电阻率均大于 $10^9 \Omega \cdot cm$，没有达到国家规定的抗静电标准。当填料含量在 2%~4%，接触程度增加，有效的导电通路逐渐开始建立[40]，当填料含量达到 4%，体积电阻率开始趋向于平稳状态，体积电阻率在 $10^6 \Omega \cdot cm$ 以内。在 15%、20% 高含量时，体积电阻率有一点回升，这可能与填充粉体过量，少量粉体在固化过程中沉积在涂料底部有关。

对上述达到抗静电标准的涂料进行涂层附着力和硬度测试，结果见表 4-7，填料增加对涂料的硬度变化不大，当粉体过多时，附着力下降，这是因为成膜物质相对减少，涂料中刚性改变，更容易诱发涂层脆性，局部与基材中的黏附力减弱[41]，当填料含量到达 20% 时，附着力仍控制在合格范围内。

表 4-7　填料含量对涂料硬度和附着力的影响

项目	填料含量（质量分数）/%						
	3	4	5	7.5	10	15	20
附着力	0	0	0	0	0	1	1
硬度	H	H	H	H	H	H	H
是否合格	合格	合格	合格	合格	合格	合格	合格

B　固化剂用量

固定 A 组分乳液初始条件为水与环氧乳液的比例为 1∶1，填料质量占环氧乳液质量的 5%，化学助剂在标准范围内，考察 B 组分固化剂占据 A 组分环氧乳液质量 20%、25%、30%、35%、40% 质量分数的情况下对涂膜的抗静电效果。结果如图 4-38 所示，可以看出在不同的固化剂用量下，涂料的抗静电性能均能达到国家规定标准，当固化剂较少时，涂料中交联程度不够，当固化剂过多时，体积电阻率影响不大，但会明显感觉到涂料较脆，固化剂对涂料的硬度和附着力的影响较大，具体结果见表 4-8。

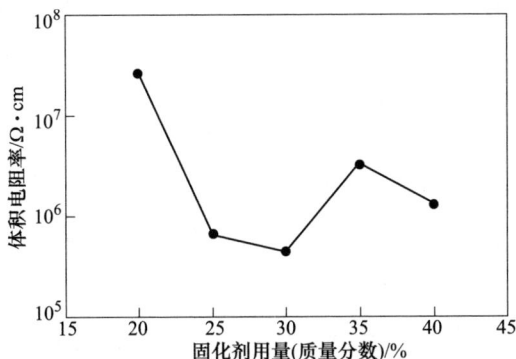

图 4-38　固化剂用量对涂料体积电阻率的影响

表 4-8　固化剂用量对涂料硬度和附着力的影响

项目	固化剂用量（质量分数）/%				
	20	25	30	35	40
附着力	2	0	0	0	0
硬度	B	H	2H	2H	2H
是否合格	不合格	合格	合格	合格	合格

随着固化剂含量上升，涂膜的硬度和附着力开始上升，在固化剂质量分数为 20% 时，虽然体积电阻率达到了标准要求，但由于环氧树脂与固化剂之间的交联位点较少，涂料成型后交联密度不够[42]，含有较多柔性链，其硬度和附着力均不能达到使用需求，当固化剂用量为 30% 以后，即环氧当量与活泼氢当量大于 0.92 的时候，涂料的硬度明显提高，硬度达到 2H，为了减少固化剂的用量，选用固化剂用量 30% 作为合适用量。

C　水含量

固定 A 组分乳液初始条件为固化剂用量占环氧乳液质量 30%、填料质量占环氧乳液质量的 5%，化学助剂在标准范围内，考察水性涂料中水溶剂与环氧乳液质量2∶1、1.5∶1、1.2∶1、1∶1、0.8∶1、0.5∶1的情况下对涂膜的抗静电效果，结果如图4-39所示。水溶剂与环氧涂料质量比值在1~1.2的情况下的效果较好，当水作为溶剂较少时即m(水)∶m(环氧乳液)为0.5∶1时，体积电阻率不能达到合格标准，这可能与填料在黏性较大的环氧乳液中不够均匀分散有关。而当水溶剂过量，环氧乳液和固化剂被过度稀释，导致粉体与环氧树脂的分离[43]，且高水溶剂含量固化所需的时间增长，因此取1∶1作为水含量。水含量对涂料硬度和附着力的影响结果见表4-9，水含量较少时，对涂料的硬度的附着力影响不大，随着水含量过多，固化后的涂料硬度和附着力都下降，当水含量与环氧乳液重量比达到2∶1时，硬度和附着力均不能达到国家标准。

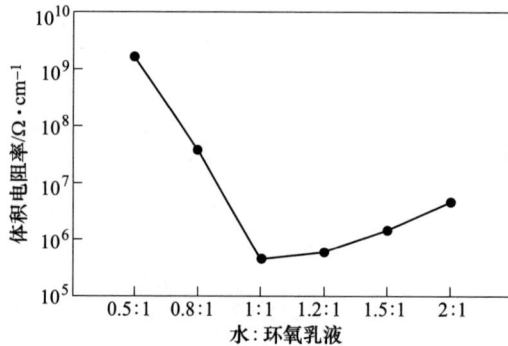

图4-39　水含量对涂料体积电阻率的影响

表4-9　水含量对涂料硬度和附着力的影响

项目	m(水)∶m(环氧乳液)					
	0.5∶1	0.8∶1	1∶1	1.2∶1	1.5∶1	2∶1
附着力	0	0	0	0	1	2
硬度	2H	2H	2H	2H	HB	B
是否合格	合格	合格	合格	合格	合格	不合格

D　固化时间

为了确定涂料干燥过程中固化时间对体积电阻率的影响，选用填料占环氧乳液含量5%，固化剂用量为环氧乳液质量30%，水含量与环氧乳液的质量比为1∶1的涂料配方，加入固化剂后每隔24 h测量一次体积电阻率，图4-40是涂料体积电阻率随固化时间的变化趋势，从图4-40中可以看出，涂料的体积电阻率在固化过程中并不是一成不变的，在固化的前期，因为固化交联度的不够，体积电阻率较高，当时间到两天后，涂料中的大多数水干燥完，此时固化过程中少量的水也可以作为导电介质形成到导电通路，体积电阻率达到最低值，当到第三天后，水完全蒸发，涂料完全固化干燥，仅仅靠着涂料中填料的导电通路起导电作用时，体积电阻率达到稳定状态。最终在 4 d 后体积电阻率稳定在 $4.5×10^5\ \Omega\cdot cm$。

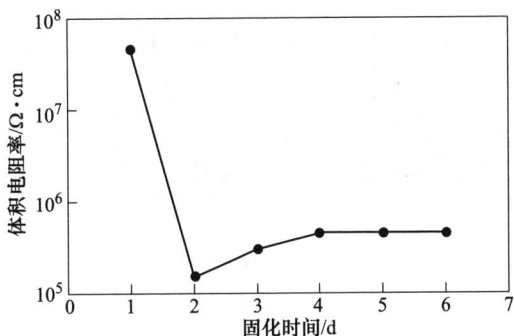

图 4-40　固化时间对涂料体积电阻率的影响

4.3.4.2　涂料性能测试

A　涂膜外观分析

涂料由于改性后粉体中含有有机基团，和环氧涂料可以良好地相互作用，将制得的涂料涂覆在基材上面，目测外观呈现光滑无泡，颜色均一，在经过 14 d 的观察后，涂料外观也未发生明显变化，图 4-41 为涂敷在铁板上的涂料外观图。

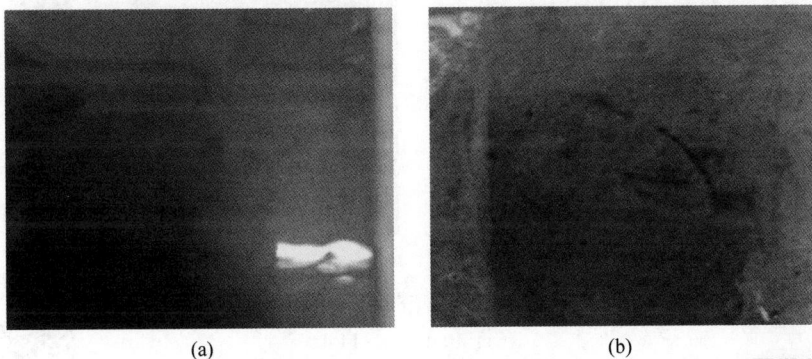

(a)　　　　　　　　　　　　　　　(b)

图 4-41　室温下涂料外观变化图

(a) 固化；(b) 14 d

彩图

B　耐碱性测试

图 4-42 为浸泡 NaOH 一周及两周后的涂料外观变化图，从图中可以看出，浸泡碱液在达到国标 7 d 的涂料中目测无起泡、无脱落现象，符合涂料标准，继续浸泡，两周后仍无明显变化，表面平滑无泡，说明该抗静电涂料具有良好的耐碱性。

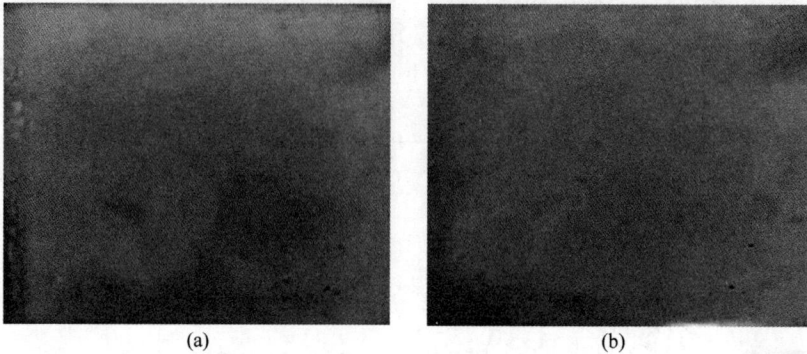

图 4-42   碱液浸泡下涂料外观变化图
(a) 7 d；(b) 14 d

彩图

C   耐酸性测试

图 4-43 为浸泡盐酸 10 d 及两周后的涂料外观变化图，从图中可以看出，浸泡在酸液中的涂料在达到国标 10 d 目测无起泡、无脱落现象，符合涂料标准，继续浸泡，两周后表面平滑无泡，但边角有轻微翘边，说明该抗静电涂料具有耐酸性。

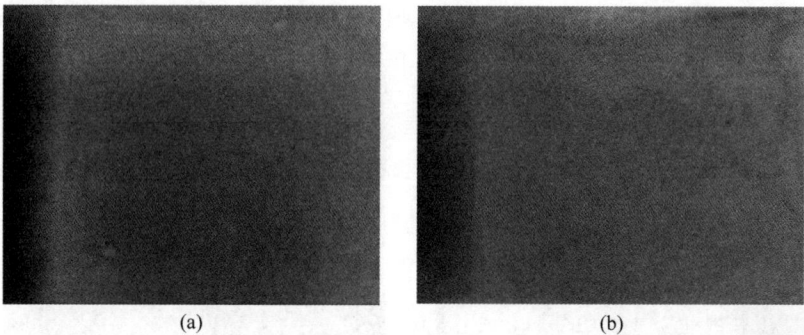

图 4-43   酸液浸泡下涂料外观变化图
(a) 10 d；(b) 14 d

彩图

D   耐水性测试

图 4-44 为浸泡去离子水一周及两周后的涂料外观变化图，从图中可以看出，浸泡在去离子水在 14 d 后目测无起泡、无脱落现象，具有良好耐水性。

4.3.4.3   涂料抗静电机理

纯的环氧涂料本身是绝缘体，电阻率高，没有抗静电性能，因此抗静电性来源于向环氧乳液中添加的物质，在众多学者的研究中，填充性的抗静电涂料机理

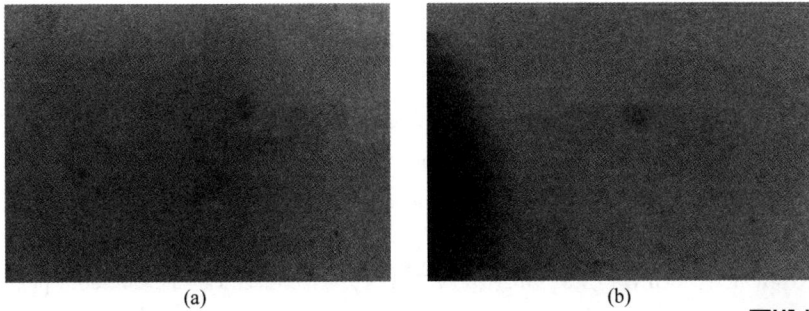

图 4-44 去离子水浸泡下涂料外观变化图
(a) 7 d；(b) 14 d

彩图

普遍认为与填料密切相关的导电通路学说和隧道效应学说。

导电通路学说是最广泛认可的学说，认为在整个体系中，当填充量达到一定值后，导电微粒可以互相接触，连接成链形成导电现象，也称直接接触学说。

隧道效应学说是指除互相接触的粒子外，电子也能在基体中互相不接触的粒子中迁移，形成导电通路，"场致发射"效应也可以归结到隧道学说中，大多研究认为填料间隙在 10 nm 以内，就可以形成导电通道。涂料的抗静电性是由两种效应协同的结果，性能的变化与两种效应的作用占比分量有关[44]，在不同的填料含量下，作为主导的效应会有差异。

参 考 文 献

[1] 赵宝华，王留方，张睿，等. 室温固化双组分水性环氧涂料 [J]. 涂料技术与文摘，2006，27 (9)：1-5, 14.

[2] ARADHANA R, MOHANTY S, NAYAK S K. A review on epoxy-based electrically conductive adhesives [J]. International Journal of Adhesion and Adhesives, 2020, 99：102596.

[3] 黄丽，肖田鹏飞. 复合改性纳米 SiO$_2$/环氧涂料的制备与表征 [J]. 硅酸盐通报，2008 (5)：1067-1071.

[4] 魏玉锋，陈守楠，张西玲. 煅烧参数对粉煤灰活性的影响 [J]. 萍乡学院学报，2018，35 (3)：113-116.

[5] 王彩丽. 核壳结构无机复合粉体的制备技术及其应用 [M]. 北京：冶金工业出版社，2021.

[6] BAI F F, HE Y, HE P, et al. One-step synthesis of monodispersed antimony-doped tin oxide suspension [J]. Materials Letter, 2006, 60：3126-3129.

[7] 常迎星，王丹丹，巩艳萍，等. 纳米碳酸钙吸油值的研究 [J]. 化学试剂，2019，

41 (6)：577-580.

[8] DONG B P, GAO Y N, LIU J C, Preparation of SnO_2-SiO_2 film with high transmittance and strong dust-removing by sol-gel [J]. Optik, 2021, 245：167727.

[9] 高亚男. 溶胶-凝胶法制备玻璃表面 SiO_2 基疏尘薄膜 [D]. 天津：天津工业大学，2021.

[10] WANG C L, WANG D, YANG R Q, et al. Preparation and electrical properties of wollastonite coated with antimony-doped tin oxide nanoparticles [J]. Powder Technology, 2019, 342：397-403.

[11] BABAR A R, SHINDE S S, MOHOLKAR A V, et al. Electrical and dielectric properties of co-precipitated nanocrystalline tin oxide [J]. Journal of alloys and compounds, 2010, 505：743-749.

[12] 王明序，高强，高春霞，等. 六偏磷酸钠对制备 ATO@ TiO_2 导电晶须的影响研究 [J]. 化工新型材料，2019，47 (11)：120-124.

[13] 王栋，王彩丽，王兆华. 锑掺杂氧化锡-硅灰石复合粉体的制备与表征 [J]. 中国粉体技术，2015，21 (1)：61-65.

[14] 马殿普，普友福，李俊，等. 液相氧化-喷雾干燥法制备高纯超细二氧化锡颗粒 [J]. 无机盐工业，2023，55 (4)：54-59.

[15] 王迪，田均庆，张书涛，等. 溶胶凝胶法制备二氧化锡纳米晶体 [J]. 哈尔滨商业大学学报（自然科学版），2014，30 (2)：224-228.

[16] 秋颖，王彩丽，王志学，等. 纳米锑掺杂氧化锡@粉煤灰抗静电复合粉体的制备及机理 [J]. 煤炭学报，2022，47 (9)：3483-3492.

[17] 胡勇，陈国建，陈雪梅，等. 热处理对掺锑二氧化锡纳米棒结构和导电性能的影响[J]. 硅酸盐通报，2004，5：94-98.

[18] 王英. 掺锑氧化锡导电复合材料的性能研究 [D]. 天津：天津大学，2014.

[19] 姚程，盛嘉伟，张俭. 叶腊石基锑掺杂二氧化锡复合导电粉体的制备及电性能 [J]. 高校化学工程学报，2013，27 (1)：147-151.

[20] WANG Z, QIAN X F, YIN J, et al. Aqueous solution fabrication of large-scale arrayed obelisk-like zinc oxide nanorods with high efficiency [J]. Journal of Solid State Chemistry, 2004, 177 (6)：2144-2149.

[21] 王东新，钟景明，孙本双，等. 水热合成法对纳米氧化锡粉体粒径和形貌的控制研究 [J]. 无机化学学报，2008，24 (6)：892-896.

[22] LI Y X, ZHANG M, GUO M, et al. Hydrothermal growth of well-aligned TiO_2 nanorod arrays：Dependence of morphology upon hydrothermal reaction conditions [J]. Rare Metals. 2010, 29 (3)：286-291.

[23] KHALIL M, YU J, LIU N, et al. Hydrothermal synthesis, characterization, and growth mechanism of hematite nanoparticles [J]. Journal of Nanoparticle Research, 2014, 16 (4)：2362.

[24] ANADAN K, RAJENDRAN V. Size controlled synthesis of SnO_2 nanoparticles：Facile solvothermal process [J]. Journal of Non-Oxide Glasses, 2010, 2：83-89.

［25］ 王斌，王彩丽，杨润全，等．粉煤灰填充尼龙 6 的性能研究［J］．矿产综合利用，2023（3）：88-92.

［26］ MOGHADDAS S, SALEHI M, SALEHI S. Preparation, characterization, and photocatalytic degradation of methylene blue of SnO₂/RGO nanocomposite produced by facile hydrothermal process［J］. Journal of the Korean Ceramic Society, 2022, 59（5）：698-704.

［27］ ZHANG J Y, ZUO J, JIANG Y S, et al. Synthesis and characterization of composite conductive powders prepared by Sb-SnO₂-coated coal gasification fine slag porous microbeads［J］. Powder Technology, 2021, 385：409-417.

［28］ BABU B, REDDY I N, YOO K. Bandgap tuning and XPS study of SnO₂ quantum dots［J］. Materials Letters, 2018, 221：211-215.

［29］ WANG X, REN P R, TIAN H L, et al. Enhanced gas sensing properties of SnO₂：The role of the oxygen defects induced by quenching［J］. Journal of Alloys and Compounds, 2016, 669：29-37.

［30］ SHAPOSHNIK A V, SHAPOSHNIK D A, TURISHCHEV S Y, et al. Gas sensing properties of individual SnO₂ nanowires and SnO₂ sol-gel nanocomposites. Beilstein Journal of Nanotechnology, 2019, 10：1380-1390.

［31］ XU H Y, LI J Z, FU Y, et al. Deactivation mechanism and anti-deactivation modification of SnO₂-based catalysts for methane gas sensors［J］. Sensors & Actuators B：Chemical, 2019, 299：126939.

［32］ REN M, YIN H B, LU Z Z, et al. Evolution of rutile TiO₂ coating layers on lamellar sericite surface induced by Sn⁴⁺ and the pigmentary properties［J］. Powder Technology, 2010, 204：249-254.

［33］ CETIN K, ALEX Z. Origins of coexistence of conductivity and transparency in SnO₂［J］. Physical Review Letters, 2002, 88：095501.

［34］ 郗朋，刘文礼，杨宗义，等．基于量子化学的碳原子吸附对煤系黄铁矿表面疏水性影响的研究［J］．煤炭学报，2017，42（5）：1290-1296.

［35］ 梁朝，李春全，孙志明，等．新型有机改性剂对重质碳酸钙的表面改性效果及机理［J］．无机盐工业，2022，54（7）：70-77.

［36］ 梁纪灵，王立群，刘丽娟，等．硅烷偶联剂对 Fe₃O₄@SiO₂的表面修饰及性能［J］．辽宁石油化工大学学报，2019，39（6）：21-26.

［37］ 郝春静，湛含辉，王晓．硅烷偶联剂链长对纳米 TiO₂表面改性的影响［J］．表面技术，2013，42（2）：10-13.

［38］ 柳和生，段翔宇，赖家美．高剪切分散对多壁碳纳米管/VARTM 用环氧树脂导电性能的影响［J］．湖南大学学报（自然科学版），2017，44（12）：62-68.

［39］ 薛菁，雷军波，冯拉俊．石墨环氧抗静电涂料在高硫原油中的电性能和耐蚀性［J］．腐蚀与防护，2008，29（4）：195-198.

［40］ 乔栩，林治，林晓丹．石墨烯的制备及其对环氧树脂导电性能的影响［J］．材料工程，

2018，46（7）：53-60.

［41］李崇裔，余小光，谈瑛，等．水玻璃/羟丙水性复合金属防腐涂料的研制与性能研究［J］．中国涂料，2023，38（5）：25-29，34.

［42］解文圣，宋慧平，程芳琴．水分散型超细粉煤灰基涂料［J］．涂料工业，2020，50（4）：41-45.

［43］束俊杰，秦卫华，汪洋，等．银导电涂料导电性能的影响因素［J］．涂料工业，2022，52（6）：83-88.

［44］全成子．聚丙烯基石墨导电纳米复合材料的研究［D］．成都：四川大学，2014.

5 Mg(OH)@粉煤灰复合粉体的制备及其应用

近年来，随着用电需求日益上涨，现有的电力装机规模已无法满足用电需求，火力发电再次成为电力保供的压舱石。随之而来的燃煤电厂产生的粉煤灰也越发增多。粉煤灰的处置不当和存量丢弃不仅造成了土地资源的浪费，也对水资源和空气产生了不同程度的污染。然而，现阶段粉煤灰的综合利用主要集中在建筑材料等粗放式领域，粉煤灰的高值化利用率亟待提高。立足于绿色环保角度，探索粉煤灰高值化利用新途径是必要的。将粉煤灰填充在高分子材料中制备阻燃复合材料作为提高粉煤灰附加值的有效途径，受到较多关注和研究。

卤系阻燃剂虽然阻燃效果较好，但实际使用过程中会产生卤化氢等有害气体，会对环境造成二次污染。当绿色低碳发展日渐成为共识，绿色无毒的无卤阻燃剂必将逐步取代卤系阻燃剂。氢氧化镁本身无毒且不燃，高温条件下会分解产生氧化镁和水，无论是氢氧化镁，还是氢氧化镁在高温下的分解产物都能起到阻燃隔热，抑制火势蔓延的效果。所以，将氢氧化镁作为阻燃剂填充在高分子材料中是绿色可持续的。但是氢氧化镁颗粒细小，表面极性大，在聚合物基体中极易团聚，且大量填充会影响基体力学性能。基于此，对氢氧化镁进行表面改性以便更好地应用于阻燃领域是科学高效的。

新材料作为我国战略发展的新兴产业，其重要性不言而喻。高分子材料作为新材料的重要组成部分，已经获得了很大范围的应用。其中 PA6 和 EVA 因其优异的性能已成为技术成熟、产量大、应用范围广的重要高分子材料。然而，随着科技的进步和发展，各行各业对 PA6 和 EVA 的综合性能提出了更高要求。由于高分子材料普遍具有易燃性，为了扩展其应用途径，提高使用安全性，对其进行增强改性是十分必要的。将无机刚性粒子作为阻燃填料经过熔融混炼制备阻燃复合材料已受到较多研究。

钢结构是广泛使用的建筑结构形式之一，为了提高其防火性能，防火涂料应运而生。水性可膨胀涂料不仅环保低毒，施工方便，且具备更优异的防火性能。无机填料作为防火涂料的重要组成部分，不仅可以有效提高膨胀层的结构强度，还可以降低生产成本。

笔者前期探究了粉煤灰表面包覆不同形貌 $Mg(OH)_2$ 的工艺条件、包覆机理，得出当使用氯化镁和氢氧化钠作包覆剂时，$Mg(OH)_2$ 形貌最佳。但包覆量作为影响复合粉体微观形貌和宏观性质的重要因素，尚未进行深入研究，基于此，本章采用非均匀形核法，以一定浓度的 $MgCl_2$ 溶液和 NaOH 溶液作包覆剂，制备不同包覆量的 $Mg(OH)_2$ 和粉煤灰复合粉体。通过 XRD、FTIR、SEM、激光粒度仪、XPS、比表面积仪、TG-DTG、Zeta 电位等手段对复合粉体进行表征，探究不同包覆量对复合粉体物相组成、微观形貌的影响及复合粉体的制备机理；将微观形貌、包覆效果最佳的复合粉体作填料，通过熔融共混法制备 PA6 复合材料，并对复合材料的冲击强度、拉伸强度、弯曲强度、弯曲模量、极限氧指数、热变形温度、熔融指数进行测试，探究填充复合粉体后 PA6 复合材料力学性能、阻燃性能的变化情况，分析复合粉体的阻燃增韧机理。采用硅烷偶联剂湿法表面改性法对前述复合粉体进行表面有机改性，通过单因素实验，借助活化指数、接触角、润湿热、吸油值等手段，确定粉体表面改性的最佳条件，对最佳条件下制备的粉体进行 TG-DTG、XRD、FTIR、XPS 表征分析，探究改性后粉体的热稳定性及表面有机改性机理；将表面有机改性后的粉体作填料，通过熔融共混法制备 EVA 复合材料，并对复合材料的冲击强度、拉伸强度、断裂伸长率、拉伸断面形貌、极限氧指数、熔融指数进行测试，探究粉体表面有机改性对 EVA 复合材料的力学性能、阻燃性能、加工性能的影响；将表面有机改性后的粉体作矿物填料，制备水性可膨胀防火涂料，并对制备的涂料的理化性能和防火性能进行测试，考察改性后粉体对涂料的防火效果。

5.1　实验方法及表征

5.1.1　实验材料

本实验所使用粉煤灰由上海格润亚纳米材料有限公司提供，化学成分见表 5-1。PA6（牌号 YH800）由岳阳石油化工有限公司提供，EVA（牌号 670）由陶氏杜邦提供。

表 5-1　粉煤灰化学成分含量

化学成分	SiO_2	Al_2O_3	CaO	Fe_2O_3	K_2O	TiO_2	MgO	其他
含量/%	51.85	37.06	3.04	2.37	1.36	1.32	1.13	1.87

5.1.2　实验试剂及仪器

5.1.2.1　实验试剂
实验主要试剂见表 5-2。

表 5-2　实验主要化学试剂

试剂名称	规格	生产厂家
氢氧化钠	分析纯	上海阿拉丁生化科技股份有限公司
氯化镁	分析纯	天津光复精细化工研究所
正辛基三乙氧基硅烷	分析纯	罗恩试剂
冰乙酸	分析纯	罗恩试剂
无水乙醇	分析纯	天津富宇试剂有限公司
聚磷酸铵	分析纯	上海麦克林生化科技有限公司
三聚氰胺	分析纯	上海麦克林生化科技有限公司
双季戊四醇	分析纯	上海麦克林生化科技有限公司
可膨胀石墨	分析纯	青岛腾盛达碳素石墨有限公司
氯化石蜡	分析纯	上海麦克林生化科技有限公司
纯丙乳液	工业级	山西华豹新材料有限公司
分散剂 5040	工业级	广州润宏化工有限公司
消泡剂	工业级	广州润宏化工有限公司
润湿剂 X-405	工业级	广州润宏化工有限公司
成膜助剂	工业级	广州润宏化工有限公司
固化剂	工业级	广州润宏化工有限公司
多功能助剂 AMP-59	工业级	广州润宏化工有限公司
增稠剂	工业级	广州润宏化工有限公司
流平剂	工业级	广州润宏化工有限公司

5.1.2.2　实验仪器

实验所用主要仪器见表 5-3。

表 5-3　实验所用仪器

仪器名称	型号	生产厂家
静态氮吸附仪	JW-BK	北京精微高博科学技术有限公司
发射扫描电子显微镜	Gemini 300	德国卡尔蔡司公司
X 射线衍射仪	MiniFlex 600	日本 Rigaku 公司
傅里叶变换红外光谱仪	TENSOR 27	德国布鲁克公司
热重分析仪	HCT-1	北京恒久科学仪器厂
XPS 光电子能谱仪	ESCALAB 250Xi	赛默飞世尔科技有限公司
激光粒度分析仪	Mastersizer 3000	英国马尔文仪器有限公司
恒温磁力搅拌器	T09-1s	上海司乐仪器有限公司

仪器名称	型号	生产厂家
双螺杆挤出机	LHFD1-130718	实验室科技工程有限公司
微型注塑机	SAS-20	武汉瑞鸣实验设备制造有限公司
热变形实验机	ZWK 1000	美特斯工业系统有限公司
电子万能实验机	C43.50	美特斯工业系统有限公司
摆锤式冲击实验机	ZBC 8500	美特斯工业系统有限公司
熔融指数仪	ZRZ 2452	美特斯工业系统有限公司
极限氧指数测试仪	XWR-2046	沧州冀路实验仪器有限公司
Zeta 电位仪	JS94H	上海中晨数字技术有限公司
接触角测量仪	JC2000C1	上海中晨数字技术有限公司
微量热仪	C80-II	法国 Setaram 公司

5.1.3　复合粉体的制备

笔者同课题组王斌采用非均匀形核法在以下条件下进行实验：包覆量为70%，煅烧粉煤灰与水固液比为 1:5，氢氧化钠浓度为 0.3 mol/L，氯化镁浓度为 0.15 mol/L，包覆剂同时滴加，滴加速度为 5 mL/min，反应温度为 90 ℃，反应时间为 90 min，溶液 pH 值为 10。本节在此最佳条件基础上，选用 5000目（0.4 μm）粉煤灰，研究不同 $Mg(OH)_2$ 包覆量对粉煤灰基复合粉体制备的影响，具体实验步骤如下。

（1）粉煤灰预处理：由于粉煤灰原样中含有未燃尽的炭，白度较低，故需对其进行预处理。称取一定量粉煤灰原样置于瓷舟中，将马弗炉升温至 800 ℃，把盛有粉煤灰的瓷舟利用灰皿架送入马弗炉中煅烧 2 h，待到炉温自然冷却后，将煅烧后的粉煤灰用研钵或破碎机粉碎磨细，制得后续实验所用的粉煤灰样品。

（2）包覆剂溶液配制：分别称取一定质量的 NaOH 和 $MgCl_2$ 配制 0.3 mol/L的 NaOH 溶液和 0.15 mol/L 的 $MgCl_2$ 溶液。

（3）配制粉煤灰悬浊液：按照 5% 包覆量称取对应质量的粉煤灰，根据 1:5固液比称适量水和粉煤灰进行混合搅拌，制得粉煤灰悬浊液，将配制好的溶液全部移至三口烧瓶中。

（4）反应条件控制：将盛有粉煤灰悬浊液的三口烧瓶放入水浴锅中，保证水浴锅中水位适宜，水浴温度设为 90 ℃，对粉煤灰悬浊液进行水浴加热，待温度达到预定值后，利用恒流泵向三口烧瓶中滴加包覆剂，滴加速度设为 5 mL/min，设定搅拌机速度为 300 r/min，滴液和搅拌同步进行。待包覆剂溶液滴加完后，调节pH 值至 10，继续反应 90 min 后关闭搅拌器，保温陈化 30 min，真空过滤机过滤溶液，鼓风干燥机中 105 ℃ 干燥 7 h，打散研磨后得到包覆量为 5% 的 $Mg(OH)_2/$

粉煤灰复合粉体，记为复合粉体1。

（5）重复实验：分别按照10%、20%、30%、40%、50%、60%、70%包覆量称取对应质量的粉煤灰，在相同条件下制得不同包覆量的复合粉体，分别记为复合粉体2、复合粉体3、复合粉体4、复合粉体5、复合粉体6、复合粉体7、复合粉体8。

5.1.4　复合粉体的测试与表征

主要采用 X 射线衍射（XRD）、傅里叶变换红外光谱（FTIR）、扫描电镜（SEM）、粒度分析、X 射线光电子能谱（XPS）、比表面积和孔径、热重（TG）分析来对复合粉体进行测试表征。

（1）X 射线衍射仪（XRD）分析：采用 MiniFlex 600 型 X 射线衍射仪对包覆前后的粉体进行表征，分析不同包覆量对粉煤灰物相组成和晶体结构的影响。

（2）傅里叶变换红外光谱（FTIR）分析：采用 TENSOR 27 型傅里叶变换红外光谱仪对包覆前后粉煤灰表面官能团变化进行表征，探究表面改性的成键机理。

（3）扫描电镜（SEM）分析：采用 Gemini 300 型扫描电子显微镜对包覆前后的粉体进行微观形貌的观察，探究不同包覆量对粉煤灰微观形貌和包覆效果的影响。

（4）粒度分析：采用 Mastersizer 3000 型激光粒度分析仪对包覆前后的粉体进行粒度测试，探究表面改性后粉煤灰的粒度变化情况，验证包覆效果。

（5）X 射线光电子能谱（XPS）分析：采用 ESCALAB 250Xi 型 X 射线光电子能谱仪分析包覆前后粉体的元素组成及化学价态。

（6）比表面积和孔径分析：采用 JW-BK 型静态氮吸附仪对包覆前后的粉体进行等温吸脱附曲线进行测定，通过 BET、t-plot 等计算样品比表面积、孔容及孔径分布。

（7）热重（TG）分析：采用 HCT-1 型热重分析仪对包覆前后的粉体进行热稳定性测试，探究包覆改性对粉煤灰热稳定性和成炭率的影响。

5.1.5　复合粉体填充 PA6 实验

5.1.5.1　PA6 复合材料的制备

由于 PA6 吸水性较强，实验前需将纯 PA6 在真空烘箱里 90 ℃下干燥 24 h，真空度设置为-85 kPa，其次将 $Mg(OH)_2$、粉煤灰、不同包覆量的 $Mg(OH)_2$/粉煤灰复合粉体分别以 5% 的质量分数与 PA6 颗粒放置在双螺杆挤出机中熔融共混，设定喂料速度为 15 r/min，转速为 240 r/min，挤出机区温度范围为 190～240 ℃。挤出造粒，再次放置在真空烘箱里 90 ℃下干燥 24 h，在微型注塑机上进行注塑，按照测试要求制得标准样条。注塑机温度范围为 210~240 ℃。

5.1.5.2　复合材料的性能测试

冲击强度测试：根据《塑料　简支梁冲击性能的测定》（GB/T 1043.1—2008），试样尺寸为 80 mm×10 mm×4 mm，采用 C 型缺口，缺口宽度 2 mm，在摆锤式冲击实验机上进行测试，每组试样测试 5 次并取平均值；拉伸强度测试：根据《塑料　拉伸性能的测定　第 1 部分：总则》（GB/T 1040.1—2018），采用 I 型试样，以 50 mm/min 的速度在电子万能实验机上进行测试，每组试样测试 5 次并取平均值；弯曲强度测试：根据《塑料　拉伸性能的测定　第 1 部分：总则》（GB/T 1040.1—2018），采用三点式弯曲实验方法，试样尺寸 80 mm×10 mm×4 mm，以 2 mm/min 的速度在电子万能实验机上进行测试，每组试样测试 5 次并取平均值；断面形貌测试：利用扫描电子显微镜对拉伸断裂截面进行表征；极限氧指数：根据《塑料　用氧指数法测定燃烧行为　第 2 部分：室温试验》（GB/T 2406.2—2009），试样尺寸 85 mm×10 mm×5 mm，采用 A 型点燃方法，燃烧时间 180 s，在极限氧指数测试仪上进行测试；热变形温度测试：根据《塑料　负荷变形温度的测定　第 1 部分：通用实验方法》（GB/T 1634.1—2019），试样尺寸 80 mm×10 mm×4 mm，在热变形实验机上以 120 ℃/h 的升温速率，0.45 MPa 的负荷进行测试，每组试样测试 5 次并取平均值；熔融指数：根据《塑料　热塑性塑料熔体质量流动速率（MFR）和熔体体积流动速率（MVR）的测定　第 1 部分：标准方法》（GB/T 3682.1—2018），料筒中装入 5 g 样品，设置切断长度为 10 mm，240 ℃下在熔融指数仪上测试。

5.1.6　复合粉体表面改性及填充 EVA 实验

5.1.6.1　复合粉体表面改性

粉煤灰表面包覆 Mg(OH)$_2$ 后可以有效改善粉煤灰硬度高、磨耗大，Mg(OH)$_2$ 易团聚、分散性差等问题。但由于 Mg(OH)$_2$ 表面极性大，和聚合物间相容性和界面结合效果仍有待提高，故使用正辛基三乙氧基硅烷（N-308）对包覆量为 70% 的复合粉体进行表面改性。

（1）首先将无水乙醇和水按照 90% 浓度配置成醇水溶液，加入少量冰乙酸调节溶液 pH=4，搅拌均匀后加入硅烷偶联剂，偶联剂与醇水溶液质量比为 1∶4，搅拌后静置水解 4 h。

（2）称取一定质量的 70% 包覆量的复合粉体，按照固液比为 1∶5 配置复合粉体浆料。将其放置在恒温磁力搅拌器上，搅拌加热至预定温度。

（3）将水解完成的改性剂按照一定量滴加在复合粉体浆料中，按照不同反应时间反应完成后过滤，无水乙醇洗涤，干燥，破碎研磨获得改性后的复合粉体。复合粉体表面改性工艺流程如图 5-1 所示。

```
                        ┌─────────────┐
                        │  硅烷偶联剂  │
                        └──────┬──────┘
  ┌─────────┐                  │
  │  冰乙酸  │──────┐          │
  └─────────┘      │     ┌─────▼─────┐
                   ├────▶│  预水解   │
  ┌─────────┐      │     └─────┬─────┘
  │ 醇水溶液 │──────┘           │
  └─────────┘                  │
  ┌─────────┐     ┌───────────▼───────────┐     ┌───────────┐
  │ 复合粉体+水│────▶│  搅拌加热至指定温度    │────▶│  恒温+搅拌 │
  └─────────┘     └───────────────────────┘     └─────┬─────┘
                                                       │
┌───────────┐  ┌───────────┐  ┌───────────┐     ┌─────▼─────┐
│改性复合粉体 │◀─│ 干燥、研磨 │◀─│无水乙醇洗涤 │◀───│   过滤    │
└───────────┘  └───────────┘  └───────────┘     └───────────┘
```

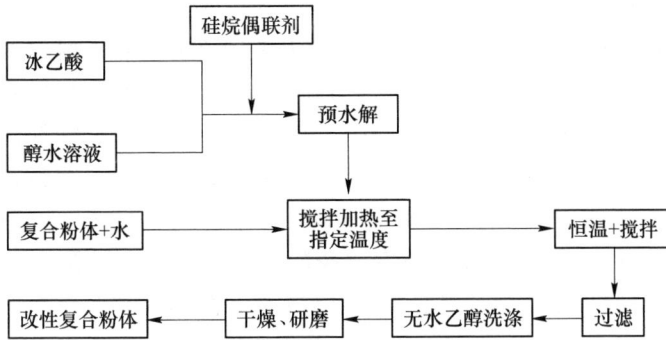

图 5-1　复合粉体表面改性工艺流程

5.1.6.2　测试与表征

在对复合粉体表面改性后，采用活化指数、接触角、吸油值、润湿热等测试方法对复合粉体表面改性效果进行表征。采用 XRD、FTIR、XPS、TG 等方法对改性后的复合粉体进行表征，探究改性前后复合粉体的物相组成、晶体结构、表面官能团、表面元素组成、热稳定性等的变化情况。

（1）活化指数：未改性的无机粉体一般表面极性大且相对密度较大，具有一定的水溶性，放置在水溶液中会自然沉降。硅烷偶联剂是广泛应用于粉体表面改性的非水溶性改性剂，无机粉体经过表面改性后，表面由极性变为非极性，在水等极性溶液中具有较好的不润湿性，由于受到表面张力的作用，改性后的粉体会漂浮在水面不下沉。称取 1 g 改性后的粉体加入装有 100 mL 水的烧杯中，充分搅拌后静置 1 h，将漂浮于水面的粉体取出，干燥，称重。漂浮于水面的粉体的质量与粉体总质量之比即为活化指数。被测样品的活化指数根据式（5-1）得出：

$$H = \frac{m_0}{m} \times 100\% \tag{5-1}$$

式中，H 表示被测样品的活化指数，%；m_0 表示漂浮于水面的样品质量，g；m 表示被测样品的总质量，g。

（2）接触角测试：液体在固体材料表面的接触角是衡量该液体对固体表面润湿程度的重要参数，也是反映该物质表面亲疏水性的重要指标。接触角越大，该固体表面越疏水，通过对比接触角的大小可以反映改性效果的好坏。若 $\theta < 90°$，则固体表面对水具有较大亲和力，即液体较易润湿固体，固体表面呈亲水性；其角越小，表示亲水性越好，改性效果越差；若 $\theta > 90°$，则固体表面对水的亲和力小，即液体不容易润湿固体，固体表面呈疏水性。其角越大，表示疏水性越好，改性效果越好。测试步骤：称取一定质量的粉体在压片机上压片，压力 20 MPa，时间 1 min。在室温条件下，采用纯水液体进行测定。

（3）吸油值测试：填料的吸油值在高聚物基料中应用时是一个非常重要的

指标。复合材料的加工性能及填料填充量大小都与吸油值的大小直接相关。填料和增塑剂的组合使用是一种常见的高聚物基材料改性方法，可以改善材料的加工性能和终产品的性能。然而，填料吸油值高可能会对填料和增塑剂的使用效果产生负面影响。当填料吸油值高时，填料会更容易吸附周围的增塑剂，导致增塑剂无法充分发挥其增塑作用，从而降低增塑剂对树脂的增塑效果。为了达到相同的增塑效果，需要增加增塑剂的用量，这样就会导致成本上升和制品质量的不稳定。吸油值可以作为研究改性剂配方比较的评价方法。在填料与树脂体系混合时，填料的吸油值越低，则可以减少填料表面附着的杂质和润滑剂等添加剂的吸附，从而使填料与树脂体系更容易混合，并提高填充比例，进而提高材料的强度和硬度等性能。测定方法：精确称量 1.000 g 的样品，放到表面光滑平整且面积不小于 20 cm×20 cm 的洁净的玻璃板上，滴定液采用邻苯二甲酸二丁酯，通过精确等级为 A 级的酸式滴定管盛装。滴定时，要缓慢旋转阀门，逐滴向粉末样品中滴加邻苯二甲酸二丁酯，同时不断用玻璃棒搅拌碾压粉末和滴定液，使二者充分接触吸收。当加到最后一滴时，粉末样品与滴定液混合成整体，且面板上无游离的干燥粉末样品，即达到滴定终点。吸油值的计算公式如下：

$$A_0 = V/M \tag{5-2}$$

式中，A_0 为吸油值，mL/g；V 为所用邻苯二甲酸二丁酯的体积，mL；M 为样品的质量，g。

（4）润湿热测试：润湿热（J/g）是粉体与液体润湿时释放的热量，粉体表面润湿前后的润湿热在数值上等于表面因润湿而发生的焓变，润湿热与接触角一般成反比，润湿热越大，粉体疏水性越差。润湿热的测定使用 Setaram C80-Ⅱ 微量热仪。

（5）分散稳定性测试：粉体在不同性质的介质中会呈现不同的沉降特点，不同的沉降特点也反映出其在相应介质中的分散稳定性。同等条件下，粉体在介质中沉降一定高度所需的时间反映了其在介质中的沉降速度。粉体分散稳定性越好，沉降速度越慢，沉降时间也就越长。因此，一定时间段内的沉降情况可用来评价粉体表面改性效果。本节采用液体石蜡充当非极性介质，通过观察改性前后粉体在其中 3 h 的沉降效果来评定其分散稳定性。

（6）改性粉体热稳定性采用 HCT-1 型热重分析仪进行测试，观察改性前后粉体热稳定性的变化；采用 MiniFlex 600 型 X 射线衍射仪对改性前后的粉体进行表征，分析改性前后粉体物相组成；采用 TENSOR 27 型傅里叶变换红外光谱仪和 ESCALAB 250Xi 型 X 射线光电子能谱仪对改性前后的粉体进行表征，探究表面改性机理。

5.1.6.3　改性后粉体填充 EVA

在对复合粉体进行改性后，将其填充到 EVA 中制备 EVA 复合材料，然后测试复合材料的冲击强度、拉伸强度、极限氧指数和熔融指数，并采用扫描电镜对其拉伸断面进行观察。

（1）EVA 复合材料的制备：将粉煤灰、Mg(OH)$_2$/粉煤灰、N-308/Mg(OH)$_2$/粉煤灰 3 种粉体分别按照 20%（质量分数）与 EVA 母粒混合均匀后从入料口加入双螺杆挤出机，制备复合材料；样品分别命名为粉煤灰/EVA、Mg(OH)$_2$/粉煤灰/EVA、N-308/Mg(OH)$_2$/粉煤灰/EVA；挤出机从下料口到出料口，10 个加热段的温度分别为 110 ℃、115 ℃、120 ℃、125 ℃、130 ℃、135 ℃、140 ℃、145 ℃、150 ℃、155 ℃；螺杆转速和加料器转速分别为 300 r/min、30 r/min。同时制备纯 EVA 样品作为对照。采用注塑机进行注塑样条制备，注塑温度为 200~220 ℃；注塑压力为 50~60 MPa；注塑机从下料口到射胶口（喷嘴）依次升温有 5 个加热段，即下料口 110 ℃、单螺杆 120 ℃、加热 140 ℃、储料 140 ℃、喷嘴 150 ℃；将制得的样条室温下干燥 24 h 后使用。

（2）性能测试：冲击强度测试：根据《塑料　简支梁冲击性能的测定》（GB/T 1043.1—2008），试样尺寸为 80 mm×10 mm×4 mm，采用 C 型缺口，缺口宽度为 2 mm，在摆锤式冲击实验机上进行测试，每组试样测试 5 次并取平均值；拉伸强度测试：根据《塑料　拉伸性能的测定　第 1 部分：总则》（GB/T 1040.1—2018），采用 I 型试样，以 50 mm/min 的速度在电子万能实验机上进行测试，每组试样测试 5 次并取平均值；断面形貌测试：利用扫描电子显微镜对试样的拉伸断裂截面进行表征；极限氧指数：根据《塑料　用氧指数法测定燃烧行为　第 2 部分：室温试验》（GB/T 2406.2—2009），试样尺寸 85 mm×10 mm×5 mm，采用 A 型点燃方法，燃烧时间 180 s，在极限氧指数测试仪上进行测试；熔融指数：根据《塑料　热塑性塑料熔体质量流动速率（MFR）和熔体体积流动速率（MVR）的测定　第 1 部分：标准方法》（GB/T 3682.1—2018），料筒中装入 5 g 样品，设置切断长度为 10 mm，240 ℃下在熔融指数仪上测试，每组试样测试 5 次并取平均值。

5.1.7　水性膨胀防火涂料制备及性能测试

5.1.7.1　改性后粉体制备涂料

本节实验是在前人经验的基础上，改变矿物填料的种类，保持其余实验因素不变而进行的，防火涂料基本配方见表5-4。

表5-4　防火涂料基本配方

原料名称	质量分数/%
环氧乳液	15.0
纯丙乳液	15.0
聚磷酸铵（APP）	22.0
双季戊四醇（DPER）	6.0

续表 5-4

原料名称	质量分数/%
三聚氰胺（MEL）	12.0
可膨胀石墨（EG）	4.5
矿物填料	10.0
氯化石蜡	3.0
去离子水	10.0
化学助剂	2.5

（1）将膨胀阻燃体系（聚磷酸铵、三聚氰胺、双季戊四醇）、无机填料、膨胀石墨等粉料采用研钵进行研磨。

（2）按配方加入离子水、分散剂、润湿剂、部分消泡剂在 400 r/min 的转速下在分散机中搅拌 10 min，使其混合均匀；添加可膨胀石墨在 1000 r/min 的转速下搅拌 10 min，再依次缓慢加入 APP、DPER、MEL、氯化石蜡在 2000 r/min 的转速下高速搅拌 60 min 左右，制备成浆料。

（3）在浆料中缓慢加入成膜物质（环氧乳液、纯丙乳液）、成膜助剂，在 600 r/min 的转速下搅拌 10 min，继续添加流平剂等剩余助剂搅拌 15 min，使其分散更加均匀，即可获得防火涂料。

（4）用去离子水或增稠剂调节体系黏度至 15~30 s，然后密封贮存在容器瓶中静置 24 h，以备防火涂料性能检测。

5.1.7.2　样板制备

首先准备一定数量的、表面平整的、尺寸为 120 mm×50 mm×1 mm 的 Q235 型热轧钢板。然后对制样钢板表面进行砂纸打磨、酸洗除锈、碱洗除油处理。使用油漆刷将制备的防火涂料按从上到下、从左到右的顺序逐步涂覆在预处理好的钢板表面，涂层厚度达到 2.00 mm 左右即可，保证涂覆表面均匀平整。将涂覆完成的样板在室温下自然干燥 7 天，直至钢板总体质量变化误差控制在 0.01 g 以内，随即进行防火性能测试。

5.1.7.3　涂料理化性能测试

室内钢结构防火涂料按《钢结构防火涂料》（GB 14907—2018）执行，其具体产品质量指标见表 5-5。

表 5-5　室内超薄型钢结构防火涂料技术指标

检测项目	技术指标	缺陷类别
	NCB	
在容器中状态	搅拌后均匀细腻、无结块	C
干燥时间	表干不大于 12 h	C
外观与颜色	与同类样品无明显差别	C

检测项目	技术指标	缺陷类别
	NCB	
初期干燥抗裂性	不应出现裂纹	C
耐水性	不小于 24 h，涂层应无起层、发泡、脱落现象，且隔热效率衰减量应不大于 35%	A
耐冷热循环次数	不小于 15，涂层应无开裂、脱落、起泡现象	B
耐火极限	涂层厚度不应低于 1.5 mm，耐燃时间不低于 60 min	A

注：A 为致命缺陷，B 为严重缺陷，C 为轻缺陷。

表 5-5 中所有检测项目的具体操作方法详见《钢结构防火涂料》（GB 14907—2018）。

5.1.7.4　涂料防火性能测试

按照《钢结构防火涂料》（GB 14907—2018）相关要求，为了更加贴近真实火场温度，防火性能测试采用外焰温度可达 800~1000 ℃ 且具有一定冲击性的酒精喷灯作为火源。具体操作方法为：通过两台带有夹具的铁架台将测试钢板固定，样板涂层面向火源，两中心处于同一直线，距离酒精喷灯喷嘴 5~6 cm，钢板背面放置表面测温热电偶，通过温度测试计读取钢板背部温度的实时数据。开始测试时，先预热酒精喷灯，通过进气阀调节火焰高度至 7~8 cm，待火焰稳定且外焰温度达到 900 ℃ 左右时，小心将火焰平移至样板正下方，使喷灯的外焰对涂层进行灼烧。火焰到达指定位置后开始计时，1 min 读取一次表显温度，并观察涂层变化情况，连续记录 10 min 之后，调整为隔 5 min 记录一次，连续灼烧 80 min 后停止实验。通过最终钢板背部平衡温度来反映涂料的防火性能。图 5-2 为未涂覆涂料的钢板背部升温曲线图，结果显示钢板在 9 min 时背部温度达到

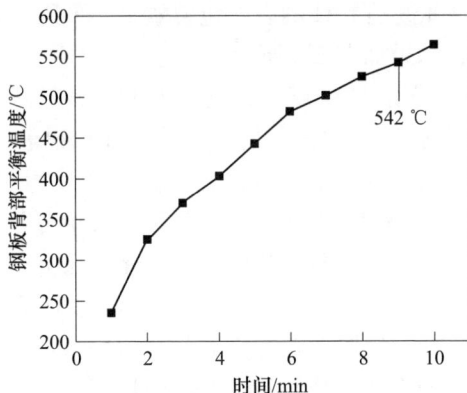

图 5-2　裸露钢板升温曲线图

542 ℃，根据防火实验相关标准要求，实验中钢板背温不应超过 538 ℃，因此该火焰可以在室温条件下将钢板加热至指定温度，可以将该火焰作为测试火源。图 5-3 为防火性能测试装置示意图。

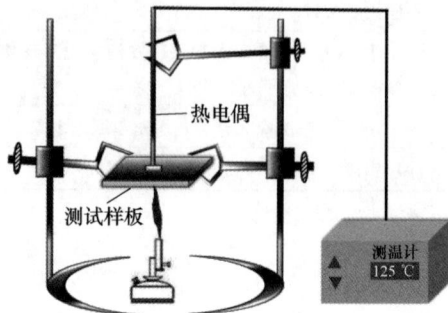

图 5-3　防火性能测试装置示意图

5.1.7.5　涂层膨胀倍率计算

通过计算涂层燃烧后的膨胀倍率，可以衡量该涂料的防火性能。本实验采用游标卡尺测量膨胀层的最大厚度，即得到涂层的膨胀厚度，膨胀倍率计算公式如下：

$$K = \frac{\delta}{\delta_0} \tag{5-3}$$

式中，K 为膨胀倍率；δ 为膨胀后涂层最大厚度，mm；δ_0 为膨胀前涂层厚度，mm。

5.2　粉煤灰表面无机氢氧化镁包覆改性

5.2.1　XRD 分析

为了探究不同包覆量复合粉体的表面包覆效果，采用 X 射线衍射仪对粉煤灰及复合粉体进行表征，结果如图 5-4 所示。

图 5-4 中曲线 a~i 分别是粉煤灰，复合粉体 1、2、3、4、5、6、7、8 的 XRD 图谱。使用 Jade 软件进行物相分析，从曲线 a 可以看出粉煤灰经煅烧后的主要晶相物质为莫来石 $[Al_2(Al_{2.8}Si_{1.2})O_{9.6}]$，卡片号为 No. 79-1276；石英（$SiO_2$），卡片号为 No. 86-2333，其中莫来石的特征峰十分显著，说明莫来石结晶度很高。此外，图谱中还含有微弱赤铁矿的衍射峰，说明粉煤灰中含有少量赤铁矿[1]。对比曲线 a 和曲线 b、c、d、e 发现，当包覆量低于 30% 时，未出现新的特征峰，且粉煤灰特征峰的位置没有发生偏移，说明表面包覆 $Mg(OH)_2$ 不会对粉煤灰的晶体结构和物相组成造成改变。$Mg(OH)_2$ 特征峰没有出现，可能是溶液中的 NaOH 与粉煤灰中的 Si、Al、O 等元素反应生成硅铝酸盐，导致 $Mg(OH)_2$ 较难生成。当包覆量大于等于 40% 时，曲线 f、g、h、i 在 $2\theta = 18.5°$、$38.2°$、

50.9°、58.8°处出现大量显著而尖锐的 $Mg(OH)_2$ 特征峰，这与文献报道的结果相一致[2]。从左到右晶面依次为（001）、（101）、（102）、（110），其中（101）晶面峰形最尖锐，说明此方向晶面完整，结晶度高，粉煤灰表面成功包覆了 $Mg(OH)_2$。

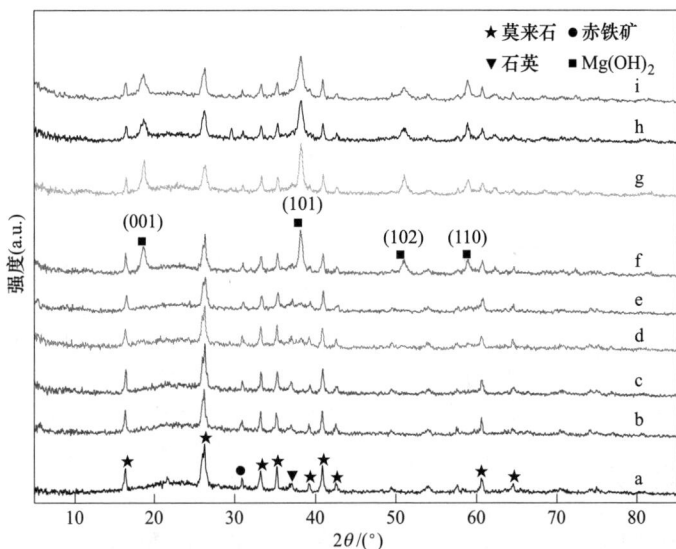

图 5-4　粉煤灰及复合粉体 1、2、3、4、5、6、7、8 的 XRD 图谱
a—粉煤灰；b—复合粉体 1；c—复合粉体 2；d—复合粉体 3；
e—复合粉体 4；f—复合粉体 5；g—复合粉体 6；h—复合粉体 7；i—复合粉体 8

5.2.2　FTIR 分析

图 5-5 中曲线 a~i 分别是粉煤灰，复合粉体 1、2、3、4、5、6、7、8 的 FTIR 图谱。曲线 a 中波数 3447 cm^{-1} 和 1636 cm^{-1} 处分别为粉煤灰中 O—H 的伸缩振动和弯曲振动特征吸收峰，说明粉煤灰中含有大量的 Si—OH；波数 1073 cm^{-1} 和 559 cm^{-1} 处分别是 Si—O—Si 非对称伸缩振动和 Si—O 弯曲振动特征吸收峰[3]。波数 3696 cm^{-1} 处为 O—H 反对称伸缩振动特征吸收峰，对比曲线 b~i 可以看出，随着包覆量的增加，峰强逐渐增大，当包覆量达到 40% 及以上时，峰变得锐而窄，是典型的氢氧键，说明粉煤灰表面包覆了较多的 $Mg(OH)_2$。波数 1423 cm^{-1} 处为 $Mg(OH)_2$ 中 O—H 的弯曲振动峰，且峰强随着包覆量的增大逐渐增强，当包覆量低于 30% 时几乎看不到此峰的存在，这可能是因为当包覆量较低时，溶液中 Mg^{2+}、OH^- 浓度较低，形成的 $Mg(OH)_2$ 物质的量较少。波数 559 cm^{-1} 处的峰强则随着包覆量的增加逐渐减弱，表明 Si—O 发生断裂，与 $Mg(OH)_2$ 之间形成 Si—O—Mg—OH。

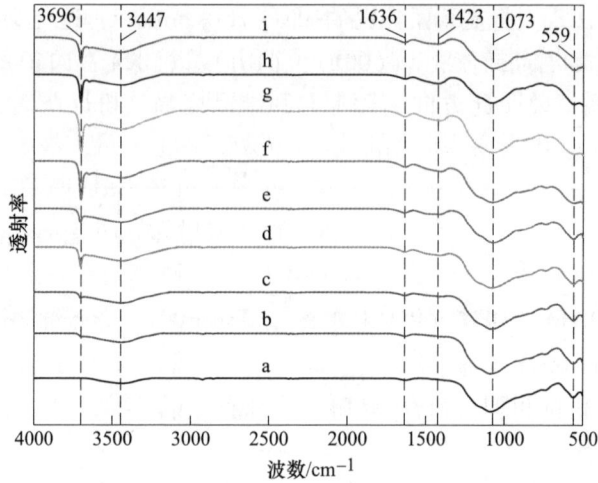

图 5-5　粉煤灰及复合粉体 1、2、3、4、5、6、7 和 8 的 FTIR 图谱

a—粉煤灰；b—复合粉体 1；c—复合粉体 2；d—复合粉体 3；
e—复合粉体 4；f—复合粉体 5；g—复合粉体 6；h—复合粉体 7；i—复合粉体 8

5.2.3　SEM 分析

为了观察不同包覆量复合粉体的表面包覆效果及粉体表面元素变化情况，采用扫描电镜和 EDS 对复合粉体进行表征，结果如图 5-6 和表 5-6 所示。

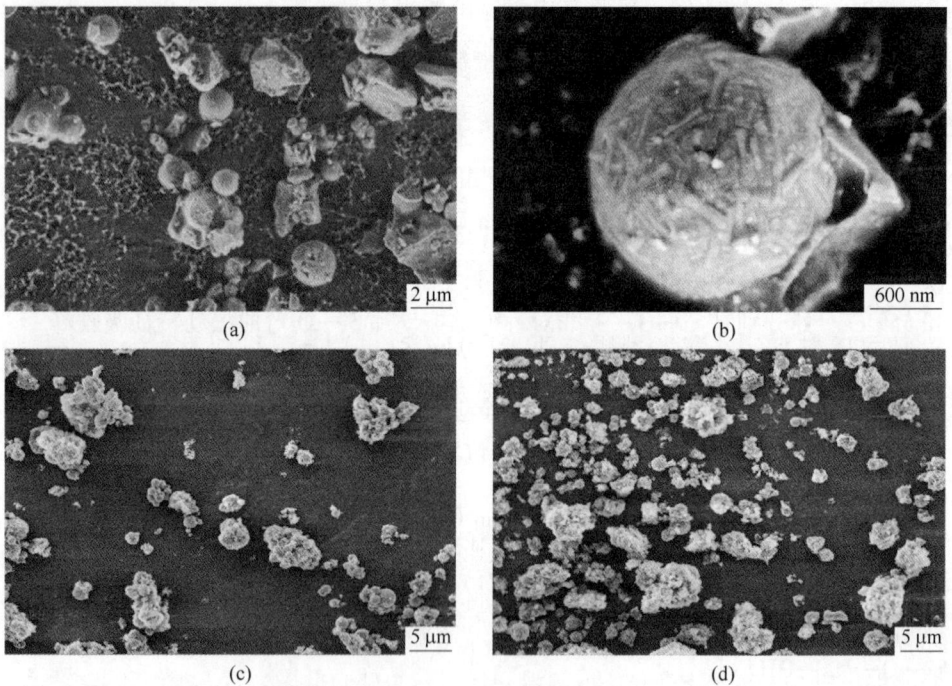

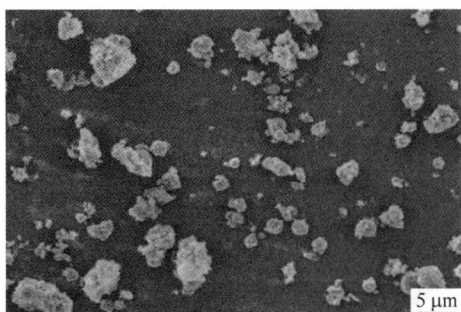

(e)

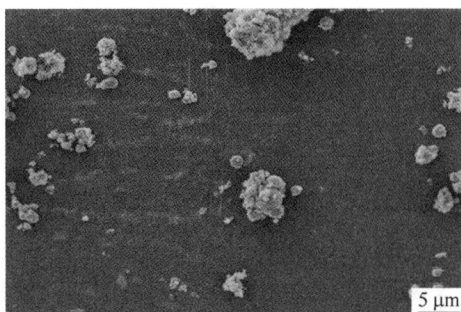

(f)

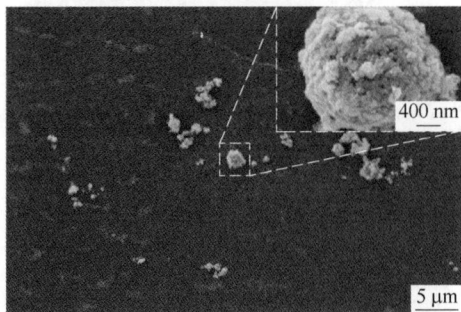

(g)

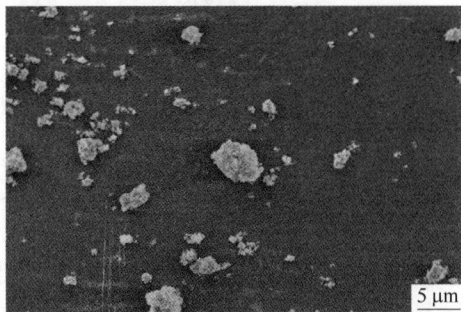

(h)

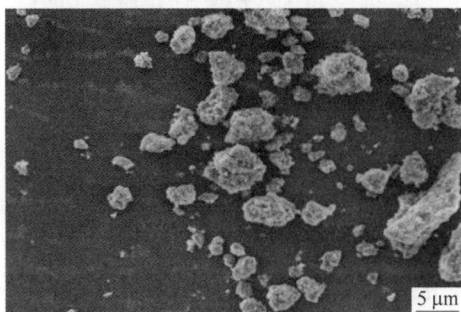

(i)

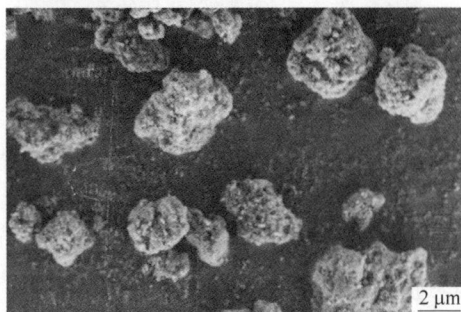

(j)

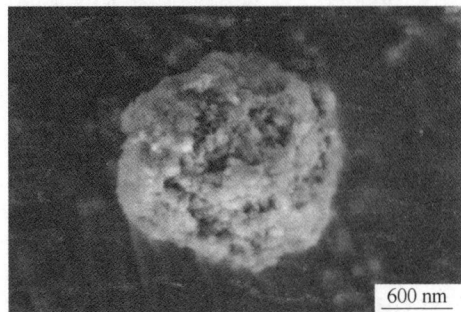

(k)

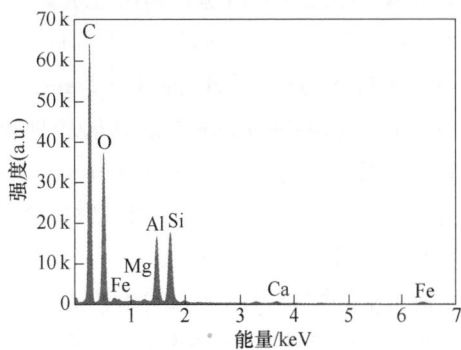

(l)

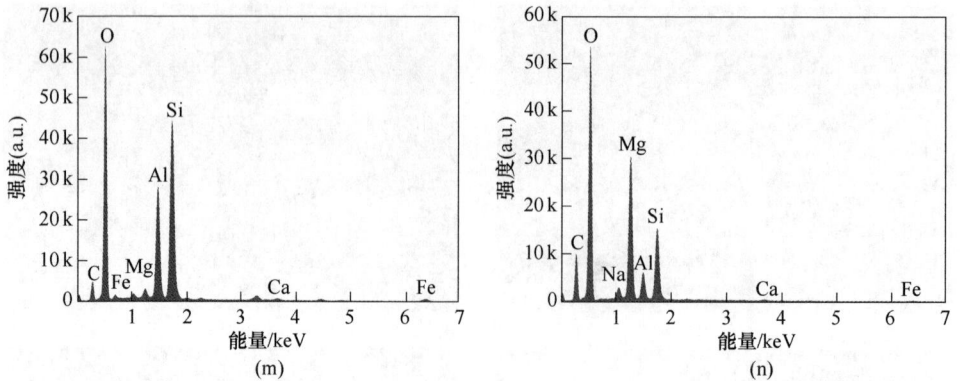

图 5-6　粉煤灰 (a)(b) 及复合粉体 1 (c)、2 (d)、3 (e)、4 (f)、5 (g)、6 (h)、
7 (i)、8 (j)(k) 扫描电镜图；粉煤灰 (l)(m) 及复合粉体 8 (n) 的 EDS 图

表 5-6　不同元素的原子分数和质量分数

样品		元素						
		C	O	Mg	Al	Si	Ca	Fe
粉煤灰原样	质量分数/%	57.25	31.70	0.13	4.21	4.79	0.33	1.23
	原子分数/%	66.96	27.83	0.08	2.19	2.40	0.11	0.31
煅烧粉煤灰	质量分数/%	14.12	48.81	0.84	11.00	19.59	0.50	2.16
	原子分数/%	21.47	55.71	0.63	7.45	12.73	0.23	0.71
复合粉体 8	质量分数/%	24.79	48.47	13.93	2.85	7.68	0.25	0.53
	原子分数/%	33.94	49.41	9.34	1.72	4.46	0.10	0.16

　　图 5-6 (a) 和 (b) 为粉煤灰煅烧后的扫描电镜图，由图可以看出，粉煤灰经过 815 ℃煅烧 2 h 后球形度未发生较大变化，平均粒径 1.2~2 μm。在微珠表面可以看到有棒状物裸露，结合图 5-1 分析可知是莫来石，这说明粉煤灰经高温煅烧后非晶态物质减少，结晶度变高。图 5-6 (c) 为 5%包覆量的复合粉体形貌图，部分微珠表面不均匀地包覆了粒子，粗糙度变大，大多数微珠依旧表面光滑，说明当包覆量较低时 (5%)，粉煤灰表面不能均匀包覆 Mg(OH)$_2$。图 5-6 (d) 为 10%包覆量的复合粉体形貌图，由图可以看出，在包覆量增大后，微珠表面包覆的物质增多，但出现了沉淀聚集现象，这是因为反应过程中溶液浓度分布不均匀，部分离子还未接触到粉煤灰就发生反应生成沉淀，在沉淀浓度较高的地方就形成了团聚。图 5-6 (e)~(g) 分别为 20%、30%、40%包覆量的复合粉体形貌图，由图可以看出，随着包覆量的提高，游离的 Mg(OH)$_2$ 逐渐减少。图 5-6 (g) 包覆量为 40%时出现了球状 Mg(OH)$_2$。图 5-6 (h)~(k) 分别为50%、60%、70%包覆量的复合粉体形貌图，原本清晰可见的球形微珠逐渐变成

了表面不规则的多面体，这是因为随着包覆量的提高，包裹在粉煤灰表面的
$Mg(OH)_2$ 增加，包覆面积增加，包覆层增厚，且出现多层包覆现象，随着搅拌
的进行，外包覆层由于与基体结合力较小，容易散落在溶液中，形成不均匀聚
集。此外，由于包覆层没有形成连续平滑的膜层，复合粉体表面变得更粗糙，有
利于解决粉煤灰作填料时表面光滑，不易与基体结合的问题。由表 5-6 可知粉煤
灰表面 Mg 含量（质量分数）从 0.13% 增加至 13.93%，间接表明粉煤灰表面成
功负载 $Mg(OH)_2$。

　　由以上分析可知，当包覆量为 40%~70% 时，粉煤灰表面皆能成功负载纳米
$Mg(OH)_2$，但通过 SEM 观察微观形貌发现，包覆量为 70% 时，包覆最完全，形
貌最佳，所以选择 70% 包覆量的复合粉体 8 进行后续实验。

5.2.4　粒度分析

　　采用粒度分析仪，对粉煤灰及复合粉体 8 进行粒度分析，其分析结果如
图 5-7 所示。由图 5-7 可以看出，粉煤灰粒径主要分布于 1.12~1.47 μm，其
中粒径为 1.29 μm 的颗粒约占 44.6%，粒径为 1.12 μm 和 1.47 μm 的颗粒占
一半以上，这说明粉煤灰的粒径分布相对均匀。粒度分析仪所测粉煤灰的粒度
与扫描电镜图粉煤灰粒度范围基本一致。由图 5-7 可以看出，复合粉体 8 的粒
径分布较广，主要分布在 1.71~3.56 μm，与粉煤灰样品相比，复合粉体 8 粒
径分布范围整体右移，粒径普遍增大，且超过 50% 的颗粒粒径分布在 2.5 μm 左
右，说明绝大多数粉煤灰表面包覆了纳米粒子，其粒径变化同样反映在扫描电镜
图中。

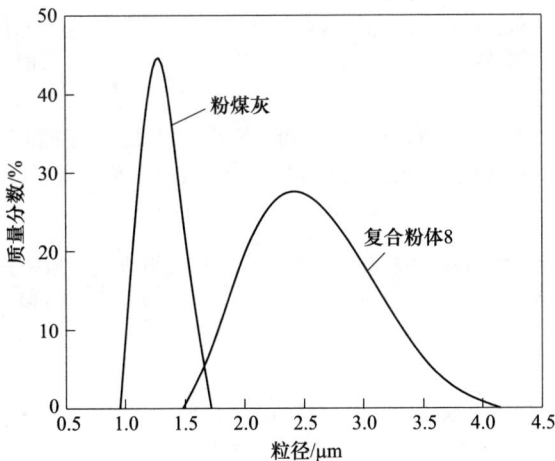

图 5-7　粉煤灰及复合粉体 8 的粒度分布

5.2.5　XPS 分析

为了进一步探究粉煤灰和 $Mg(OH)_2$ 之间的化学成键情况，分别对粉煤灰和复合粉体 8 进行 XPS 分析，结果如图 5-8 所示。粉体表面各元素含量见表 5-7，由表 5-7 可知，复合粉体 8 中 Mg 元素含量大幅增加，Al、Si 元素含量降低。如图 5-8（a）所示，曲线 a 和 b 分别为粉煤灰和复合粉体 8 的全谱图，对比曲线 a 和 b 可以发现，粉煤灰和复合粉体 8 中都含有 O、Si、Al、Mg 等元素的特征峰，这表明粉煤灰在反应前后主要组成元素没有发生较大变化，但通过曲线 b 观察到，在结合能为 1303.3 eV 处出现了强度较大的 Mg 元素特征峰，且归属于 Mg 1s。同时，位于 307 eV 处的 Mg KL2 峰强显著增强，表明粉煤灰的表面成功包覆了 $Mg(OH)_2$。图 5-8（b）为复合粉体 8 中 Mg 1s 的精细谱图，从图中可以看出，通过对 1303.3 eV 处的 Mg 1s 特征峰进行分峰拟合，出现了两条拟合峰，其中结合能为 1302.9 eV 的一条峰归属于 $Mg(OH)_2$[4]，另一条归属于 Si—O—Mg—OH 键，其结合能为 1303.7 eV。

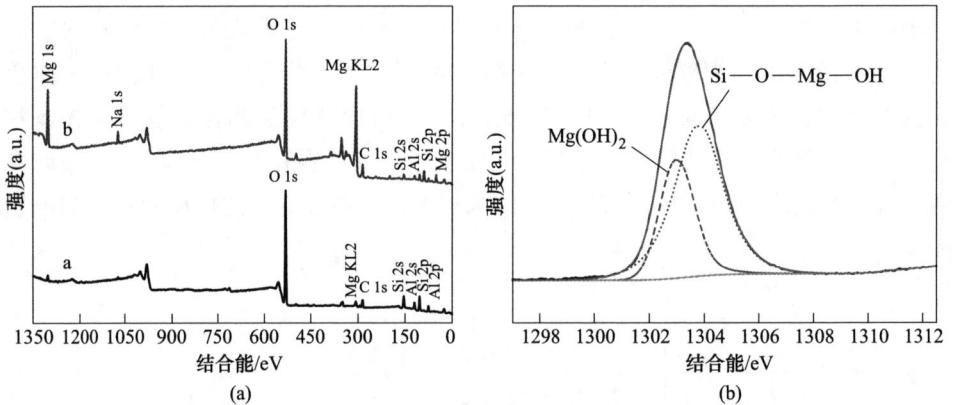

图 5-8　粉煤灰及复合粉体 8 的 X 射线光电子能谱图

（a）粉煤灰与复合粉体 8 的全谱图；（b）复合粉体 8 中 Mg 1s 的精细谱图

a—粉煤灰；b—复合粉体 8

表 5-7　粉煤灰和复合粉体 8 的 XPS 元素含量（原子分数）

样品	O	C	Mg	Al	Si
	元素含量/%				
粉煤灰	45.63	9.59	1.15	17.22	25.94
复合粉体 8	41.31	11.56	29.47	7.54	8.92

5.2.6 比表面积和孔结构分析

对粉煤灰及复合粉体 8 进行等温吸脱附曲线测定，吸附气体为氮气，吸附温度为 77 K，环境温度为 300 K。煅烧粉煤灰及复合粉体 8 的等温吸脱附曲线如图 5-9（a）所示，其孔径与孔容如图 5-9（b）所示，其比表面积、孔体积和平均孔径见表 5-8。

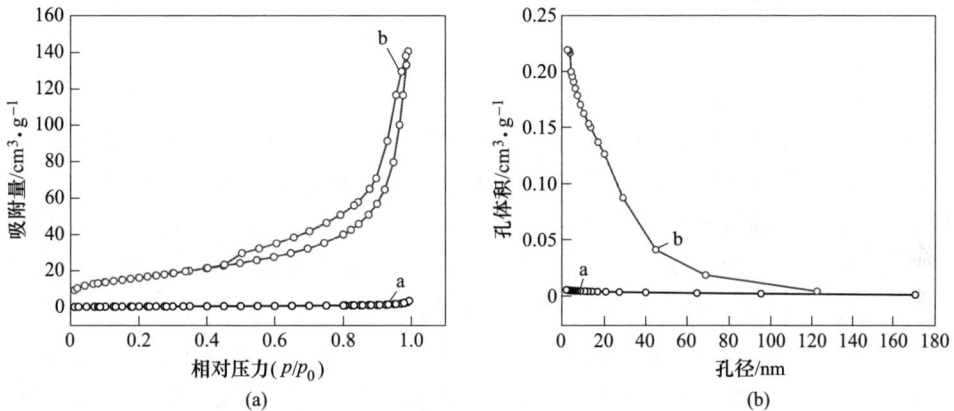

图 5-9 粉煤灰及复合粉体 8 的等温吸脱附（a）和孔径与孔容（b）

a—粉煤灰；b—复合粉体 8

表 5-8 粉煤灰及复合粉体 8 的比表面积、孔体积和平均孔径

样品	粉煤灰	复合粉体 8
BET 比表面积/$m^2 \cdot g^{-1}$	1.72	56.62
BJH 吸附孔的累积表面积/$m^2 \cdot g^{-1}$	1.65	54.69
BJH 脱附孔的累积表面积/$m^2 \cdot g^{-1}$	1.71	69.88
$p/p_0 = 0.99$ 时总孔体积/$cm^3 \cdot g^{-1}$	0.00	0.21
t-Plot 微孔体积/$cm^3 \cdot g^{-1}$	0.00	0.00
BJH 吸附孔累积体积/$cm^3 \cdot g^{-1}$	0.01	0.22
BJH 脱附孔累积体积/$cm^3 \cdot g^{-1}$	0.01	0.22
BET 吸附平均孔径/nm	11.02	14.50
BET 脱附平均孔径/nm	6.21	11.60

从图 5-9 中可以看出，根据 IUPAC 的分类，粉煤灰和复合粉体 8 符合带有 H3 滞后环的Ⅳ型吸脱附曲线[5]。在相对压力介于 0.43~1 时，复合粉体 8 出现毛细管凝聚现象，表明复合粉体中存在介孔。由表 5-8 可知，粉煤灰比表面积只

有 1.72 m²/g，无微孔（0 cm³/g），介孔和大孔体积仅为 0.01 cm³/g，BET 吸脱附平均孔径分别为 11.02 nm、6.21 nm，而复合粉体 8 比表面积为 56.62 m²/g，BET 吸脱附平均孔径分别为 14.5 nm、11.6 nm，较粉煤灰都有较大提高，其中比表面积增大近 33 倍。较大的比表面积有助于改善填料和聚合物基体的界面效应。

5.2.7　热稳定性分析

为了探究复合粉体 8 的热稳定性，对 Mg(OH)₂ 和复合粉体 8 进行热重测试，其结果如图 5-10 所示。

图 5-10（a）为两种粉体的 TG 曲线，由图可知：Mg(OH)₂ 在 330~420 ℃ 范围内出现了大幅度失重，这是因为随着温度的升高，Mg(OH)₂ 达到分解温度，生成大量结晶水和氧化镁，结晶水气化蒸发，致使 Mg(OH)₂ 快速失重约 24.4%；420 ℃ 以后分解速度平缓，直到 600~700 ℃ 出现小幅度失重，这是因为在分解后期随着温度上升，Mg(OH)₂ 表面的氧化镁晶核聚集并缓慢生长，导致氧化镁膜厚度增加，阻碍了生成的水在 Mg(OH)₂ 中的蒸发，使得这一过程分解缓慢；当温度达到 700 ℃ 以后，Mg(OH)₂ 质量变化趋于稳定，接近稳定恒重，这表明 Mg(OH)₂ 已分解为稳定不燃的氧化镁，且质量分数约占原 Mg(OH)₂ 的 65.1%，有助于在作阻燃剂时促进成炭。复合粉体 8 的失重温度范围和 Mg(OH)₂ 的大致相同，这说明主要是 Mg(OH)₂ 组分发生了分解。对比两条曲线发现，在相同温度下复合粉体 8 的失重率要略大于 Mg(OH)₂ 的失重率，表明复合粉体 8 中粉煤灰促进了 Mg(OH)₂ 组分的分解。图 5-10（b）为 Mg(OH)₂ 和复合粉体 8 的 DTG 曲线，由图可知：Mg(OH)₂ 在 394.1 ℃ 时分解速率最快，复合粉体 8 在 362.4 ℃ 分解速率达到峰值。相比之下，复合粉体 8 作为阻燃填料时能提前介入，防止火势的进一步发展蔓延。

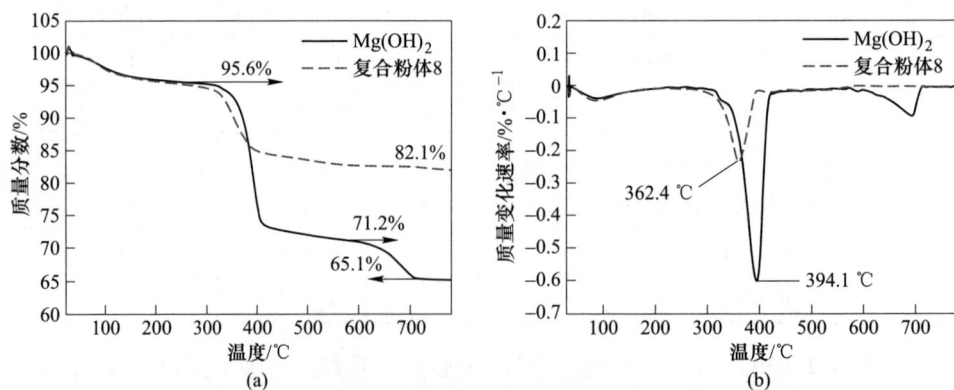

图 5-10　Mg(OH)₂ 和复合粉体 8 的 TG-DTG 曲线

（a）Mg(OH)₂ 和复合粉体的 TG 曲线；（b）Mg(OH)₂ 和复合粉体 8 的 DTG 曲线

5.2.8 复合粉体制备机理

粉煤灰和 $Mg(OH)_2$ 在不同 pH 值水溶液中的 Zeta 电位如图 5-11 所示。由图 5-11 可知，当 pH 值等于 10 时，粉煤灰粒子表面带负电荷，而 $Mg(OH)_2$ 粒子表面带正电荷。由于两种粒子携带异种电荷，会产生相互吸引，中和电荷的效果。在静电引力的作用下，粉煤灰和 $Mg(OH)_2$ 之间的结合力增强，一定程度上减少了同种粒子团聚的现象。虽然粉煤灰和 $Mg(OH)_2$ 之间存在静电引力，但这种结合力较弱，不足以维持核与壳的稳定连接。从图 5-12 可以看出，粉煤灰和 $Mg(OH)_2$ 都含有大量羟基，羟基缩合产生的 Si—O—Mg—OH 化学键的结合力远大于静电力，从而形成稳定的核壳结构。在碱性条件下，粉煤灰表面上的 Si—O—Si 和 Si—O 断裂，暴露出很多活性位点，这有利于溶液中游离的 Mg^{2+}、OH^- 在活性部位参与反应、形核和生成沉淀。在初始反应过程中悬浮液处于非稳态，吉布斯自由能较高，具有向动态平衡过渡的趋势。$Mg(OH)_2$ 晶体的形核和长大正是吉布斯自由能降低的方向，系统处于亚稳态和平衡态的吉布斯自由能之差为晶体的形核提供相变驱动力。溶液的过饱和度也与晶体的形核和长大有关，过饱和度越大，非均匀形核的势垒越小，越有利于形核和长大。在晶体形核过程中，当 $Mg(OH)_2$ 晶核的实际半径小于临界形核半径时，相变驱动力方向与晶体的生长方向相反，晶核将发生溶解；当晶核半径大于临界形核半径时，$Mg(OH)_2$ 会从溶液中析出，降低溶液的过饱和度，因此应不断加入 $MgCl_2$ 和 NaOH 反应离子，使溶液保持相对稳定的过饱和度，促使系统由亚稳态向平衡态转变。在水浴加热条件下，晶核开始自发吸收溶液中较高浓度区域的离子。晶核在界面上沿着切向和正常的连续沉积和吸附步骤生长，旧界面被覆盖，新界面不断产生[6]。

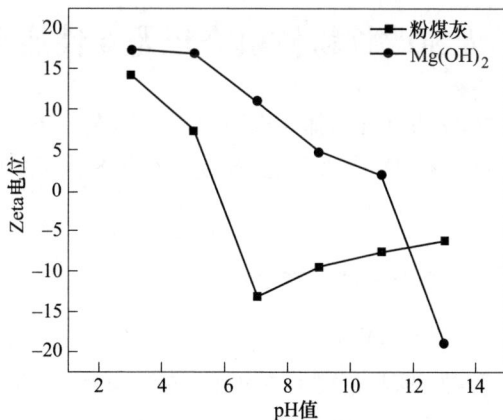

图 5-11　不同 pH 值下 $Mg(OH)_2$ 和粉煤灰的 Zeta 电位

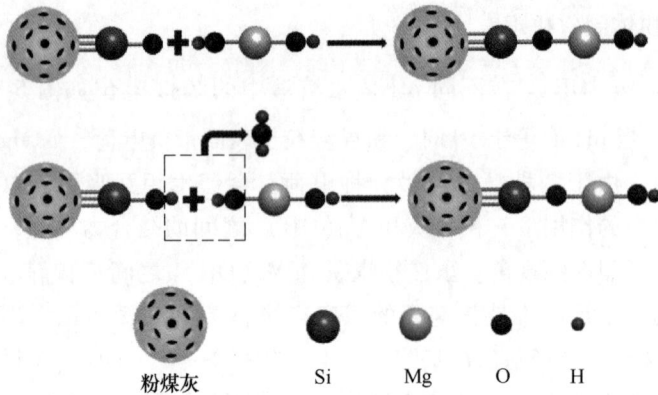

图 5-12　复合粉体成键机理示意图

　　Mg(OH)$_2$ 的晶体形状取决于其制备方法和生长条件，不同的制备工艺、条件和方法会对 Mg(OH)$_2$ 的形状产生影响，因此 Mg(OH)$_2$ 可能具有不同的形状和外貌。由 SEM 图和 XRD 可知，在煅烧粉煤灰表面包覆了球状 Mg(OH)$_2$。在成核过程中，Cl$^-$ 对晶体的（001）面和（101）面的影响较大，晶面能量增大，稳定性差，所以溶液中的阳离子会向生长的晶体聚集。由于溶液中阳离子浓度高且水合半径小，Na$^+$ 会无选择性地吸附在晶核表面，阻碍 Mg^{2+} 的进入及之后的生长，为了降低颗粒表面能，各向同性的晶粒趋于团聚。此外，在 90 ℃水热条件下，NaOH 和 MgCl$_2$ 以稳定的速率加入粉煤灰悬浮液中，使溶液中包覆剂的浓度始终处于晶核析出的状态，晶体粒径明显变大。（001）面与（101）面衍射峰强度比值变大，极性弱的（001）面显露较多，极性强的（101）面生长受到抑制，Mg(OH)$_2$ 颗粒表面微观内应力较大，从而引起颗粒团聚，呈现球状结构。

5.3　无机改性粉体填充尼龙 6 性能研究

　　本章以包覆量为 70% 的复合粉体 8 作阻燃填料填充 PA6，并对 PA6 复合材料的力学性能和阻燃性能进行表征分析，探究复合粉体 8 作填料时对 PA6 复合材料的阻燃、增韧机理。

5.3.1　复合粉体填充 PA6 力学性能分析

　　为了探究粉煤灰表面包覆 Mg(OH)$_2$ 前后填充 PA6 对其力学性能的影响，将复合粉体 8 按照质量分数 5% 与尼龙 6 在双螺杆挤出机中共混注塑，制备 PA6 复合材料，同理制备得到纯 PA6、Mg(OH)$_2$/PA6、粉煤灰/PA6 样品。对以上样品进行缺口冲击强度、拉伸强度、弯曲强度、弯曲模量、热变形温度、熔融指数、极限氧指数测试，测试结果见表 5-9。

表 5-9　纯尼龙 6 及其复合材料的力学性能

样品	PA6	粉煤灰/PA6	$Mg(OH)_2$/PA6	复合粉体 8/PA6
冲击强度/kJ·m^{-2}	9.70	6.02	4.34	11.08
拉伸强度/MPa	61.10	69.20	73.10	71.30
弯曲强度/MPa	83.30	110.20	107.40	90.80
弯曲模量/MPa	2452.00	2735.00	2725.00	2467.00

由表 5-9 可知，纯 PA6 缺口冲击强度为 9.70 kJ/m^2，填充 $Mg(OH)_2$ 后，复合材料缺口冲击强度为 4.34 kJ/m^2，比纯 PA6 降低 5.36 kJ/m^2，填充粉煤灰后，缺口冲击强度降低 3.68 kJ/m^2，然而复合粉体 8 作填料时，复合材料的缺口冲击强度为 11.08 kJ/m^2，较前三者都有提高。上述结果表明，当 $Mg(OH)_2$ 或粉煤灰单独填充 PA6 时，由于 $Mg(OH)_2$ 在基体中分散性较差，易团聚，从而形成应力集中点，粉煤灰在聚合物中相容性较差，都会导致填充后的复合材料韧性变差，反而当复合粉体 8 进行填充时，在克服以上两个缺点的基础上提高了复合材料的韧性。当 $Mg(OH)_2$、粉煤灰、复合粉体 8 分别填充 PA6 时，复合材料的拉伸强度都高于纯 PA6，这说明刚性粒子填充 PA6 时，在复合材料中可以充当物理交联点的角色，分担来自外界的拉伸应力，提高基体承受外界载荷的能力[7]。此外，当复合粉体 8 作填料时，复合材料的弯曲强度和弯曲模量要略低于 $Mg(OH)_2$ 和粉煤灰单独作填料时的性能指标，但是 3 种不同的填料对 PA6 复合材料的弯曲强度和弯曲模量的影响趋势是一致的，即两种指标都要优于纯 PA6，这说明 3 种填料均能提高复合材料的刚性，改善其力学性能。以上分析表明，复合粉体 8 填充 PA6，不会劣化基体材料的力学性能，而且可以在一定程度上改善 $Mg(OH)_2$ 和粉煤灰作填料时分散性和相容性较差的情况。

5.3.2　复合粉体填充 PA6 拉伸断面 SEM

为了探究复合粉体 8 作填料时增强 PA6 机理，对纯 PA6、粉煤灰/PA6、$Mg(OH)_2$/PA6、复合粉体 8/PA6 复合材料的拉伸断面形貌进行 SEM 表征，结果如图 5-13 所示。

图 5-13（a）为纯 PA6 拉伸断面图，纯 PA6 的拉伸断裂面较粗糙，裂纹呈层状分布，间接表明纯 PA6 发生韧性断裂；图 5-13（b）为粉煤灰填充 PA6 后拉伸断面 SEM 图，经过粉煤灰填充后的复合材料拉伸断面裂纹变得细小，断面形貌粗糙度降低，还可以观察到裸露在表面的粉煤灰颗粒和颗粒被拔出后留下的孔洞。由于粉煤灰与基体 PA6 界面间黏结力很弱，相容性较差，降低了 PA6 分子链排列的有序性，当复合材料受到外界拉力时，容易发生脆性断裂。图 5-13（c）

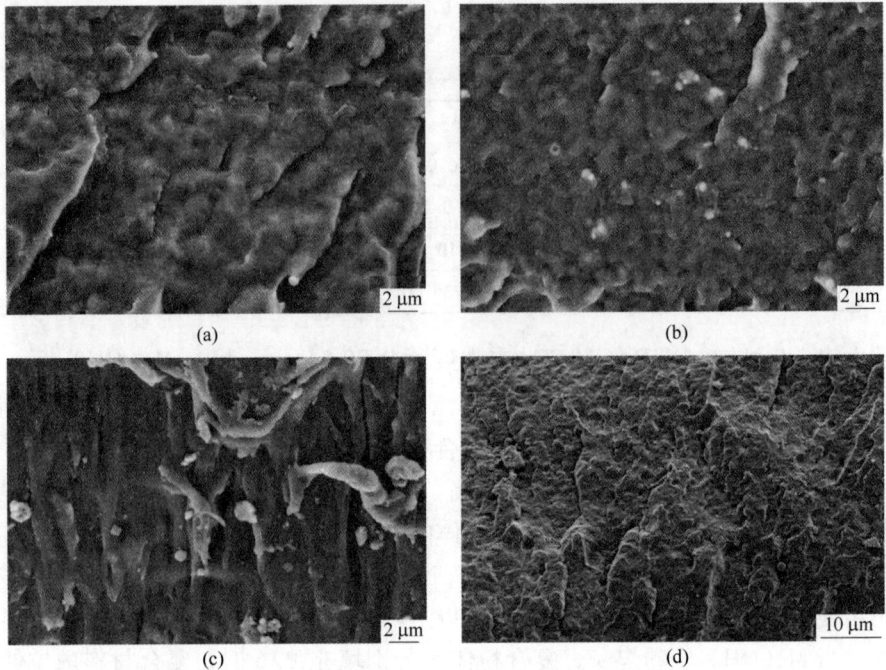

图 5-13　PA6（a）、粉煤灰/PA6(b)、Mg(OH)₂/PA6(c) 和
复合粉体 8/PA6（d）的拉伸断面 SEM 图

为 Mg(OH)$_2$ 填充 PA6 后拉伸断面 SEM 图，经过 Mg(OH)$_2$ 填充后的复合材料的
拉伸断面粗糙度很大，并伴有条状撕裂，说明复合粉体发生了塑性断裂。此外，
断面处还有 Mg(OH)$_2$ 的絮状团聚，表明 Mg(OH)$_2$ 在 PA6 基体中没有均匀分散。
图 5-13（d）为复合粉体 8 填充 PA6 后拉伸断面 SEM 图，经过复合粉体 8 填充后
的复合材料拉伸断面存在带状分布的褶皱裂纹，这表明复合材料受力发生了塑性
撕裂，均匀分布的褶皱裂纹在材料受力发生形变时可以起到柔性缓冲层的作用，
并引发银纹效应，分散和传递来自外界的能量载荷和拉伸应力，从而使复合材料
的韧性得到增强[8]。此外，复合粉体 8 的比表面积较 Mg(OH)$_2$ 有大幅提高，增
强了填料颗粒和聚合物之间的相互作用，从而增强了 PA6 力学性能[9]。

5.3.3　复合粉体填充 PA6 阻燃性能分析

纯 PA6、Mg(OH)$_2$/PA6、粉煤灰/PA6、复合粉体 8/PA6 样品极限氧指数测
试结果如图 5-14 所示。

由图 5-14 可知，与纯 PA6 相比，其余 3 种 PA6 复合材料的极限氧指数分别
提高 1.4%、1.8%、3.6%，这表明 Mg(OH)$_2$、粉煤灰、复合粉体 8 单独作填料
时都可以改善 PA6 复合材料的氧指数，但相比之下，复合粉体 8/PA6 的氧指数

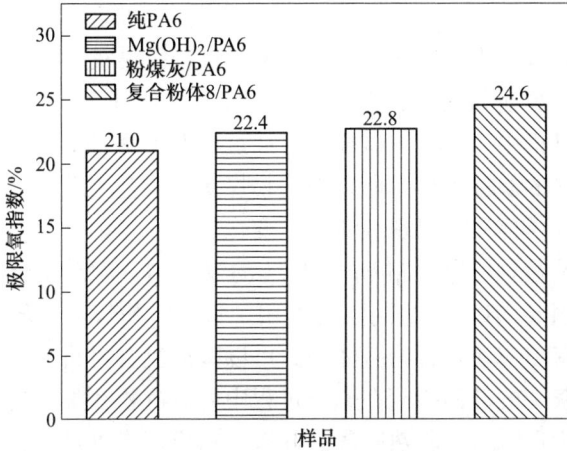

图 5-14 不同样品填充 PA6 的极限氧指数

最高。粉煤灰表面包覆 $Mg(OH)_2$ 后填充 PA6 材料的氧指数比两者单独填充都高，表明复合粉体兼具两者不燃性能，两种粉体相结合有利于提高彼此氧指数，达到协效增强的效果。

5.3.4 复合粉体填充 PA6 阻燃机理分析

图 5-15 为粉煤灰原样和煅烧粉煤灰的 TG 曲线。从图 5-15 曲线 a 可以看出，粉煤灰在 242 ℃以前出现大约 0.6%的失重，这是粉煤灰表面附着的结晶水蒸发和一些低燃点杂质燃烧所致。在 242～601 ℃质量变化呈起伏状，净失重约 0.35%，归因于燃点较高的杂质逐渐燃烧。随着温度的升高，粉煤灰表面的杂质

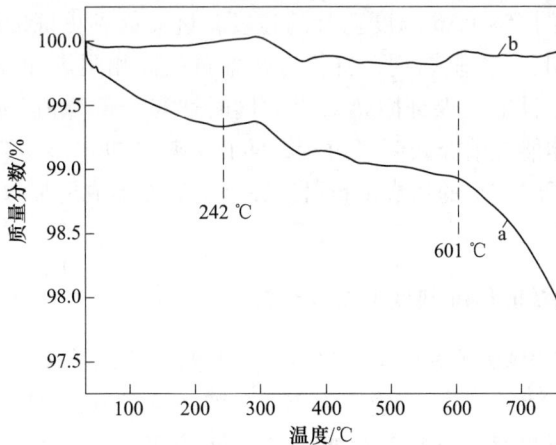

图 5-15 粉煤灰原样和煅烧粉煤灰的 TG 曲线
a—粉煤灰原样；b—煅烧粉煤灰

燃烧殆尽，粉煤灰内部的活性成分和孔洞逐渐暴露，随之产生 CO_2 气体的吸脱附现象，导致粉体质量产生微增微减变化。601 ℃后粉煤灰质量出现较大幅度的下降，这是未燃尽的炭达到燃点后燃烧所致。图 5-15 曲线 b 为煅烧粉煤灰的 TG 曲线，在整个加热过程中，由于测试样品已经经过 815 ℃煅烧 2 h 预处理，其中的大多数杂质和未燃尽的炭被除尽，所以煅烧粉煤灰的质量变化趋于稳定。同时 CO_2 气体的吸脱附导致粉体质量出现细微起伏变化。

复合粉体 8 是煅烧粉煤灰和 $Mg(OH)_2$ 的复合物，PA6 复合材料的阻燃性能得益于粉煤灰和 $Mg(OH)_2$ 的协同阻燃作用。首先，粉煤灰在较高温度下质量变化幅度很小，将其填充在聚合物基体中，可以降低复合材料的失重率，提高成炭率，此外，粉煤灰中的硅铝酸盐在燃烧过程中可以沉积在聚合物表面，使炭层增厚，形成致密的物理隔层，阻热隔氧。其次，粉煤灰本身具有较大比表面积与丰富的多孔结构，由于燃烧过程中产生的 CO 和 CO_2 分子是线性分子，平动速度较慢，所以会分布在粉煤灰表面与孔隙中，且 CO_2 属于导热系数较小的物质，因此既能隔绝氧气又能降低导热速率，从而起到阻燃作用。$Mg(OH)_2$ 的阻燃作用是由于其在 340 ℃左右时会发生分解反应，生成大量结晶水和 MgO，该反应属于吸热反应，且结晶水受热后会变成水蒸气，同样吸收较多热量，降低可燃物表面温度，稀释可燃物周围的易燃气体浓度，同时还可以吸收空气中游离的自由基。MgO 具有高度耐火绝缘性能，在高温下会形成致密的烧结 MgO 保护层，阻断可燃物与氧气的接触，减慢热量的释放，延迟火灾发生的时间。MgO 还会与空气中的 CO_2 发生反应，生成 $MgCO_3$，$MgCO_3$ 在一定温度下又会分解成 MgO 和 CO_2，这在一定程度上延长了 $Mg(OH)_2$ 的热解时间，更好地保护了基体材料。此外，纳米级 $Mg(OH)_2$ 比微米级 $Mg(OH)_2$ 能生成更多结晶水，从而吸收更多的热量，因此在燃烧时能够控制 PA6 温度上升的速度，进而起到更好的阻燃效果。粉煤灰表面包覆 $Mg(OH)_2$ 作阻燃剂，将粉煤灰本身的固相阻燃和 $Mg(OH)_2$ 的固气两相阻燃相结合，且能在保证阻燃效果的同时适当降低峰值分解速率对应的温度，使得复合粉体能提前介入阻燃过程，防止火势的进一步蔓延和扩大。此外，两者的结合提高了阻燃剂的残炭率，可以在基材表面形成更加致密厚实的隔氧隔热层（见图 5-16）。

5.3.5　复合粉体填充 PA6 热变形温度分析

不同粉体填充 PA6 制备的复合材料热变形温度测试结果如图 5-17 所示。由图 5-17 可知，纯 PA6 的热变形温度为 120.2 ℃，填充 $Mg(OH)_2$、粉煤灰及复合粉体 8 后，热变形温度分别提高了 29.2 ℃、46.9 ℃、32.5 ℃。这表明，3 种粉体都具有一定的刚性和耐热性，相比纯 $Mg(OH)_2$，复合粉体在 PA6 材料中能够不仅存在剥离结构，还存在插层结构，赋予了复合材料更强的热变形抵抗能

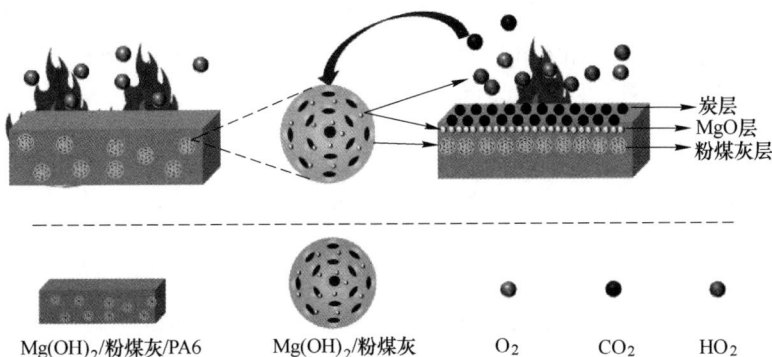

图 5-16 复合粉体阻燃机理示意图

力[10]。高分子材料的热变形温度主要受到分子链间的相对运动影响，当 $Mg(OH)_2$、粉煤灰、复合粉体 8 作填料时，会对 PA6 分子链起到约束作用，使复合材料内部摩擦力增大，填料粒子附近的 PA6 分子运动受到阻碍，从而提高复合材料的热变形温度，改善其耐热性能，拓展其在电子、汽车等领域的应用。

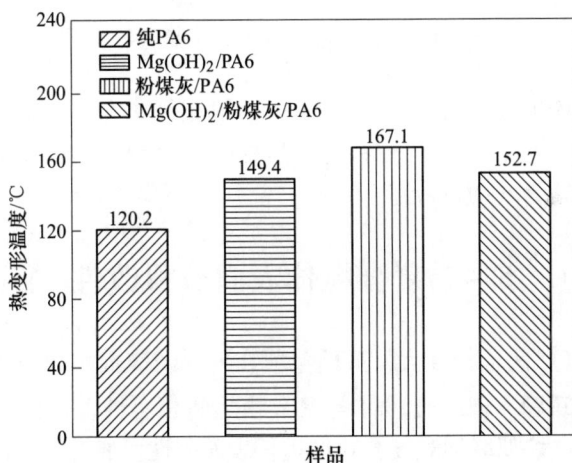

图 5-17 不同样品填充 PA6 的热变形温度

5.3.6 复合粉体填充 PA6 熔融指数分析

$Mg(OH)_2$/PA6、粉煤灰/PA6、复合粉体 8/PA6、纯 PA6 熔融指数测试结果如图 5-18 所示。由图 5-18 可知，纯 PA6 的熔融指数为 2.54 g/10 min，填充 $Mg(OH)_2$、粉煤灰及复合粉体 8 后，其熔融指数分别为 1.53 g/10 min、1.88 g/10 min、2.43 g/10 min，这表明复合材料的熔体流动速率下降，3 种粉体都具有一定的刚性，对 PA6 材料能起到良好的补强作用，降低黏性耗散，增强复合材料熔体弹性[11]。复合粉体 8 作填料时的熔融指数相较于其他两种高，表明复合粉体在 PA6 基体中的分散性和相容性得到改善，且 3 种填料均对 PA6 分子链的流动有一定的阻碍作用，使复合材料体系的黏度提高，降低材料流动性，有助于熔体的挤出加工和快速成型。

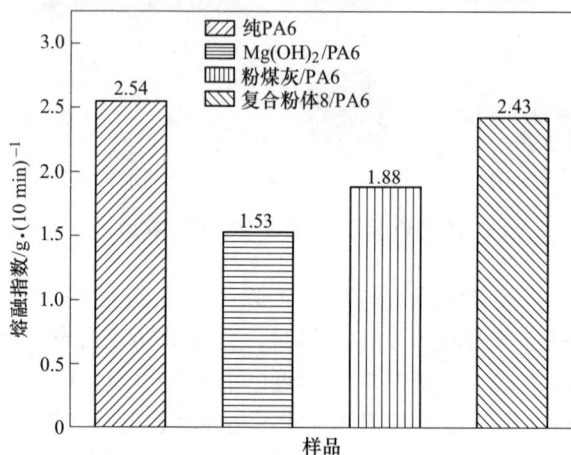

图 5-18　不同样品填充 PA6 的熔融指数

综上所述，粉煤灰表面包覆 Mg(OH)₂ 后填充 PA6 材料，能在一定程度上提高纯 PA6 的阻燃性能，且复合材料的力学性能也得到不同程度的提高。作阻燃剂时，可以替代纯 Mg(OH)₂。

5.4　复合粉体表面有机改性

由于 Mg(OH)₂ 表面极性大，虽然包覆在粉煤灰表面可以有效改善其单独作填料时易团聚的问题，但复合粉体与聚合物之间相容性差的问题仍没有得到解决，故本节采用硅烷偶联剂对复合粉体进行表面改性。通过测试改性前后粉体的活化指数、吸油值、润湿热、接触角来考察改性时间、改性温度、改性剂用量对粉体表面改性效果的影响，确定表面改性的最佳条件。通过沉降实验和 TG 实验测试最佳条件下改性粉体的分散性和稳定性。最后通过 XRD、FTIR、XPS 对改性前后粉体的物相组分、表面官能团、表面元素的变化进行表征，分析得出硅烷表面改性机理。

5.4.1　硅烷改性条件优化

5.4.1.1　改性时间对改性效果的影响

保持改性温度为 70 ℃，改性剂用量（质量分数）为 6%，考察不同改性时间对改性效果的影响，结果如图 5-19 所示。由图 5-19 可知，随着改性时间的增加，粉体的吸油值逐渐降低，当改性时间为 60 min 时，吸油值最低，此时粉体作填料时可以提高填充比例，减少对增塑剂的吸附。活化指数随着时间的增加迅速提高，表明粉体表面疏水改性程度越发充分，直至改性 60 min 时，活化指数几乎为 100%，粉体表面完全疏水，达到理想改性效果。相应的接触角也随着时间的延长逐渐增大，在反应 20 min 时，接触角已达到 90°，粉体表面接近疏水，随着时间的增加，粉体表面的疏水基团逐渐增加，最后成为超疏水表面。粉体表面的可润湿程度随着改性时间的增加逐渐降低，粉体被润湿后放出的热量也逐渐减少。综上所述，改性时间为 60 min 时，粉体表面改性效果最佳。

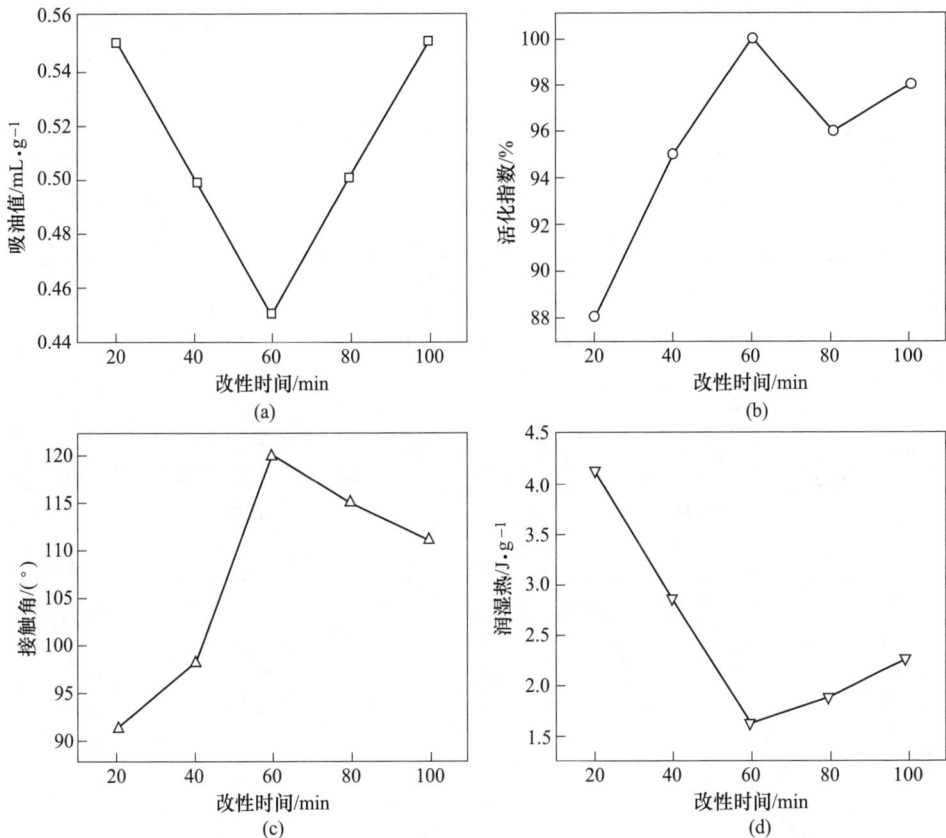

图 5-19 不同改性时间对吸油值（a）、活化指数（b）、接触角（c）和润湿热（d）的影响

5.4.1.2 改性温度对改性效果的影响

保持改性时间为 60 min，改性剂用量（质量分数）为 6%，考察不同改性温度对粉体表面改性效果的影响，结果如图 5-20 所示。由图 5-20 可知，随着改性

温度的提高，粉体的吸油值先降低，后有所升高；活化指数随着改性温度的升高快速增加，在 70 ℃时，活化指数达到 100%，粉体表面由改性前的亲水变为超疏水，温度持续升高后，活化指数小幅度下降。此外，粉体的接触角也呈先上升后降低趋势，粉体被润湿后释放的热量也相应地先减少后增加。前期当温度较低的时候，硅烷偶联剂活性较低，偶联剂预水解产生的 Si—OH 与粉体表面的—OH 反应程度低，接枝在粉体表面的疏水基团数量有限。随着温度的升高，改性剂活性增强，反应速率提高，表面改性效果逐渐改善。当温度达到 70 ℃时，偶联剂和粉体表面官能团反应程度达到最大化。当温度较高时，溶液中游离的部分 Si—OH 基团在与粉体表面官能团缩合反应前会发生自缩合反应，导致与粉体表面结合的官能团数量减少，粉体的疏水性减弱[12]。由此可知，对于正辛基三乙氧基硅烷，在较低温度进行表面改性时，反应效果欠佳，故选择 70 ℃作为粉体改性的最佳温度。

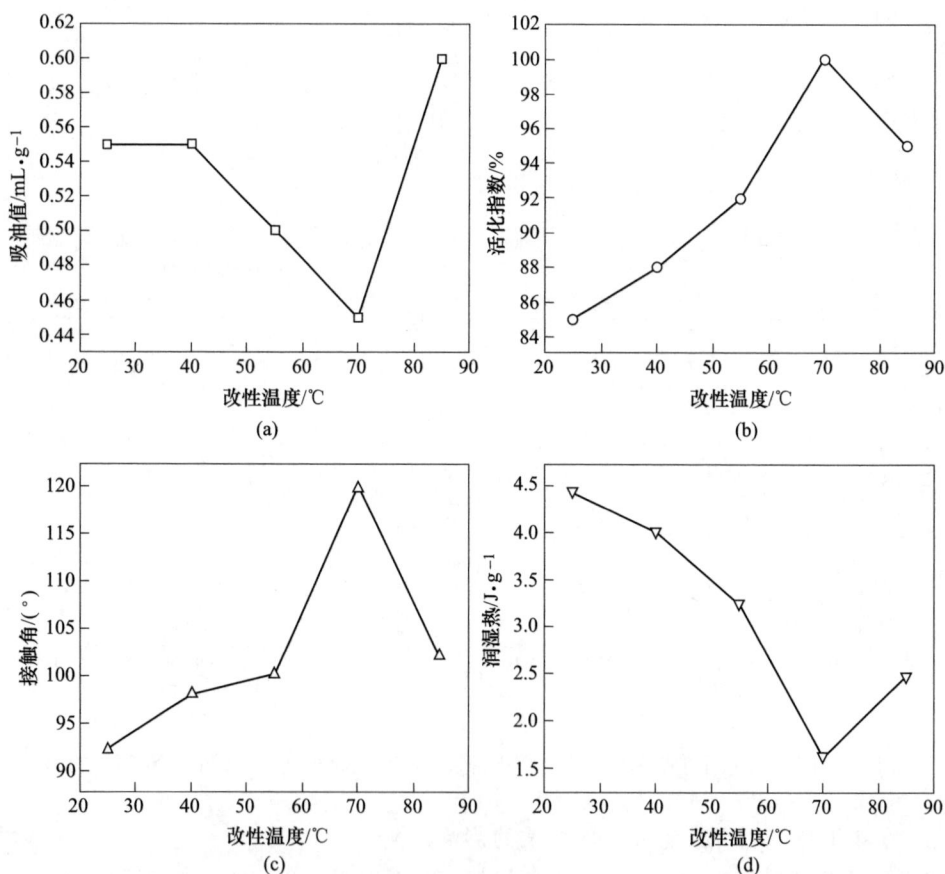

图 5-20 不同改性温度对吸油值（a）、活化指数（b）、接触角（c）和润湿热（d）的影响

5.4.1.3　改性剂用量对改性效果的影响

保持改性时间为 60 min，改性温度为 70 ℃，考察不同改性剂用量对粉体表面改性效果的影响，结果如图 5-21 所示。由图 5-21 可知，随着改性剂用量的增加，粉体吸油值逐渐下降，活化指数迅速升高，接触角也相应地由小于 90°增加到不小于 120°，润湿热也逐渐降低。当改性剂用量为 6%时，各项表征结果达到最佳值。改性剂用量较少时，粉体表面改性不完全，当改性剂用量达到一定程度后，粉体表面完全改性，达到超疏水效果[13]。继续增加改性剂用量，导致偶联剂在 Mg(OH)$_2$ 表面形成多层物理吸附而使部分极性基团朝外，导致疏水性下降，所以活化指数反而变小[14]。以上分析表明，复合粉体表面改性的最佳改性剂用量为 6%。

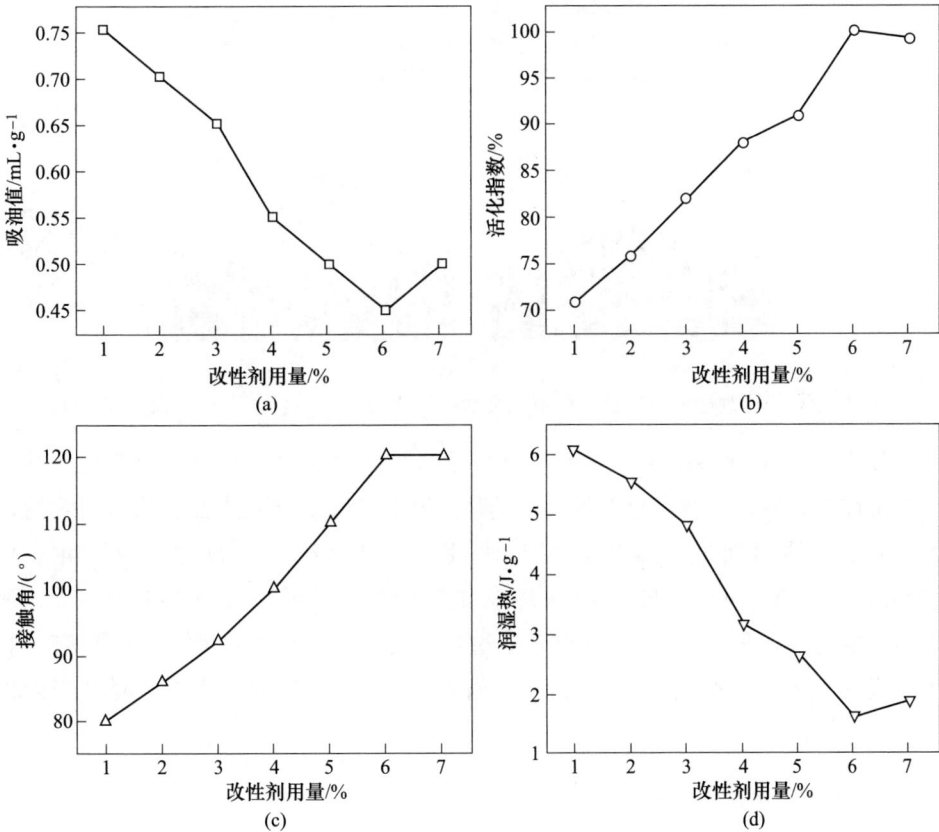

图 5-21　不同改性剂用量对吸油值（a）、活化指数（b）、
接触角（c）和润湿热（d）的影响

综上所述，复合粉体表面有机改性的最佳条件为：改性时间 60 min，改性温度 70 ℃，改性剂用量 6%。

5.4.2　粉体表面改性效果分析

为了考察粉体在最佳条件下的表面改性效果，对改性前后粉体的活化指数和接触角进行分析，结果如图 5-22 所示。

图 5-22　粉体改性前和最佳条件下改性后的活化指数（a）（b）和接触角（c）（d）

如图 5-22（a）和（b）所示，未改性的粉体放入水中，搅拌静置后，几乎全部沉淀在杯底，反观经过改性后的粉体，几乎全部漂浮在水面，通过直观对比可以发现粉体表面经过改性后由亲水性变为疏水性，且改性效果稳定。由图 5-22（c）和（d）可知，改性前粉体的接触角小于 90°，属于易润湿表面；改性后接触角大于 90°，表面难润湿。通过对比改性前后粉体的活化指数和接触角，可以发现正辛基三乙氧基硅烷可以有效改变粉体表面的亲疏水性，降低表面极性，减小表面能，避免团聚。

5.4.3　改性粉体的分散性分析

为了考察粉体改性前后在聚合物中的分散性，通过观察粉体在非极性介质液体石蜡中的沉降分散情况来评估其与聚合物的相容性。图 5-23 为粉体改性前后在液体石蜡中经搅拌静置后的沉降情况。

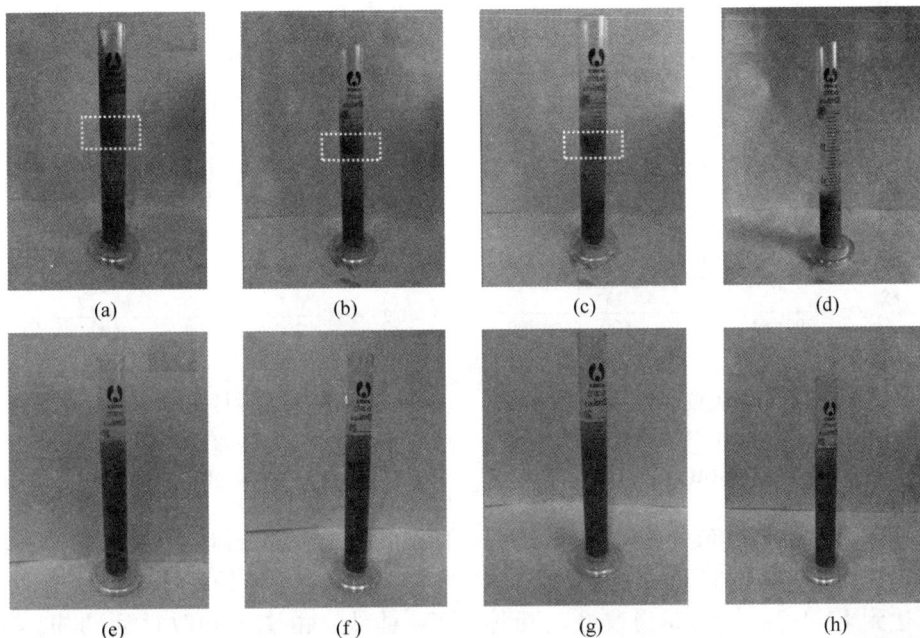

图 5-23　粉体表面改性前后在液体石蜡中经搅拌静置后的沉降情况
(a) 改性前, 0 h; (b) 改性前, 1 h; (c) 改性前, 2 h;
(d) 改性前, 3 h; (e) 改性后, 0 h; (f) 改性后, 1 h;
(g) 改性后, 2 h; (h) 改性后, 3 h

彩图

由图 5-23 可知, 粉体未改性前, 表面极性大, 经搅拌后在液体石蜡中发生了局部团聚现象, 且经过 3 h 的静置沉降后, 大部分粉体沉积在量筒底部。液体石蜡和粉体混合物出现了明显的分层现象, 由此表明未改性的粉体表面能高, 粉体间黏结团聚可以降低彼此表面能, 在非极性液体中团聚的粉体加快了沉降速度, 且由于表面性质相反, 粉体和液体石蜡介质相容性差, 粉体在介质中的分散程度也不理想。反之, 经过硅烷改性后的粉体放置在液体石蜡中, 搅拌静置后, 粉体间没有出现明显的团聚现象, 且量筒底部几乎无粉体沉积。粉体和液体石蜡混合体系相对稳定, 没有分层, 色泽较均匀, 表明粉体在液体石蜡中分散均匀, 两种物质可以较好地相容。以上分析表明, 经过硅烷改性后的粉体表面极性降低, 被偶联剂包覆的粉体颗粒空间位阻增大[15], 有效减少了颗粒间的团聚, 提高了分散性。

5.4.4　改性粉体的热稳定性分析

为了考察粉体改性前后的热稳定性及失重残炭的变化情况, 对改性前后的粉体进行了 TG-DTG 表征分析, 如图 5-24 和图 5-25 为粉体改性前后在 N_2 气氛下的 TG、DTG 图, 温度范围为 5~925 ℃。

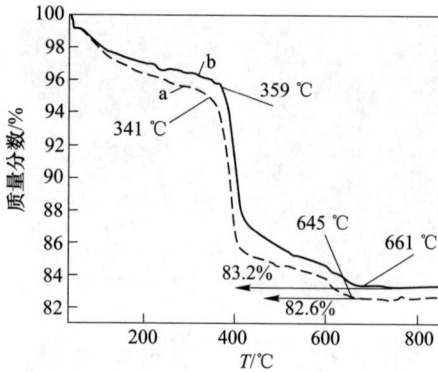

图 5-24　粉体改性前后的 TG 曲线
a—Mg(OH)₂/粉煤灰；
b—N-308/Mg(OH)₂/粉煤灰

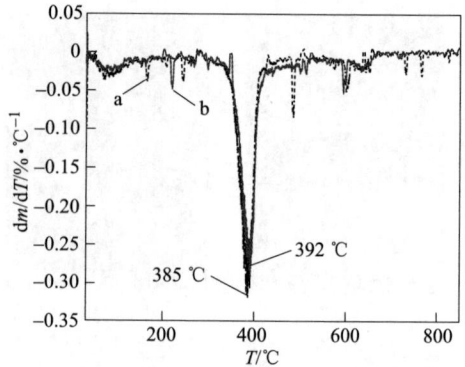

图 5-25　粉体改性前后的 DTG 曲线
a—Mg(OH)₂/粉煤灰；
b—N-308/Mg(OH)₂/粉煤灰

图 5-24 为粉体改性前后的 TG 曲线，曲线 a 为未改性粉体，可以看到，未改性粉体在 341 ℃左右开始快速失重，645 ℃以后失重完全，质量不再变化，失重率达到 17.4%；曲线 b 为改性后粉体的 TG 曲线，由图可知改性后的粉体在 359 ℃左右开始快速失重，661 ℃失重完全，失重率达到 16.8%。对比之下可以发现，改性后的粉体初始失重温度比未改性的粉体延迟 18 ℃，且残余质量高于未改性的粉体。粉体经表面改性后，热稳定性较未改性粉体得到提高，这是因为改性粉体在较高温度下发生了吸热降解[16]，有机硅烷改性剂高温下炭化，促进粉体成炭，提高残炭率。因此将改性后的粉体作阻燃填料填充在聚合物基体中，可以提高复合材料的阻燃性和热稳定性。图 5-25 为粉体改性前后的 DTG 曲线，由图可知，粉体未改性时失重速率最快的温度为 385 ℃，粉体改性后失重最快温度为 392 ℃，这也间接表明粉体改性后可以有效提高耐高温性能，在实际应用中延长材料高温下的使用寿命。

5.4.5　改性粉体的 XRD 分析

为了进一步探究粉体表面改性机理，对改性前后的粉体进行 XRD 表征分析，其结果如图 5-26 所示。

图 5-26 为粉体改性前后的 XRD 图谱，曲线 a 为粉煤灰，曲线 b 为 Mg(OH)₂/粉煤灰，曲线 c 为 N-308/Mg(OH)₂/粉煤灰。对比曲线 a 和曲线 b，可以发现粉煤灰表面包覆 Mg(OH)₂ 后，曲线 b 在衍射角为 18.7°、38.2°、50.9°、58.9°、62.2°、68.5°处出现 Mg(OH)₂ 的特征峰，分别与 Mg(OH)₂ 的（001）、（101）、（102）、（110）、（111）、（113）晶面相对应，说明粉煤灰表面包覆了晶型完整的 Mg(OH)₂。对比曲线 b 和曲线 c 可以发现，粉体经过表面改性后 Mg(OH)₂ 的特征峰位置与未改性前仍保持一致，且没有生成新的衍射峰，表明粉体改性后内部晶

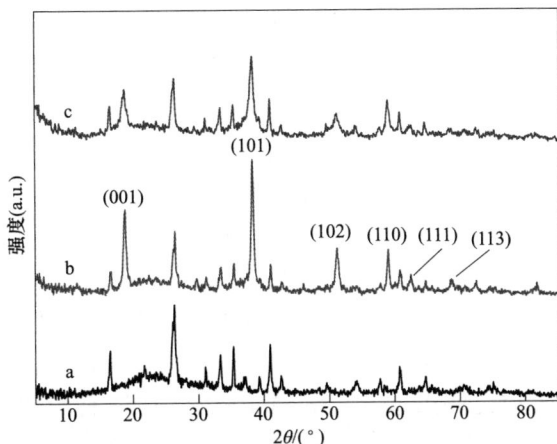

图 5-26 粉体改性前后的 XRD 图谱

a—粉煤灰；b—Mg(OH)$_2$/粉煤灰；c—N-308/Mg(OH)$_2$/粉煤灰

体结构没有发生改变，硅烷偶联剂只作用在粉体表面。此外，经过表面改性后，Mg(OH)$_2$ 的特征峰的强度都被不同程度减弱，说明硅烷偶联剂在 Mg(OH)$_2$ 的各个方向都有包覆，极性强的（101）晶面衍射峰强度减小最明显，这也从侧面说明经过表面改性后粉体表面极性减小[17]。

5.4.6 改性粉体的 FTIR 分析

为了进一步探究硅烷偶联剂和粉体表面的作用形式，对改性前后的粉体进行傅里叶红外光谱表征，图 5-27 为粉体表面改性前后的红外光谱图。

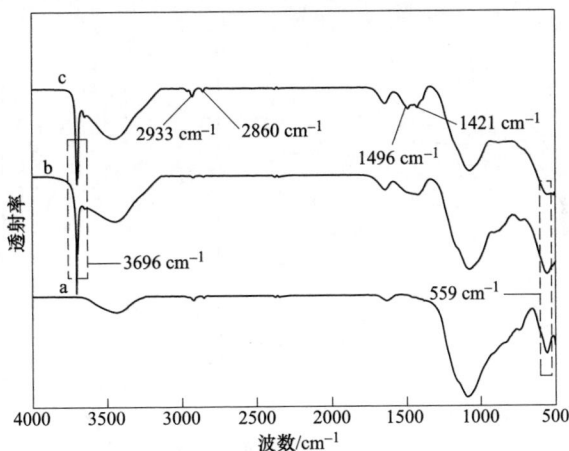

图 5-27 粉体表面改性前后的 FTIR 图谱

a—粉煤灰；b—Mg(OH)$_2$/粉煤灰；c—N-308/Mg(OH)$_2$/粉煤灰

由曲线 b 可以看出，粉煤灰表面包覆 $Mg(OH)_2$ 后在 3696 cm^{-1} 出现了较强的吸收峰，归属于 $Mg(OH)_2$ 的—OH 的反对称伸缩振动特征吸收峰，经过表面改性后，该特征峰的强度减弱，说明偶联剂与 $Mg(OH)_2$ 的—OH 发生反应，导致—OH 数目减少。曲线 c 为改性后粉体的红外图谱，在 2933 cm^{-1} 和 2860 cm^{-1} 处出现了—CH_3 的不对称伸缩振动吸收峰和—CH_2 的对称伸缩振动吸收峰，表明硅烷偶联剂已通过物理或化学方式吸附在粉体表面[18]。1496 cm^{-1} 和 1421 cm^{-1} 出现的振动峰应归属于 Si—O 伸缩振动峰和硅烷偶联剂 N-308 中 Si—O—C 的伸缩振动峰偏移后的 Si—O—Si 和 Si—O—Mg 的伸缩振动峰。此外，曲线 a 559 cm^{-1} 处出现的振动峰归属于 Si—O，表面包覆 $Mg(OH)_2$ 后强度减弱，说明 Si—O 发生断裂，与 $Mg(OH)_2$ 之间形成 Si—O—Mg—OH。通过硅烷偶联剂有机改性后，该峰强度继续减弱，表明 Si—O—Mg—OH 和偶联剂发生缩合反应生成 Si—O—Mg—O—Si。

5.4.7　改性粉体的 XPS 分析

为了进一步探究 N-308 和粉体表面的结合方式，对改性前后的粉体进行了 XPS 表征，图 5-28 为粉体改性前后的 XPS 全谱图，表 5-10 为粉体改性前后表面元素含量（原子分数）。观察图表可知改性后 C 元素的峰强明显增强，C 元素的含量从 11.56% 增加到 25.65%，改性前粉体中的 C 元素主要来源是 XPS 测试中的 C 污染和粉煤灰煅烧过程中孔洞中残留的 CO_2。此外，表面改性后 Mg 和 O 元素的含量不同程度减少，由于 N-308 中不含 Mg 元素，且 O 元素相较于未改性粉体含量变少，XPS 仪器检测尺度为样品表面至纳米级深度。由此说明粉体表面包

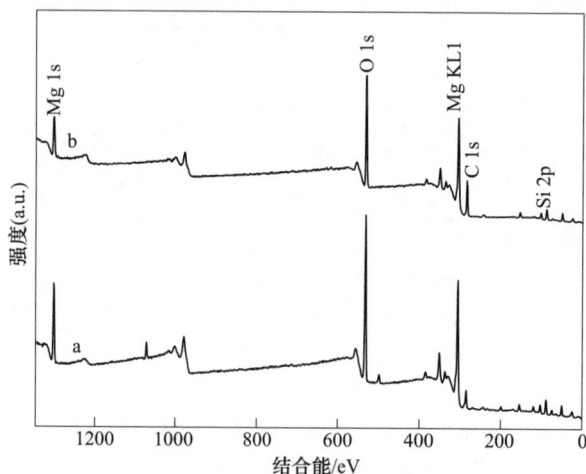

图 5-28　粉体改性前后的 XPS 全谱图

a—$Mg(OH)_2$/粉煤灰；b—N-308/$Mg(OH)_2$/粉煤灰

覆了一层偶联剂。图 5-29 为粉体改性后 Mg 1s 的精细图谱，对 Mg 1s 进行分峰拟合，出现两条拟合峰，结合能为 1305.13 eV 的拟合峰归属于粉煤灰表面包覆 $Mg(OH)_2$ 后形成的 Si—O—Mg—OH，结合能为 1305.95 eV 的拟合峰归属于硅烷偶联剂和 Si—O—Mg—OH 之间脱水缩合形成的 Si—O—Mg—O—Si。

表 5-10 粉体改性前后各元素含量

元素	$Mg(OH)_2$/粉煤灰（原子分数）/%	N-308/$Mg(OH)_2$/粉煤灰（原子分数）/%
C	11.56	25.65
O	41.31	34.08
Mg	29.47	7.08
Si	8.92	4.57

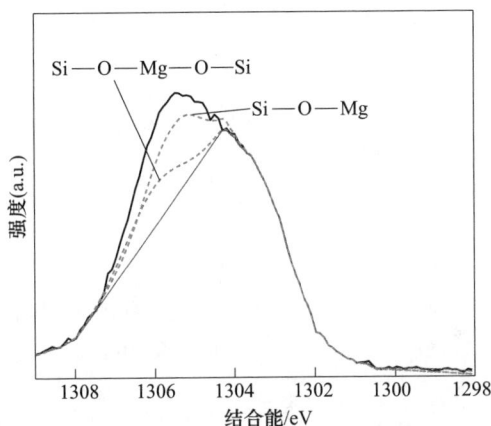

图 5-29 粉体改性后的 Mg 1s 精细谱图

5.4.8 粉体表面改性机理分析

硅烷偶联剂改性无机粉体的实验研究已见诸多文献报道，其在无机粉体表面的作用机理已基本达成共识：首先硅烷偶联剂具有两种官能团，其结构通式为 $RSiX_3$，R 基为有机活性基团，X 为可水解基团。本书采用的粉体表面改性方法为湿法改性，在改性前需要对硅烷偶联剂预水解，这是因为硅烷偶联剂在溶剂中会发生逐级水解，水解后暴露出可与粉体表面—OH 反应的基团。其水解反应式如下[19]：

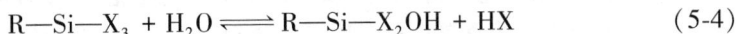

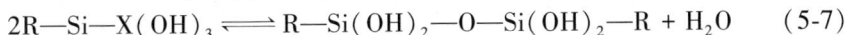

$$R—Si—X_3 + H_2O \rightleftharpoons R—Si—X_2OH + HX \tag{5-4}$$

$$R—Si—X_2OH + H_2O \rightleftharpoons R—Si—X(OH)_2 + HX \tag{5-5}$$

$$R—Si—X(OH)_2 + H_2O \rightleftharpoons R—Si—X(OH)_3 + HX \tag{5-6}$$

$$2R—Si—X(OH)_3 \rightleftharpoons R—Si(OH)_2—O—Si(OH)_2—R + H_2O \tag{5-7}$$

　　当硅烷偶联剂未与粉体反应时，预水解过程中形成的 Si—OH 彼此之间容易脱水缩合，活性基团数量减少，其反应式见式（5-4）。故硅烷偶联剂的水解条件要掌握恰当，避免过长时间的水解。其改性无机粉体的反应可主要分为以下四步：（1）在一定酸碱度的溶剂中，水分子进入硅烷中的 Si—O 键之间，X 基团与水分子反应生成 Si—OH 和 C_2H_5OH；（2）溶液中的 Si—OH 彼此之间率先脱水缩合；（3）溶液中未缩合的 Si—OH 基团与粉体表面的—OH 官能团之间形成氢键作用力；（4）继续反应，硅烷偶联剂与粉体表面脱水形成 Si—O—Y(Y 表示粉体表面的原子) 共价键。针对本书的实际情况，粉体表面改性机理可由图 5-30 解释。

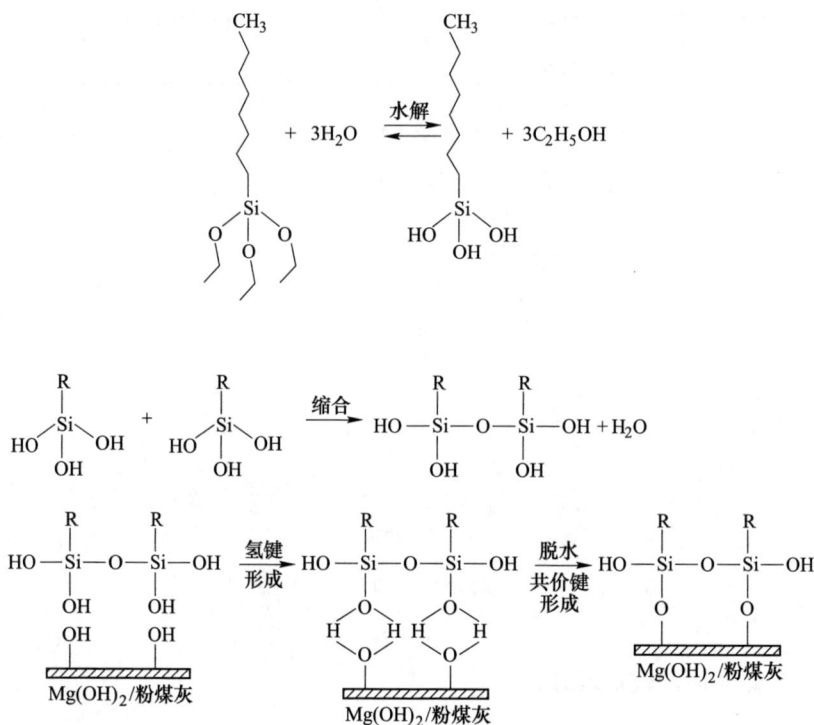

图 5-30　粉体表面改性机理

　　结合本节实验和相关文献报道[20]，硅烷偶联剂在粉体表面的作用过程为：硅烷偶联剂 N-308 在 pH 值为 4 的醇水溶液中水解产生 Si—OH 和 C_2H_5OH，Si—OH 基团之间率先发生自缩合。当粉体与改性剂溶液混合后，溶液中未缩合的 Si—OH 基团与粉体表面的—OH 基团形成氢键作用力，粉体表面的—OH 基团主要来源于表面包覆的 $Mg(OH)_2$ 及 $Mg(OH)_2$ 与粉煤灰表面官能团结合形成的 Si—O—Mg—OH。随着温度的升高和反应的持续进行，Si—OH 基团与—OH 基团脱水缩合，形成稳固的 Si—O—Mg 和 Si—O—Mg—O—Si 共价键。

5.5 复合粉体填充 EVA 及钢结构防火涂料的性能研究

通过对粉体进行表面改性获得了表面疏水的复合粉体，为了测试其在实际应用中的性能表现，本章首先采用熔融共混方法将改性后的粉体填充在 EVA 中，并对制备的复合材料进行冲击强度、拉伸强度、断裂伸长率、极限氧指数、熔融指数、断面形貌测试，考察改性粉体对复合材料力学性能和阻燃性能的影响并探究其阻燃机理。其次将改性后的粉体作矿物填料制备水性可膨胀防火涂料，之后对所制备的涂料进行防火性能测试，考察改性粉体的阻燃效果。

5.5.1 改性粉体填充 EVA 的力学性能分析

为了探究粉体表面改性前后作填料时对 EVA 复合材料力学性能的影响，分别将粉煤灰、Mg(OH)$_2$/粉煤灰、N-308/Mg(OH)$_2$/粉煤灰三种粉体按照 20% 比例与 EVA 母粒混合加工，制备 EVA 复合材料，并测试其拉伸强度、冲击强度、断裂伸长率，结果见表 5-11。

表 5-11 不同样品填充 EVA 的力学性能

样品	拉伸强度/MPa	冲击强度/kJ·m^{-2}	断裂伸长率/%
EVA	6.1	8.3	374.0
粉煤灰/EVA	6.2	12.9	288.0
Mg(OH)$_2$/粉煤灰/EVA	6.7	15.7	313.0
N-308/Mg(OH)$_2$/粉煤灰/EVA	7.2	16.5	337.0

由表 5-11 可知，纯 EVA 的拉伸强度和冲击强度都较低，但是断裂伸长率较大，这说明 EVA 本身具有较好的延展性，在受力变形过程塑性形变程度较高。分别将粉煤灰、Mg(OH)$_2$/粉煤灰、N-308/Mg(OH)$_2$/粉煤灰以 20% 的比例填充后，复合材料的拉伸强度分别提高 1.6%、9.8% 和 18%，这是因为无机粒子填料本身具有一定的刚性，作填料时可以分散在 EVA 分子链中，形成具有一定强度的骨架，当材料受到外力作用时，可以分担传递体系载荷，使高分子网络不会迅速损坏。但无机粉体的加入使复合材料的断裂伸长率出现一定程度的下降，这表明复合材料具有一定的刚性。当体系承受外力作用时，发生脆性断裂的倾向增大[21]。对比粉煤灰和 Mg(OH)$_2$/粉煤灰填充 EVA 后复合材料的力学性能，拉伸强度、冲击强度、断裂伸长率分别提高 8%、21.7%、25%，这表明粉煤灰经无机包覆 Mg(OH)$_2$ 表面改性后，表面粗糙度增大，比表面积增大，增加了粉体颗粒与有机基体的啮合点和作用点，分散了复合材料受外力作用时的应力，使复合粉体与 EVA 基体之间的相互作用增强。通过对比粉体表面有机改性前后复合材

料的力学性能变化可以发现，未改性的粉体作填料时，复合材料的拉伸强度、冲击强度、断裂伸长率都比改性后低，这是由于粉体未改性时表面极性大，表面能高，在聚合物基体中分散性差，会发生团聚现象，导致复合材料受到外力时会形成应力集中点，加快断裂失效。当粉体表面有机改性后，提高了其在基体中的分散性和相容性，增强了填料和基体的界面黏结力，且硅烷分子中的长链基团与EVA高分子链形成物理缠结，这样在复合粉体和 EVA 基体之间起到了类似"桥梁"的作用，使两者紧密联结，并在两者之间形成一定厚度的柔性界面层。当材料受到外力作用时，可以通过柔性界面层将应力由局部传递到整个基材，从而使材料的力学性能提高[22]。

5.5.2　改性粉体填充 EVA 的断面形貌分析

为了进一步探究粉体改性前后对 EVA 复合材料微观力学和界面结合效果的影响，对不同粉体填充 EVA 复合材料进行拉伸断面 SEM 表征分析，其结果如图 5-31 所示。图 5-31（a）为纯 EVA 的断面形貌图，由图可知在没有任何填料的情况下，材料断裂后，断口呈现较多粗大裂纹，表明 EVA 基材断裂时外部作用力沿试样轴向传递，应力没有得到有效分散；图 5-31（b）为粉煤灰/EVA 复合材料的断面形貌图，从图可以明显看到球形粉煤灰粒子内嵌在 EVA 基体中，断口出现较多圆形孔洞，大部分粉煤灰微球暴露在断口表面，没有被较好包覆且

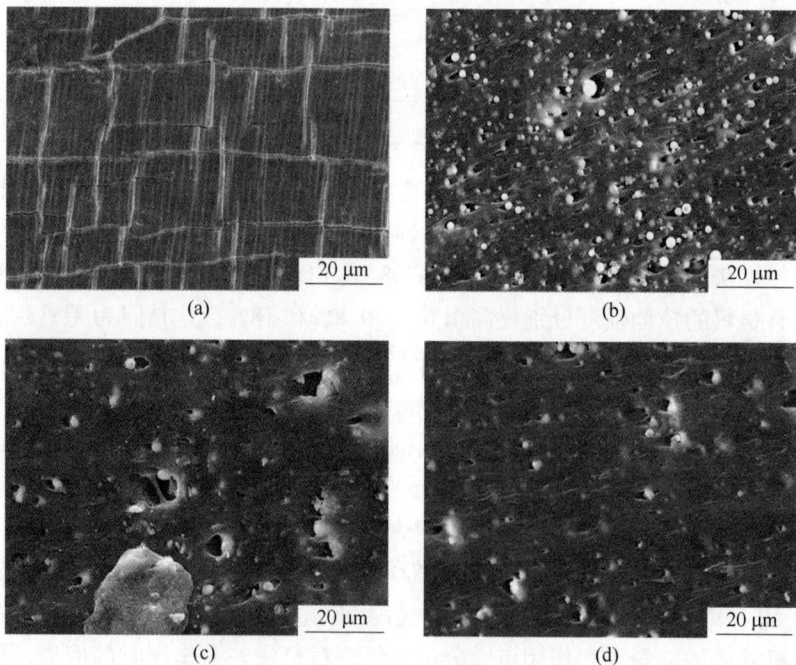

图 5-31　不同样品填充 EVA 的断面 SEM 图

颗粒呈聚集状态，这是由于粉煤灰表面光滑且极性大，不能与 EVA 基体很好地相容，两物质之间缺乏黏结力；图 5-31（c）为 $Mg(OH)_2$/粉煤灰/EVA 复合材料的断口形貌，由于粉体表面粗糙度和粒径都增大，增强了基体和粉体间的相互作用，故填充粒子的裸露情况得到改善，同时起到传递分散外界作用力的效果，裂纹变得细且密；图 5-31（d）为 N-308/$Mg(OH)_2$/粉煤灰/EVA 复合材料的断口形貌，粉体经过表面有机改性后，在 EVA 基体中的浸润性得到明显提高[23-24]，颗粒被包覆效果良好，断口表面几乎没有裸露的粒子且分散较均匀，这也表明有机改性后的粉体颗粒与 EVA 的界面结合力得到增强，同时也是拉伸强度大于前两者的原因所在。

5.5.3 改性粉体填充 EVA 的阻燃性能分析

为了探究粉体改性前后对 EVA 复合材料阻燃性能的影响，分别将粉煤灰、$Mg(OH)_2$/粉煤灰、N-308/$Mg(OH)_2$/粉煤灰以 20% 比例与 EVA 混炼加工制备 EVA 复合材料，并测试其极限氧指数，结果如图 5-32 所示。由图 5-32 可知，纯 EVA 的极限氧指数为 19.8%，属于易燃材料，当添加改性前后的粉体作阻燃剂时，EVA 复合材料的极限氧指数分别提高 2.5%、2.8%、1.9%。虽然复合材料的极限氧指数没有大幅提高，这可能是由于粉体添加量较低，但以上三种粉体对 EVA 基体的阻燃效果是真实可行的。相比粉煤灰，粉煤灰表面包覆 $Mg(OH)_2$ 后，极限氧指数得到提高，这得益于粉煤灰和 $Mg(OH)_2$ 的协效阻燃作用，其作用机理已在本书第 4 章中叙述，故不再赘述。此外，笔者注意到当粉体表面有机改性后，复合材料的极限氧指数略微下降，这可能是硅烷偶联剂 N-308 的 R 基团具有较长的碳链，引入 EVA 基体后，遇高温易燃所致。

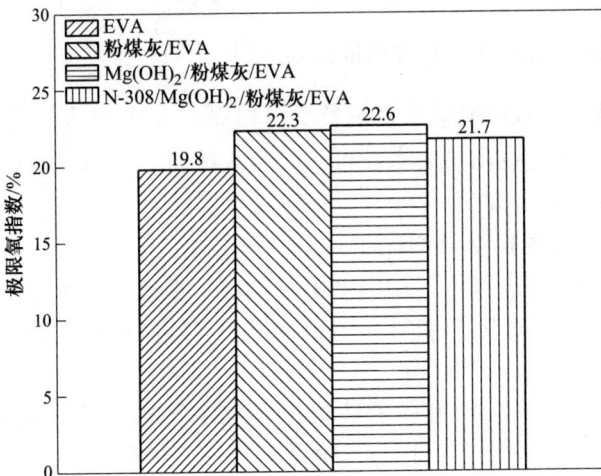

图 5-32 不同样品填充 EVA 的极限氧指数

5.5.4　改性粉体填充 EVA 的加工性能分析

为了考察粉体改性前后对 EVA 复合材料加工流动性的影响，对纯 EVA、粉煤灰/EVA、Mg(OH)$_2$/粉煤灰/EVA、N-308/Mg(OH)$_2$/粉煤灰/EVA 复合材料的熔融指数进行测试，其结果如图 5-33 所示。

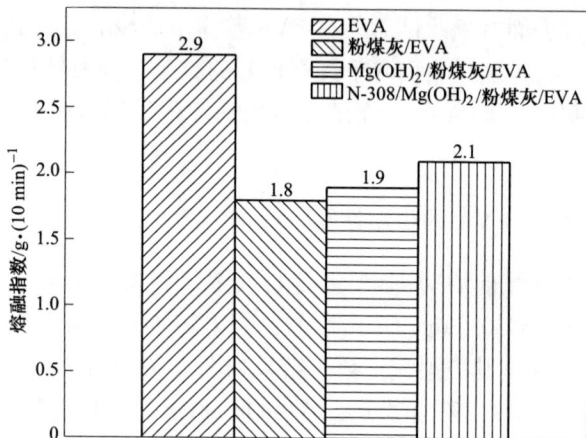

图 5-33　不同样品填充 EVA 的熔融指数

由图 5-33 可知，纯 EVA 的熔融指数最大，加工流动性最好，加入 3 种粉体后，熔融指数分别减小 37.9%、34.5%、27.6%。虽然粉体的加入使复合材料加工流动性变差，但粉体表面有机改性后复合材料的熔融指数要高于改性前，这说明改性后粉体的分散性得到提高，能与 EVA 基体更好地相容。以上分析表明粉体表面有机改性有利于改善 EVA 复合材料的加工流动性。

5.5.5　改性粉体填充涂料的防火性能分析

通过总结借鉴前人研究成果，制备了以粉煤灰、Mg(OH)$_2$/粉煤灰、N-308/Mg(OH)$_2$/粉煤灰为矿物填料的水性可膨胀防火涂料，并对制备的涂料进行理化性能和防火性能测试。

5.5.5.1　涂料理化性能测试

依据《钢结构防火涂料》（GB 14907—2018）中 5.2 条水性防火涂料性能要求和 6.4 条防火涂料理化性能对制备的防火涂料进行理化性能测试，结果见表 5-12。

通过理化性能测试，所制备的防火涂料基本符合国家标准，表明粉煤灰、Mg(OH)$_2$/粉煤灰、N-308/Mg(OH)$_2$/粉煤灰作为矿物填料对水性防火涂料进行填充是可行的。

表 5-12 水性防火涂料理化性能测试结果

检测项目	技术指标	检测结果
	NCB	
在容器中状态	搅拌后均匀细腻、无结块	搅拌后细腻无结块
干燥时间	表干不大于 12 h	4 h
外观与颜色	与同类样品无明显差别	颜色较深
初期干燥抗裂性	不应出现裂纹	初期干燥无裂纹
耐水性	不小于 24 h，涂层应无起层、发泡、脱落现象	不小于 24 h，涂层无起层、发泡、脱落现象
耐冷热循环次数	不小于 15 次，涂层应无开裂脱落、起泡现象	不小于 15 次，涂层无开裂脱落、起泡现象
耐火极限	涂层厚度不应低于 1.5 mm，耐燃时间不低于 60 min	涂层厚度 2 mm，耐燃时间大于 60 min

5.5.5.2 涂料防火性能测试

根据 5.1.7 涂料防火性能测试方法，对粉煤灰、$Mg(OH)_2$/粉煤灰、N-308/$Mg(OH)_2$/粉煤灰 3 种粉体作矿物填料时制备的水性膨胀防火涂料及无矿物填料添加的对照涂料进行防火性能测试，测试结果如图 5-34 所示。由图 5-34 可知，制备的防火涂料经过 80 min 酒精喷灯灼烧后，3 种粉体作矿物填料的涂料及无矿物填料的对照涂料制备的钢板背部平衡温度分别达到 296 ℃、265 ℃、260 ℃、189 ℃，都低于《钢结构防火涂料》（GB 14907—2018）中要求的 538 ℃。且在

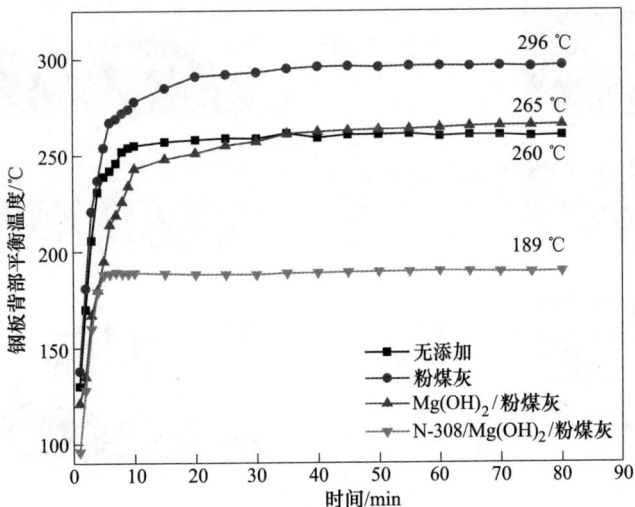

图 5-34 不同填料防火涂料的升温曲线图

测试过程中及加热时间超过 80 min 后，各涂料样板没有出现涂层脱落现象，以上结果表明各粉体填充的涂料皆能满足钢结构涂料的防火要求。当加入粉煤灰作为矿物填料时，钢板背部平衡温度较对照样板升高 35 ℃，这可能是因为粉煤灰本身吸水性较强，在制备涂料的过程中吸水发生局部团聚。高温作用下膨胀体系受热释放 NH_3、CO_2 等不燃气体，由于粉煤灰团聚自重增加，成膜物质和膨胀体系无法被不燃气体充分顶起，防火效果被局限[25-26]。当 $Mg(OH)_2$/粉煤灰作填料时，由于 $Mg(OH)_2$ 受热分解产生 MgO 和 H_2O，一定程度上弥补了粉煤灰单独作填料时的缺陷，故钢板背部平衡温度 265 ℃ 和对照样板 260 ℃ 接近。当 N-308/$Mg(OH)_2$/粉煤灰作填料时，由于粉体表面改性后极性降低，在有机乳液中的分散性提高，且有机改性剂受热分解后产生的 CO_2 气体逸散进一步增大涂层的膨胀率，增强膨胀层的隔热能力，降低钢板背部平衡温度。

图 5-35 为各涂料样板燃烧实验后的残炭情况。图 5-35（a）为空白对照样板，该样板经防火实验后涂层膨胀约 7.4 倍，膨胀层致密连续。图 5-35（b）为粉煤灰涂料，涂层膨胀约 6.3 倍，膨胀层强度较好，没有局部剥离脱落现象。图 5-35（c）为 $Mg(OH)_2$/粉煤灰涂料，涂层膨胀约 7.2 倍，相比前两者，该样板膨胀层略疏松，这可能是因为粉煤灰表面包覆 $Mg(OH)_2$ 后，体系分解产生的不燃气体增多，膨胀层表面气孔增多，结构变得疏松。图 5-35（d）为 N-308/$Mg(OH)_2$/粉煤灰涂料，涂层膨胀约 12.7 倍，膨胀层更加疏松，强度进一步减

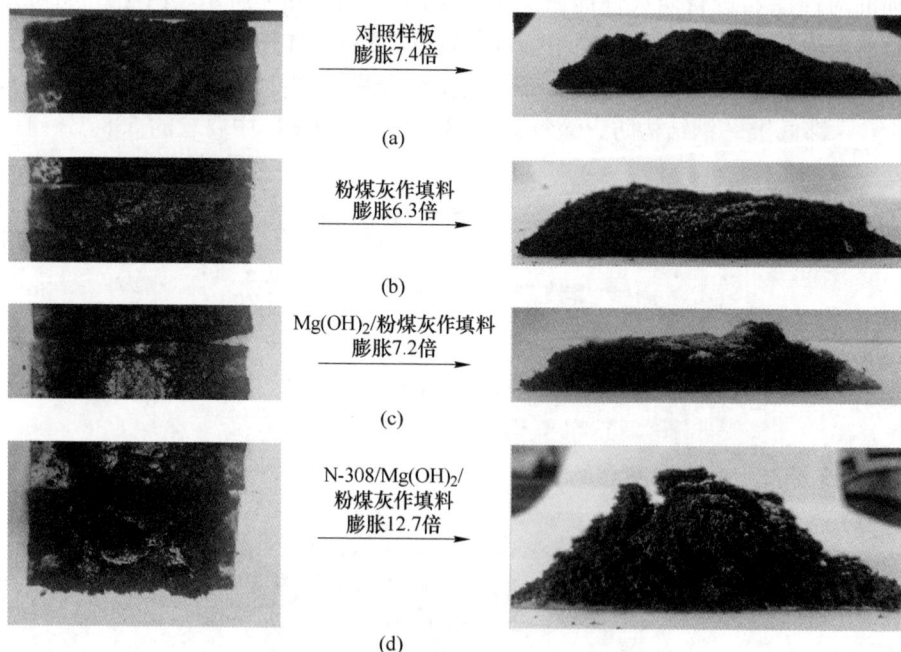

对照样板
膨胀7.4倍

(a)

粉煤灰作填料
膨胀6.3倍

(b)

Mg(OH)₂/粉煤灰作填料
膨胀7.2倍

(c)

N-308/Mg(OH)₂/
粉煤灰作填料
膨胀12.7倍

(d)

图 5-35　不同填料防火涂料的残炭形貌

弱，一方面由于改性剂的加入产生的不燃气体增多，另一方面改性剂具有较长的碳链，燃烧后产生的残炭增多，炭层变厚，由此达到较好的防火效果。

参 考 文 献

[1] 李沛伦，胡真，王成行，等. 酸改性粉煤灰的制备及其降解选矿废水 COD 研究 [J]. 矿产综合利用，2019，40（2）：103-108.

[2] JIN D L, GU X Y, YU X J, et al. Hydrothermal synthesis and characterization of hexagonal $Mg(OH)_2$ nano-flake as a flame retardant [J]. Materials Chemistry and Physics, 2008, 112 (3): 962-965.

[3] WANG C L, WANG D, YANG R Q, et al. Preparation and electrical properties of wollastonite coated with antimony-doped tin oxide nanoparticles [J]. Powder Technology, 2019, 342 (2): 397-403.

[4] WU L, DONG J, KE W. Potentiostatic deposition process of fluoride conversion film on AZ31 magnesium alloy in 0. 1 M KF solution [J]. Electrochimica Acta, 2013, 105 (19): 554-559.

[5] DENG X Z, WANG Y W, PENG J P, et al. Surface area control of nanocomposites $Mg(OH)_2$/graphene using a cathodic electrodeposition process: High adsorption capability of methyl orange [J]. RSC Advances, 2016, 6 (91): 88315-88320.

[6] WANG C L, WANG J, WANG S B, et al. Preparation of $Mg(OH)_2$/calcined fly ash nanocomposite for removal of heavy metals from aqueous acidic solutions [J]. Materials, 2020, 13 (20): 4621.

[7] LIANG J Z. Tensile and flexural properties of polypropylene composites filled with highly effective flame retardant magnesium hydroxide [J]. Polymer Testing, 2017, 60 (4): 110-116.

[8] AMEEN KHAN M, SAILAJA R R N. Nanocomposites of HDPE/LDPE/Nylon 6 reinforced with MWCNT, Kenaf fiber, nano $Mg(OH)_2$, and PEPA with enhanced mechanical, thermal, and flammability characteristics [J]. Polymer Composites, 2018, 39 (S3): E1474-E1486.

[9] JANG H J, PARK S B, BEDAIR T M, et al. Effect of various shaped magnesium hydroxide particles on mechanical and biological properties of poly (lactic-co-glycolic acid) composites [J]. Journal of Industrial and Engineering Chemistry, 2018, 59 (3): 266-276.

[10] 林少芬，林鸿裕，欧阳娜. OMMT 含量对 PA6 复合材料热性能和力学性能的影响 [J]. 塑料，2022，51（5）：66-70.

[11] 何敏，龚吉勇，李莉萍，等. 纳米有机蒙脱土对尼龙 6/N-苯基马来酰亚胺-马来酸酐的结构及耐热性能影响 [J]. 高分子材料科学与工程，2018，34（3）：30-35.

[12] 张新. 改性酚醛/$Al(OH)_3$/$Mg(OH)_2$ 复合阻燃剂的制备及其应用 [D]. 哈尔滨：哈尔滨理工大学，2009.

[13] 李召好. 从盐湖工业副产物中制取阻燃用氢氧化镁的研究 [D]. 西宁：中国科学院青海盐湖研究所，2005.

[14] 李艳玲，毛如增，吴立军，等. 超细氢氧化镁粉体表面改性研究 [J]. 中国粉体技术，2007，14（1）：29-32.

[15] 邓方圆. 氢氧化镁的表面改性及其对 EVA 复合材料的性能研究 [D]. 西安：西安电子科技大学，2015.

[16] 刘犇，欧红香，徐家成，等. 改性氢氧化镁阻燃聚乙烯制备及其性能研究 [J]. 工业安全与环保，2020，46（11）：1-4，81.

[17] 刘英. 氢氧化镁的表面改性及其在聚合物中的应用研究 [D]. 西宁：青海大学，2020.

[18] 王念贻. 硅烷偶联剂改性氢氧化镁及其在 EVA 中的应用 [D]. 西安：西安电子科技大学，2014.

[19] 王静. 粉煤灰空心微珠基复合粉体的制备、表征及机理研究 [D]. 太原：太原理工大学，2018.

[20] PUJARI S P, SCHERES L, MARCELIS A T M, et al. Covalent surface modification of oxide surfaces [J]. Angewandte Chemie International Edition，2014，53（25）：6322-6356.

[21] 毕晴晴. 氢氧化镁表面改性及其在 EP 和 EVA 材料中的阻燃应用 [D]. 沈阳：沈阳化工大学，2021.

[22] 张红霞，苏桂仙，张宁，等. 氢氧化镁表面改性及在高密度聚乙烯中的应用 [J]. 工程塑料应用，2018，46（7）：117-121.

[23] 杨源. ZIF-67 改性凹凸棒对 EVA 阻燃复合材料的协效性能研究 [D]. 沈阳：沈阳化工大学，2022.

[24] 闫珂华. EVA 复合材料的增强改性研究 [D]. 成都：西南石油大学，2018.

[25] 王庆平，王辉，闵凡飞，等. 粉煤灰/环氧树脂涂料的制备及防火性能研究 [J]. 涂料工业，2015，45（6）：27-30.

[26] 甘林儒，刘英炎，邓贞贞，等. 粉煤灰对木材防火涂料的影响 [J]. 广东建材，2015（8）：12-13.